烟用胶囊：技术与应用

何 沛　刘志华　孙绍彬　编著

西南交通大学出版社
·成都·

图书在版编目（ＣＩＰ）数据

烟用胶囊：技术与应用 / 何沛，刘志华，孙绍彬编著. —成都：西南交通大学出版社，2022.9
ISBN 978-7-5643-8857-7

Ⅰ. ①烟… Ⅱ. ①何… ②刘… ③孙… Ⅲ. ①卷烟滤嘴－研究 Ⅳ. ①TS452

中国版本图书馆 CIP 数据核字（2022）第 150953 号

Yanyong Jiaonang: Jishu yu Yingyong

烟用胶囊：技术与应用

何　沛　刘志华　孙绍彬 / 编著

责任编辑 / 牛　君
封面设计 / 吴　兵

西南交通大学出版社出版发行
（四川省成都市金牛区二环路北一段 111 号西南交通大学创新大厦 21 楼　610031）
发行部电话：028-87600564　　028-87600533
网址：http://www.xnjdcbs.com
印刷：四川煤田地质制图印刷厂

成品尺寸　185 mm×240 mm
印张　19.75　　字数　385 千
版次　2022 年 9 月第 1 版　　印次　2022 年 9 月第 1 次

书号　ISBN 978-7-5643-8857-7
定价　79.00 元

图书如有印装质量问题　本社负责退换
版权所有　盗版必究　举报电话：028-87600562

《烟用胶囊：技术与应用》
编 委 会

主要编著者　何　沛　刘志华　孙绍彬

其他编著者　刘春波　张凤梅　代进鹏　蒋　薇

　　　　　　　王　猛　朱瑞芝　韩　莹　谢　灵

　　　　　　　刘秀明　李　娟　杨　继　李光平

　　　　　　　唐石云　李振杰

序言
FOREWORD

作为异于传统烟草风格香精的重要载体，含胶囊卷烟产品可以满足不同消费者的个性化口味需要，加之在吸食过程中人为可控的趣味感，其消费体验感是其他传统卷烟无法望其项背的。

目前，国内烟用胶囊的技术应用已跨越了来料加工阶段，步入自主研发、生产和应用一条龙的规模化运营模式，部分企业已形成批量化生产规模。由于烟用胶囊及其滤棒产品的附加值高、加工工艺相对复杂，整体规模较小，因此各企业相关加工工艺和质控技术相对封闭、自成系统，技术水平也参差不齐，这为烟用胶囊产业技术的进一步发展带来了一定的困难。

从结构上来说，烟用胶囊主要包括芯材和壁材，芯材中又含有香精和溶剂，壁材则由成膜剂、填充剂、乳化剂、增韧剂、防腐剂等多种成分构成。这些成分之间存在着显著的配伍性需求，且与制造工艺的要求紧密相关。质控和成分分析作为烟用胶囊产品的生命线，直接关系着生产规模化的可行性。储水胶囊的研发和胶囊在新型烟草中的应用拓展为烟用胶囊开辟了更为广阔的应用空间。

本书作为一本对烟用胶囊的技术与应用进行全面综述性介绍的书籍，囊括了烟用胶囊的构成、制备方法、工艺质量控制、成分分析方法以及应用与拓展。本书主要作者大多长期从事相关领域的研究工作，具有丰富的理论和实操经验，其涉及领域基本包括了从材料研究、工艺设计、检测方法到卷烟应用的全产业链覆盖，其中很多流程设计和技术问题的解决方案都来自生产第一线的经验积累，具有很强的实操性。

本书内容丰富、翔实，可作为新技术研发的指导用书、技术人员培训教材和日常业务的工具书。希望本书的出版能够为广大烟草及相关行业的科技工作者提供最新、最实用的烟用胶囊技术研发和应用拓展技术信息，为烟草和相关行业的技术进步起到积极的作用。

2022 年 4 月

前言
PREFACE

烟用胶囊为卷烟提供了一种全新的赋香方式,且不参与燃烧,正逐步被卷烟消费者接受和喜爱。随着含胶囊卷烟产品的不断问世,市场竞争也日趋激烈,烟用胶囊品质成为卷烟产品的重要创新手段。同时,由于烟草产品的不断更新迭代,烟用胶囊在新型烟草产品中的应用拓展和储水胶囊等新需求也不断产生,推动着烟用胶囊技术向更高的层次发展。

卷烟滤棒中添加胶囊的技术专利最早见于20世纪60年代初,研发初期是为了卷烟的保润增湿和减少香精在存储过程中的自然损失。2000年以后,由于国际卷烟市场控烟压力渐增,产品发展空间进一步受限,各大烟草生产商开始创新使用胶囊技术为卷烟赋香,试图打造卷烟消费的新卖点。同时,为了弥补卷烟降焦所带来的香气损失问题,以添加烟用胶囊为手段的辅助加香也成为卷烟创新发展的一条有效途径。

本书主要是对现有烟用胶囊技术及其应用进行综述。全书主要分为技术介绍和应用拓展两大部分,其中技术介绍主要从烟用胶囊的构成、制备方法、工艺质量控制、成分分析方法进行技术综述,并结合一些实际生产中常出现的问题进行方法设计指导;应用与拓展主要针对目前卷烟市场出现的新情况和新趋势,结合各大烟草企业的专利布局,为读者展示烟用胶囊的应用现状和前沿性应用领域。全书旨在为读者较为全面地介绍现有烟用胶囊的技术和应用,以及未来可能的发展。

本书主要由何沛、刘志华、孙绍彬编著,集合了该领域技术研发和生产的相关专家进行编写。全书共八章,其中第一章由蒋薇主持编撰,朱瑞芝协助;第二章和第三章由何沛主持编撰，韩莹、李娟协助；第四章和第七章由孙绍彬主持编撰，代进鹏、谢灵和李光平协助；第五章由刘春波主持编撰，唐石云和李振杰协助；第六章由刘志华和张凤梅主持编撰，刘秀明协助；第八章由王猛主持编撰，杨继协助。全书编撰过程中，云南中烟技术中心和恩典产业发展有限公司的相关科技人员做了大量的文献调研和技术、政策分析工作，在此表示诚挚的感谢。

  本书内容丰富，具有较强的科学性和实用性，也可供相关领域的技术研发和检测工作者参考使用。

  由于编者水平有限，烟用胶囊产业也在发展中，新技术不断出现，新的应用领域也在不断拓展，书中疏漏和不妥之处在所难免，恳请专家、读者批评指正。

作　者

2022 年 4 月

目 录
CONTENTS

第一章　烟用胶囊概况 ··· 001
 第一节　胶囊简史 ··· 001
 第二节　胶囊产品在烟草中的应用 ··· 008
 第三节　烟用胶囊发展趋势 ·· 018
 参考文献 ·· 019

第二章　烟用胶囊的芯材 ··· 025
 第一节　芯材中的香精香料 ·· 025
 第二节　芯材中的溶剂 ··· 049
 第三节　芯材溶液的设计 ·· 053
 参考文献 ·· 070

第三章　烟用胶囊的壁材 ··· 071
 第一节　成膜剂 ·· 071
 第二节　填充剂 ·· 081
 第三节　乳化剂 ·· 085
 第四节　增韧剂 ·· 088
 第五节　防腐剂 ·· 091
 第六节　辅　料 ·· 092
 第七节　烟用胶囊壁材设计[13-14] ·· 097
 第八节　烟用胶囊生产中的冷凝剂 ··· 100
 参考文献 ·· 103

第四章　烟用胶囊的制备方法 ·· 104
 第一节　滴制法 ·· 104
 第二节　界面聚合法 ··· 124
 参考文献 ·· 138

第五章　烟用胶囊的质量控制 … 140
第一节　原材料的质量控制 … 140
第二节　生产过程的质量控制 … 143
第三节　成品的质量控制 … 146
第四节　卷烟胶囊物理检测方法 … 151
第五节　成品的稳定性研究 … 160
参考文献 … 163

第六章　烟用胶囊化学成分分析技术 … 165
第一节　烟用胶囊壁材着色剂成分分析 … 165
第二节　烟用胶囊辛癸酸甘油酯成分分析 … 201
第三节　烟用胶囊水分分析 … 208
第四节　烟用胶囊香气成分分析 … 213
参考文献 … 224

第七章　烟用胶囊制备实例 … 231
第一节　甜橙味烟用胶囊的制备 … 231
第二节　薄荷味烟用胶囊的制备 … 244
第三节　玫瑰花香烟用胶囊的制备 … 255
参考文献 … 268

第八章　烟用胶囊的发展新趋势 … 269
第一节　从传统烟草向新型烟草制品拓展 … 269
第二节　储水胶囊在烟用领域的发展需求 … 275
参考文献 … 303

第一章

烟用胶囊概况

第一节 胶囊简史

胶囊，英文名"capsule"，起源于拉丁文的"capsula"，是指通过天然或合成的高分子包裹材料，将固体、液体或气体等物质进行包埋，封存在一种具有半透性或完全密封的囊膜中的固体颗粒产品。胶囊内部包裹的物料称为芯材，可以是单一组分，也可以是混合组分；外部的包裹材料称为壁材，可以是单层，也可以是多层。胶囊最早源于医药行业，在中药药剂学中胶囊可分为硬胶囊、软胶囊（胶丸）、缓释胶囊、控释胶囊和肠溶胶囊等。随着工业技术的发展，胶囊的种类越来越多，很多新型胶囊陆续面市，逐渐拓展应用于食品、纺织等各行各业中，目前食品行业中常用的主要有硬胶囊、软胶囊和微胶囊。

一、硬胶囊简史

1. 简 介

硬胶囊（Hard capsule）主要由内容物和空心胶囊组成。空心胶囊呈圆筒状，是由胶囊帽和胶囊体两节套合形成的，质硬且具有弹性，具有不同的锁合结构[1]，其结构如图 1-1 所示。硬胶囊的制备工艺通常为制备空囊、药物与辅料混合、填充、套合、整理和包装；空心胶囊的制备通常经过溶胶、蘸胶、干燥、拔壳、截割和整理等工序。

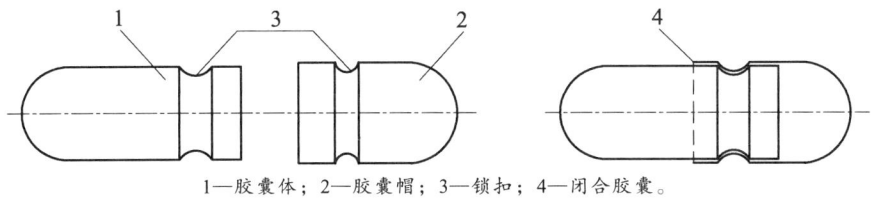

1—胶囊体；2—胶囊帽；3—锁扣；4—闭合胶囊。

图 1-1 空心胶囊结构

20世纪,空心胶囊的规格分类被标准化,按照容量大小的不同,可以分为00#、0#、1#、2#、3#和4#,号数越大,容积越小,具体尺寸标准范围见表1-1[1]。

表1-1 空心胶囊的规格型号

规格型号		长度/mm	单壁厚/mm		口部外径/mm	囊重①差异/mg
			基本尺寸	极限偏差		
00#	帽	11.70±0.40	0.090~0.120	±0.020	8.50~8.60	±8.0
	体	20.20±0.40	0.090~0.120		8.15~8.25	
0#	帽	11.00±0.40	0.085~0.115		7.61~7.71	±7.0
	体	18.60±0.40	0.085~0.115		7.30~7.40	
1#	帽	9.80±0.40	0.085~0.115		6.90~7.00	±6.0
	体	16.60±0.40	0.080~0.110		6.61~6.69	
2#	帽	9.00±0.40	0.080~0.110	±0.020	6.32~6.40	±5.0
	体	15.40±0.40	0.080~0.110		6.05~6.13	
3#	帽	8.10±0.40	0.080~0.105		5.79~5.87	±4.0
	体	13.60±0.40	0.080~0.105		5.53~5.61	
4#	帽	7.20±0.40	0.080~0.105	±0.020	5.28~5.36	±3.0
	体	12.20±0.40	0.075~0.100		5.00~5.08	

硬胶囊在胶囊产品中占主要地位,在医药行业中应用最为广泛。将内容物制成硬胶囊后,可以掩盖不良气味、提高内容物的稳定性及生物利用度、定时定位释放内容物,从而弥补其他固体剂型的不足。但是硬胶囊的壁材容易风化、潮解,凡是会使壁材溶解或脆化的内容物都不宜制成硬胶囊。硬胶囊根据壁材原料的不同,可以分为明胶胶囊和植物胶囊两类。

明胶胶囊是起源最早、应用最多的一类硬胶囊,属于动物胶囊,其壁材的主要成分为明胶。明胶是以动物的皮筋或骨骼中的胶原部分为原料,进行水解后得到的蛋白质。明胶作为一种天然存在的蛋白质,具有良好的胶凝性、成膜性和表面活性等性能,是一种很好的成膜材料[2]。但是通过多年的应用实践发现明胶胶囊存在以下缺点[3,5]:① 储存明胶胶囊时,必须严格控制水分含量。当储存环境的湿度较低(<10% RH)时,明胶胶囊壳会变脆,填充内容物时,壳体会破碎;当湿度较高(>70% RH)时,胶囊

---

① 实为质量,包括后文的重量、失重、恒重、克重等。但现阶段我国烟草行业的生产和科研实践中一直沿用,为使读者了解、熟悉行业实际情况,本书予以保留。——编者注

壳体会吸水变软发黏，储存时胶囊间可能发生相互粘连。② 明胶水解后会释放氨基酸，会与醛、还原糖、金属离子、增塑剂和防腐剂等多种物质发生交联反应，导致药物变性从而丧失药效。明胶还具有酸碱两性，可以与阴离子和阳离子聚合物材料相互作用。③ 因其原料来源于动物，在食用安全性方面存在隐患。

植物胶囊主要包括纤维素胶囊、淀粉胶囊和普鲁兰胶囊，其中纤维素胶囊应用最广。纤维素胶囊[6,7]主要以羟丙基甲基纤维素（Hydroxypropyl methylcellulose，HPMC）为原料。HPMC现在通常被称为羟丙甲纤维素，结构如下所示，是通过对天然存在的聚合物纤维素进行合成改性而生成的，具有很好的成膜性、溶解性和化学惰性。由于HPMC化学性质稳定，其制备的胶囊适用性广，无交联反应；水分含量一般为4%~7%，仅为明胶胶囊的1/3，比明胶胶囊容易保存，低湿环境下不易失水变脆，高湿环境下也不会吸水变黏；进入人体后，不会被吸收，能直接排出体外。但HPMC硬胶囊也存在以下问题：① 胶囊重量不稳定；② 包装和运输过程中会出现漏粉现象；③ pH对HPMC胶囊的崩解度影响较大，在酸性和钾离子的共同存在下，能抑制药物的溶解。

硬胶囊生产过程中的质量管控主要包括胶囊填充、铝塑和罐装控制。填充过程中需要控制填充速度，定期检查装量的准确度，观察胶囊是否能够正常分离，不得出现粘连、变形及囊壳破裂的现象；铝塑过程中需要控制速度和温度，定期抽样检查铝塑板的密封性、完整性、微生物限度、缺粒空板现象等；罐装过程需要控制速度，定期抽样检查微生物限度、瓶装的完整性等。

对于硬胶囊的成品质量控制，现行的硬胶囊质量管控标准[1]中对空心胶囊的基本要求、技术要求、试验方法、检验规则等进行了规定。基本要求包括设计研发、原辅料、工艺装备和检验检测。技术要求包括胶囊的规格尺寸、外观质量、理化指标、完全性指标和微生物限度指标。其中，外观质量主要通过目视和鼻嗅进行检测；理化指标包括鉴别、松紧度、脆碎度、崩解时限、亚硫酸盐（以 SO_2 计）、干燥失重、炽灼残渣和黏度，检测方法按《中华人民共和国药典》（2020年版）四部中明胶空心胶囊的相关规定进行；完全性指标包括对羟基苯甲酸酯类、氯乙醇、环氧乙烷、铬、重金属、铅、砷、镉；微生物限度指标包括需氧菌总数、霉菌和酵母菌总数、大肠埃希菌和沙门菌。检验规则包括检验分类、组批、抽样、出厂检验、型式检验和判定规则，出厂检验和型式检验需要对技术指标中包含的项目进行检验。

2. 发展历史

3500 年前，在埃及诞生了世界上第一粒胶囊。1730 年，维也纳的药剂师开始尝试以淀粉为原料，制造胶囊。1833 年，法国药剂师 Mothes 发明了硬胶囊，并于 1834 年获得相关的胶囊生产专利，其生产工艺通过将装有水银的皮囊浸泡在明胶溶胶中，附上一层明胶后取出烘干，倒出水银后形成空腔结构的壳，此时装上药品，最后用明胶封好。该生产工艺虽然复杂，但药品包装为胶囊的便利性也引起了各国药剂师的关注，大家纷纷投入胶囊的研究开发[8]。1846 年，法国药学家乐胡贝[9]发明了一种两节式硬胶囊技术，该工艺生产使用的是银制成的圆筒形状的金属模具，该模具简化了生产工艺，大大降低了硬胶囊生产难度，提高了工作效率。从 19 世纪后期开始，金属模针蘸胶法得以应用，胶囊的生产开始进入工业化时代。1872 年，第一台胶囊制造充填机在法国诞生，自此，胶囊的生产速度得到了很大的提高。1874 年，美国底特律首先开始了空心胶囊制备的工业化，大幅度提升了工作效率，并且可以制备不同型号的胶囊来适应人们的不同需求。1888 年，美国药剂师 John Russell 在底特律申请了一项以明胶为主要原料制备空心胶囊的专利，该专利首先在美国的 Parke Davis 药品公司获得应用（Parke Davis 药品公司便是后来的美国 Warner-Lambert 公司中的 Capsugel 部门）；1931 年，Parke Davis 公司的硬胶囊制造速度达到了 10 000 粒/h。20 世纪末，植物材料在胶囊中的应用研究飞速发展，1970 年，国外研究者开始关注 HPMC 这种新材料。1989 年，有研究者通过蘸胶的方法制备了 HPMC 胶囊，但此时的 HPMC 胶囊在模具表面的凝固能力差、壳体薄、机械强度低，胶囊的生产周期也较长；后来有研究者通过加入魔芋粉、角叉菜胶、果胶、结冷胶和其他凝胶多糖来提高 HPMC 胶囊的凝胶能力，或是开发一种新型的挂模模具来克服 HPMC 胶囊的不足[10, 11]。2000 年，日本一家公司以 HPMC 为基质，利用卡拉胶和氯化钾作为凝胶体系，弥补了明胶胶囊的一些不足。随后，美国辉瑞公司改用柠檬酸钠和结冷胶做胶凝剂，效果良好，并在食品和药品行业成功应用[12, 13]。2006 年，辉瑞公司和 Wyeth 公司开发了一种无需凝胶剂的 HPMC 胶囊，该胶囊的崩解性和稳定性都有了很好的改善[14]。2018 年，刘利萍等人[15]以 HPMC 为成囊材料，添加凝胶剂、助凝剂及增塑剂，制备 HPMC 空心胶囊，该胶囊的性状、崩解时限、脆碎率和松紧度等指标均符合国家标准，并且配方简单、工艺稳定，具有推广应用价值。

二、软胶囊简史

1. 简 介[16, 17]

软胶囊是通过压制法或滴制法将液态或半固态内容物直接密封于球形或椭圆形的软质壁材中的一种胶囊产品,有球形、椭圆形、长方形及筒形等多种形态。压制法的原理是将明胶液涂布在胶皮轮上冷却为胶皮,内容物由喷体喷出,最后辊膜压断胶皮成胶囊;滴制法则是将明胶液和油状内容物从喷嘴滴出,在游行冷却液中冷凝成球形。软胶囊的壁材主要由明胶、甘油、增塑剂、防腐剂、遮光剂、色素和其他适宜的药用材料单独或混合制成,其弹性大,又可成为弹性胶囊或者胶丸。

软胶囊具有多种特点:① 外形美观,容易吞服;② 装量精准,其精度可达 ±1%;③ 密封性较强,对有不良气味的内容物可掩盖刺激性气味;④ 有一定厚度,可防止氧气进入,提高挥发性或氧化性较强的内容物的稳定性,使内容物有更长的储存期;⑤ 提高内容物的生物利用度;⑥ 对于液态内容物,可省去吸收或固化等前处理,简化生产工艺,同时有效避免液态内容物渗出。

软胶囊生产过程中的质量管控主要包括化胶、配料、压丸和干燥工序中的质量控制。化胶过程中需要严格控制明胶的冻力和黏度、干明胶和增塑剂的重量比、干明胶和水的重量比、化胶原料的添加顺序,化胶时要防止产生气泡,严格控制真空度、保温罐温度等。配料工序中对不同形态的内容物要分开处理,严格控制内容物的pH,防止强酸强碱对胶皮造成损害。压丸工序中要确保注料无阻碍且密封胶垫完好,严格控制胶皮的温度、厚度、装量、大小等参数。干燥工序中要严格控制温度、湿度和干燥时间,防止胶囊变形。对于软胶囊的质量控制标准,目前尚未形成通用标准,都是针对各种不同类型的软胶囊分别建立的标准。

2. 发展历史[18, 21]

18世纪30年代,法国药剂师 Mothesh 和 DuBlanc 发明了软胶囊。19世纪,软胶囊制备技术正式被提出,同时研究人员研发了平模式软胶囊机,并对其进行了实际应用。1933年,Robert P. Scherer 发明了滚模式全自动软胶囊机。《中国药志》记载,上海是我国软胶囊的发源地,大约在20世纪40年代,北京航天工业部十五研究所和上海延安制药厂测绘研制了第一部软胶囊机,北京航天工业部十五研究所率先制造出国产 RJNJ2 型滚模式全自动软胶囊机,并起草了第一份企业产品标准。20世纪70年代末,软胶囊生产厂开始引进旋转式软胶囊机,该机器比模压法软胶囊机在生产能力方面有了很大的提高,产品种类也多种多样,软胶囊的生产开始向机械化和自动化方向发展,这是我国软胶囊发展史上的一个重大转折。20世纪90年代后,我国软胶囊制备技术飞速发展，生产软胶囊的企业几乎遍布全国各地，其中以北京长征天民公司为代表，此时，软胶囊的品种已发展到 40 多个，出现了历史上罕见的"软胶囊热"。1995年，英国 Bioprogress 工业公司科研人员意外发现了一种新材料——"x 胶"（英文名 xgel），这种胶加工的软胶囊外膜弹性高、韧性强，x 胶中可任意添加藻酸酯、PVA 或其他各种成分，以便改变软胶囊外膜的物理性能，适应不同性能的内容物或者应用于不同需求的场景，如实现水溶性或非水溶性等，Bioprogress 公司经过 3 年多的探索与研究，终于在 2007 年基于 x 胶成功生产了一种新型软胶囊——"浴油软胶囊"，这是 20 世纪末药用辅料工业的一大新进展。目前，软胶囊主要基于压制法和滴制法制备，生产设备自动化程度高，产品品种繁多，在各行各业都有良好的应用前景。

三、微胶囊简史

1. 简 介

微胶囊，又称微囊，主要以天然的或者合成的高分子材料为壁材原料，利用物理法、化学法或者物理化学法将液态或气态物质包埋，形成直径为 0.1~500 μm 的、具有半透性或密封性的微球[22, 26]。微胶囊技术对于不易加工储存的气体、液体可以将其固态粉末化，提高产品的贮藏稳定性和使用便捷性；降低内容物的挥发性，减少特征香气或化合物的损失；减少添加剂的毒副作用；对于易氧化，易见光分解，易受温度或水分影响的物质，可提高其稳定性，减少特征成分的损失；对于有相互作用的组分，可通过分别微囊化后再混合添加[27]。微胶囊技术是近 50 年才发展起来的，但在生物、医药、农业等多领域都得到了广泛的实际应用，应用前景良好。

微胶囊的分类方法较多：① 以直径大小进行分类：纳米微胶囊（简称纳囊），微粒直径为纳米级；微米微胶囊，微粒直径范围在 1~500 μm。② 以机体的性质进行分类：基体式微胶囊，即内容物与其载体均匀混合，构成整个微胶囊，内容物利用壁材的降解作用及自身的扩散作用进行释放，多以水凝胶或疏水性的可降解生物高分子为材料；贮存式微胶囊，即内容物集中于胶囊内层，外层为高分子膜。③ 以膜的渗透性进行分类：不透式微胶囊，即膜相对较厚，可以起隔离作用，通过高温或加压等方法使壁材破裂释放内容物；半透式微胶囊，即胶囊内部与外环境进行小分子的物质交换，通过平衡关系控制释放。④ 以壁材的降解性进行分类：可降解微胶囊和不可降解微胶囊。⑤ 以微囊破壁的方式进行分类：光敏性微胶囊和热敏性微胶囊。⑥ 以形状进行分类：单核、多核、多核-无定型、双壁、微胶囊簇、复合微胶囊。不同形状的微胶囊示例见图 1-2。

第一章　烟用胶囊概况

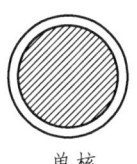 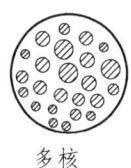 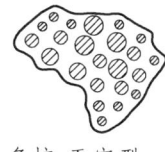  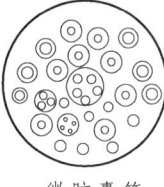 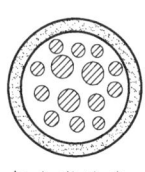

　　单核　　　　多核　　　多核-无定型　　双壁　　　微胶囊簇　　复合微胶囊

图 1-2　不同形状的微胶囊示例

2. 发展历史

微囊化技术最早见于20世纪30年代，Wuster和Green是该领域的两位伟大的先驱者。1936年11月，大西洋海岸渔业公司（Atlantic Coast Fishers）提出了适用于在液体石蜡中制备含鱼肝油明胶微胶囊的专利申请。1940年10月，明胶产品有限公司提出了采用一种同心的三层锐孔，创备含药物双壁微胶囊的专利申请。1949年1月，威斯康星校友研究基金会提出了利用Wurster发明的空气悬浮法，将固体微粒微胶囊化的专利申请。1950年4月，东方柯达（Eastman Kodak）公司提出了将彩色照片用的乳液和三种基色颜料包敷（即微胶囊化）制备混合颗粒的专利申请。1950年11月，通用邓洛普（General Dunloberge）公司提出了通过使用一种双层锐孔来制褐藻酸微胶囊的专利申请。1953—1954年，NCR公司提出了利用凝聚法制备含油明胶微胶囊的基本方法的两个专利，以及利用上述基本方法制备微胶囊型压敏复写纸的四个专利。除日本外，全世界都应用了这个专利。1956年3月，NCR公司提出了有关光电材料微胶囊化的专利申请。1957年4月，NCR公司提出了有关彩色摄影用的化合物微胶囊化工艺的专利申请。1957年8月，穆尔企业公司（Moore BusIness）提出了有关应用喷雾干燥工艺的微胶囊专利申请。1958年3月，静电复印（Xerox）公司提出了制备含有液体显像调节剂的微胶囊的专利申请。1958年5月，NCR公司提出了利用微胶囊化制备热敏黏合剂的专利申请。1958年6月，NCR公司提出了有关含油的聚苯乙烯微胶囊制备方法的专利申请，该法中使用了单体，并应用了原位聚合反应的工艺。1958年12月，厄普约翰（Upjohn）公司提出了近20个专利申请，它们均是有关"乳液"的微胶囊化方法，在这些专利中，有的改进了NCR的凝聚方法，应用了增稠剂；有的提出了在有机溶剂体系中的相分离方法；有的提出了明胶微胶囊固化的方法……1963年，所有的这些专利全都转给了NCR公司。迄今有100多个研究室在开发微胶囊技术，隐色压敏复写纸的发明是微胶囊化技术第一次成功应用于商业中。至1981年，此种微胶囊的产量就超过 5×10^6 t，应用范围扩大到医药、农用化学品、黏胶剂和液晶等各个领域。

第二节　胶囊产品在烟草中的应用

随着现代科技进步，人民生活水平不断提高，人们的消费观念和方式发生了很大变化，烟草行业也进入一个全新的发展阶段，对烟草制品提出了更高更严的要求，新产品研发、新工艺改进迫在眉睫，烟草制品调香过程中所用的香精香料大部分为挥发性或半挥发性有机化合物，易氧化、易分解，卷烟产品生产过程中容易互相污染，储存期间会因香精香料的挥发而影响产品质量，缩短卷烟寿命，这些缺点限制了烟用香料的种类和数量，在新产品的研发中许多优异的香精香料不能得到很好地应用，在这样的现实背景下，胶囊产品开始应用于卷烟产品研发，作为一种烟用辅料创新品类发展，并且因其独特新奇的优势在国内外烟草市场引起了广泛的关注，增长势头强劲，发展前景良好。

目前主要有两种胶囊产品在烟草行业中得到应用，一种是软胶囊，俗称"爆珠"，基于软胶囊中的无缝滴制技术发源而来，主要在滤棒中进行添加，主要指包裹着香精香料溶液的具有半透膜的密封性小胶珠，直径 2.6～4.6 mm，重量多在 70 mg 以下。吸烟者可以在吸烟过程中捏爆，使珠内液体流出，使香烟的口感更丰富，更香润，使吸烟者得到更为舒适的体验。当然，那颗胶珠必须自行用手指、牙齿或者使用爆珠钳捏爆，对于捏爆的时间点，则可以根据喜好自行安排。

软胶囊在烟草行业中的应用开始于 19 世纪 60 年代初。爆珠卷烟最早见于 20 世纪 20 年代，但 20 世纪 50 年代才出现爆珠卷烟的相关报道。1967 年，美国烟草公司申请了一个在过滤嘴中植入含有维他命 A 水溶剂胶囊的专利，并推出了应用该专利研发的卷烟产品[28]。1968 年，雷诺烟草公司的一名研究人员宣布获得一种香味可控释放的办法，主要利用一种管状物封装香味物质，然后在卷烟吸食过程中人为破坏管状物的薄膜以释放出封装的香气成分[29]。20 世纪 80 年代起，日本烟草株式会社开始针对烟用储水微容器装置进行技术研发及相关知识产权布局，1989 年申报美国专利 Patent Number: 4865056[30]，其中的烟用过滤嘴采用塑料材质设计。1994 年，英美烟草申请第一个烟用胶囊专利，将烟用胶囊加在滤棒中，通过挤压释放香气物质，掩盖滤棒气味，但并未形成真正的胶囊型卷烟产品。2003 年，雷诺烟草公司获得了第一个烟用胶囊类专利，主要以烟气赋香为目的，同时展示了包括薄荷胶囊在内的多种香味胶囊[31]。2007 年，英美烟草在日本市场推出第一款薄荷味胶囊烟"KOOL BOOST"，随之不同口味的胶囊陆续问世，胶囊卷烟开始席卷全球[31, 34]。2013 年日本在中国大陆申请了两件发明专利"收纳有液体的胶囊及具备该胶囊的吸烟物品""封入液体的胶囊及具备该胶囊的吸烟物品"[35,36]，后者涉及市面上出现的唯一产品，目前仅 Mevius H_2O 实现了储水技术在卷烟中的产品应用。

在中国，2009年，湖北中烟工业有限责任公司在其旗下品牌"黄鹤楼"中率先应用胶囊，并将其命名为"神农珠"，主要通过滤棒嵌珠技术将烟用胶囊植入卷烟滤嘴中，抽吸时捏碎释放香原料改变卷烟吸味，同时增香保润。自此，国内胶囊烟发展拉开了序幕，行业内多家中烟公司积极投入研发生产，陆续推出花香、果香和酒香等各种口味的胶囊类卷烟，形成了一股胶囊烟风潮。

在烟草行业中得到应用的另一种胶囊产品是微胶囊，主要作为卷烟材料添加剂添加在烟丝和卷烟纸中。1970年，美国烟草工作者 McGlumphy 等首次采用复凝聚法将薄荷油、柠檬油、薄荷醇等微胶囊化，用于制造烟草薄片，增加香气，提升薄片品质[37,38]。1971年，Quinn 将丁香油微胶囊化加入烟丝制成卷烟，抽吸时微胶囊因受热而破裂，持续释放丁香味同时发出"啪啪"声，味觉和听觉上让人耳目一新[39]。1980年，Bradley 采用可渗透的高分子材料膜包裹生物碱制成微胶囊，作为一种烟草替代品满足人们吸烟的生理需求[40]。1992年，Demain 用 β-环糊精包埋香兰素、香柠檬油等香料制备微胶囊，并首次应用于卷烟纸生产，同时增加主流烟气和侧流烟气的香气[41]。我国在烟用胶囊方面的研究起步较晚，起始于1996年，雍国平等分别通过溶剂脱水法和相分离凝聚法制备薄荷油微胶囊，加入滤嘴和烟丝之间，保持薄荷香气，加香效果接近国外薄荷烟[42]。2003年，彭荣淮等用复凝聚法制备薄荷醇微胶囊，应用于中式卷烟提升其吸味品质[43]。

微胶囊在烟草行业中虽然有相关报道，但多数产品还处于研究阶段，应用不及爆珠成熟、广泛，本书中所述的烟用胶囊在未特别说明的情况下，主要指"爆珠"。由于烟用胶囊加香方式新颖，颇受消费者喜爱，综合各方面因素，烟用胶囊在卷烟中的应用越来越广泛，已成为全球各大烟草公司实现经济增长的重要推动力之一[44,49]。

一、烟用胶囊的特点

与传统药用软胶囊相比，烟用胶囊最显著的特点是其壁材可在人的舒适力度下进行破碎释放内容物，可以根据具体需要定时、定量以一定的速度进行释放，具有靶向性和控释性。通过对香精香料胶囊化后再进行卷烟添加，可利用胶囊的控释缓释功能延缓挥发性成分的自然损失，实现了卷烟抽吸过程中特征香味成分的可控释放，提升添加剂的利用率和增香效果。

二、烟用胶囊的优点

将高挥发性、易变质或溶解性较差的烟用香料胶囊化，不仅可以提高香精香料的稳定性，同时也能增香保润，提高卷烟的抽吸品质，其优点具体表现为以下几点：

（1）改善香精香料的物理性质。液体香料胶囊化后，其表面固态囊芯液态，既保持了香精香料的液相反应性，又可增加贮存、运输和使用的方便性。

（2）提高香精香料的稳定性。通过胶囊技术，香精香料可与外界环境隔绝，减少光、温度或氧气等敏感物质的影响，提高其稳定性。如肉桂醛遇光和热不稳定，易被氧化，胶囊化就起到了持香和保质的作用。

（3）控制香精香料的香气释放。胶囊化技术可使香精香料定时、定量、定速释放香气，既可减少挥发性成分损失，又可减少用量，节约成本。如烟草中常用的薄荷醇，若直接加入烟草，用量大且香味逸散迅速，将其胶囊化后既可使风味缓释，又能增加趣味性，提高附加值。

（4）保润增湿，降焦减害。卷烟研发生产中可通过胶囊化保润剂增加卷烟的润感，保润效果较直接添加明显；胶囊用于滤嘴添加时可避免高温裂解，减少有害物质的产生，降低毒副作用。

三、烟用胶囊的不足

烟用胶囊发展至今，优点突出但也有不足之处，具体表现在以下几方面：

（1）适用范围小。烟用胶囊胶囊化过程中使用的香精香料稀释剂多为脂质溶剂，而大部分烟用香精香料为水溶性物质，不能溶于脂质溶剂，虽然目前也有水溶性胶囊，但存在问题较多，生产难度较大，未见到产品问世；另外烟用软胶囊的壁材主要为明胶、植物多糖和聚乙二醇等亲水性高分子材料，遇水会大幅溶胀，破坏胶囊结构，对芯材的含水量有一定限制。因此，可适用的香精香料种类受限，使用范围小，不利于烟用胶囊的推广应用。

（2）生产工艺影响。烟用胶囊的生产工艺主要有界面聚合法和滴制法。界面聚合法主要利用两种可发生聚合反应的单体和乳化剂形成水包油或油包水乳状液，使其在水相和有机相两相界面反应形成聚合物将芯材包覆形成烟用胶囊，该法对水溶性和油溶性芯材的胶囊皆可适用[65]。滴制法主要通过空心工艺法制备，滴头装置是关键，若同轴度不够，滴丸容易偏心；若滴头口径过大，香精香料难以充满管口，造成胶囊间重量差异过大、收率偏低；若冷凝温度过低，则会导致香精香料过早凝固堵塞管口或者发生滴丸表面不规则等现象，直接影响烟用胶囊的质量和成型。

（3）生产设备影响。目前国内生产滴丸机虽然已经形成产业化和规模化，但设备的精准度和产品质量的在线检测能力仍有待提高，生产的胶囊规格误差较大，对于空珠、破珠等情况检测设备不能很好地检出和剔除，后期应用中滤棒的添珠环节烟用胶囊的加入位置存在偏差，细微变化都会影响成品卷烟间口感的一致性，总之烟用胶囊生产、检测及应用设备整体水平有待提高。

四、烟用胶囊的市场应用

进入21世纪以来，烟用胶囊与细支、短支和中支卷烟融合形成不同的爆珠卷烟新品种，爆珠卷烟市场逐年扩增，产品研发创新取得明显突破，销量逐年大幅增加，已成为全球烟草行业创新驱动发展和持续健康发展的新动能之一。

截至2017年，全球爆珠烟品牌已超过50个，其中英美烟草公司和菲莫公司各占约40%的市场份额，日本占据约10%。英美烟草的爆珠系列产品主要集中在"健牌""好彩""波迈"和"登喜路"4个国际性品牌，其市场份额逐年增加，2010年爆珠卷烟在全球的销售额达到44亿，是2007年的4.9倍[60]，新型空腔滤嘴和爆珠滤嘴卷烟的销售额占其全部卷烟销售额的1/3以上[51]。菲莫国际的爆珠烟产品主要集中在"万宝路"品牌，2013年，"万宝路"率先在日本及一些欧洲市场推出了双爆珠卷烟；2014年"万宝路冰爵"在亚洲有税市场销量超过85万件，在我国香港单规格占据总市场份额近10%；同年，万宝路在法国、匈牙利及瑞士推出了首款超细支爆珠卷烟，将超细支与爆珠两种元素相结合，打造出全新的时尚卖点。日本烟草公司在2007年首次在本国市场推出薄荷爆珠卷烟，市场反应良好，发展势头迅猛；2013年5月在日本市场推出"七星（晶选）"系列3款薄荷味爆珠产品（盒标焦油量分为8 mg、5 mg和1 mg），三年来，产品销量持续上升，目前其占日本卷烟整体市场份额已接近3%[52]。

全球多个国家的爆珠卷烟销售额增幅或增速表现突出[53, 56]，2011—2017年，全球（除中国外）爆珠卷烟的销量年均增幅在20万箱左右[57, 58]，拉丁美洲和亚洲是爆珠烟的畅销市场。在日本，2015年销售爆珠卷烟30.81万箱，约占全球总销量的24.4%，位居全球爆珠卷烟消费市场第一。在美国，2008和2012年雷诺烟草公司和菲莫公司分别试销爆珠卷烟Camel Crush和Marlboro NXT。但近年来，美国的爆珠卷烟市场份额呈降低趋势，这可能与美国在2009年颁布了香味禁令和实质性等同审查等FDA政策有关[59]，这些举措可能限制了美国爆珠卷烟的研发、生产和销售[60]。在墨西哥，2011年开始销售Marlboro爆珠卷烟，2012年又引入了Camel和Pall Mall（英美烟草公司产品）爆珠卷烟，至2013年，墨西哥市场上Marlboro、Camel和Pall Mall爆珠卷烟的牌号分别为3、5和16种[61, 62]。在英国，2011年开始试销第一款爆珠卷烟Silk Cut

Choice，随后，Lucky Strike "Click & Roll"、Pall Mall "Click On"、Lambert & Butler "Fresh Burst"、Benson & Hedges "Dual"、Vogue Perle "Capsule"、JSP "Crushball"、L&B "Ice Blast"、Player "Crushball" 和 Sovereign "Dual" 等爆珠卷烟产品相继上市；2015年，还出现了双爆珠卷烟 Pall Mall Double Capsule[63, 64]。2016年爆珠卷烟的市场份额已增至10%[65]。在韩国，2012年第一季度的爆珠卷烟销售额占比仅为0.14%，而2015年第一季度已增至14.66%[66]。在智利、秘鲁和危地马拉等拉丁美洲地区，2011爆珠卷烟的市场份额不足5%，而2014年已在20%以上。

在中国，2009年，湖北中烟率先在中式卷烟中引入"滤棒嵌珠"技术，拉开了国内胶囊型卷烟的生产序幕。经过几年的发展，2014年胶囊烟已占整个卷烟市场份额的1.8%，达1044亿支。2015—2017年，中国的爆珠卷烟销量逐年增加，2015年增量1.87万箱，2016年增量6.54万箱，2017年销量是2015年的6.6倍[67, 68]。2017年爆珠卷烟的销售额增幅达428.6%，远远高于细支卷烟（74.3%）和短支卷烟（162.3%）等其他创新卷烟产品[84]。在卷烟销量整体下滑的现状下呈逆势增长，发展前景良好。

国内各大烟草公司经过近几年的不懈研发和市场精心培育，都有了各自特色的胶囊烟产品。目前我国胶囊烟产品多达近百款，具体见表1-2，作为对比，国外胶囊烟产品见表1-3。其种类丰富，单爆（过滤嘴处有一颗胶囊）、双爆（过滤嘴处有两颗胶囊）、混合爆（一包卷烟内有多种口味胶囊）；口味繁多，除了国际普遍的薄荷香、水果香外，还有独特的酒香（茅台、五粮液、香槟、青啤、威士忌）、药香（红景天、陈皮、人参、铁棍山药、川贝枇杷、冬虫夏草）和其他香（咖啡、茶叶、香水、百合、红松香等），胶囊烟"品类化"得到不断完善。

表1-2 国内主要胶囊烟产品一览表

公司	品牌	名称	爆珠（胶囊）
贵州中烟	贵烟	贵烟（跨越）	陈皮爆珠
		贵烟（萃）	陈皮爆珠
		贵烟（国酒香·30）	茅台酒香爆珠
		贵烟（国酒香·15）	茅台酒香爆珠
		贵烟（国酒香·50）	茅台酒香爆珠
		贵烟（甜鄉洞藏）	蜂蜜爆珠
		贵烟（行者）	陈皮爆珠
		贵烟（思味）	蜂蜜爆珠
		贵烟（魔力）	百草甘露爆珠

续表

公司	品牌	名称	爆珠（胶囊）
湖北中烟	黄鹤楼	黄鹤楼（硬八度）	薄荷爆珠
		黄鹤楼（硬峡谷柔情）	神农香菊爆珠
		黄鹤楼（硬为了谁）	茶香爆珠
		黄鹤楼（硬感恩）	增加劲头爆珠
		黄鹤楼（生态）	香润珠
		黄鹤楼（梯杷）	双爆珠
		黄鹤楼（漫天游）	绿茶爆珠
		黄鹤楼（鄂尔多斯）	中草香爆珠
		黄鹤楼（软盒1916爆珠版）	黄色爆珠
		黄鹤楼（奇景）	果味爆珠
		黄鹤楼（漫天游）	神农珠
		黄鹤楼（天下胜景）	凤头姜爆珠
		黄鹤楼（硬平安）	超微香润珠
		黄鹤楼（雪之景10号）	神农香菊爆珠
		黄鹤楼（雪之景9号）	蓝山咖啡爆珠
		黄鹤楼（硬攀登）	香润珠
	红金龙	红金龙（ENNE）	香水香爆珠
湖南中烟	芙蓉王	芙蓉王（硬细支）	烟草本香爆珠
	白沙	白沙（天天向上）爆珠版	薄荷味爆珠
重庆中烟	天子	天子（五粮香30年）	五粮香
		天子（硬）	蜜甜香珠
		天子（金）	五粮香爆珠
		天子（重庆20年）	双爆珠——茶香、花香、茶花香
福建中烟	金桥	金桥（冰爆）	薄荷蓝莓爆珠
	七匹狼	七匹狼（金砖中支）	茶香味爆珠
		七匹狼（纯翠）	薄荷爆珠

续表

公司	品牌	名称	爆珠（胶囊）
江苏中烟	南京	南京（梦都）	蓝莓爆珠
		南京（金陵十二钗）	薄荷爆珠
	苏烟	苏烟（水韵）	梅子爆珠
山东中烟	泰山	皇家（礼炮21响）	威士忌酒香爆珠
		泰山（红锡包香珠）	茶香味爆珠
		泰山（颜悦爆珠版）	薄荷爆珠
		泰山（大鸡爆珠版）	枣香爆珠
		泰山（皇家礼炮103响）	酒香爆珠
		泰山（好好学习）	茶甜香
		泰山（尚合）	青啤爆珠
		泰山（儒风细支）	茶甜香爆珠
广西中烟	真龙	真龙（美人香草）	罗汉果爆珠
		真龙（佳韵）	香槟爆珠
四川中烟	宽窄	宽窄（好运细支）	川贝枇杷爆珠
		宽窄（逍遥细支）	润甜爆珠
		宽窄（自在）	蓝莓爆珠
		宽窄（五粮浓香）	酒香（五粮液）爆珠
		宽窄（硬逍遥）	荔枝+甜味爆珠
	娇子	娇子（软祥云）	酒香（国窖1573）爆珠
		娇子(青海湖纯净侧旋)	红景天爆珠
		娇子（龙涎香）	龙涎香爆珠
		娇子（X生肖）	荔枝爆珠
	长城	长城雪茄烟（软传奇）	酒香爆珠
江西中烟	金圣	金圣（智圣出山）	人参爆珠
		金圣（原生工坊）	本草沁润珠爆珠
安徽中烟	黄山	黄山（天都系列）	石斛爆珠
		黄山（红方印）	石斛爆珠
	Derby（都宝）	都宝（冰爽世界）	薄荷爆珠

续表

公司	品牌	名称	爆珠（胶囊）
河北中烟	钻石	钻石（新一品荷花）	金爆珠（丁香、陈皮、当归叶油等提取精华）
		钻石（洪荒之绿）	薄荷爆珠
陕西中烟	延安	延安（1935）	天然蜂王浆爆珠
		延安（青春岁月）	朗姆酒爆珠
		延安（红韵）	维生素E爆珠
	好猫	好猫（招财猫1600）	蜂王浆、哈密瓜味爆珠
		好猫（细支招财猫）	冰霜爆珠
甘肃中烟	兰州	兰州（心如意）	百合爆珠
河南中烟	黄金叶	黄金叶（百年梦）	茶香爆珠
		黄金叶（大M）	冰橙爆珠
		黄金叶（豫烟5号）	铁棍山药爆珠
		黄金叶（冰爽）	薄荷爆珠
云南中烟	云烟	云烟（百味人生）	多种口味爆珠（玫瑰香，酒香，米香，橙香，棠梨香）
		云烟（中支天眼）	青柑爆珠
	玉溪	玉溪（高配版）	橙香爆珠
		玉溪（细支初心）	VC能量爆珠
		玉溪（中支和谐）	枇杷爆珠
		玉溪（华叶）	雪山甘草爆珠
	冬虫夏草	冬虫夏草（和润）	冬虫夏草爆珠
	人民大会堂	人民大会堂（辽宁16）	茅台酒香爆珠
广东中烟	双喜	双喜（喜庆）	香润百合爆珠
上海中烟	红双喜	红双喜（铂派）	薄荷爆珠
	中南海	中南海（Z冰）	薄荷爆珠
	牡丹	牡丹（细支爆珠）	青柠爆珠
黑龙江中烟	龙烟	龙烟（红松香）	红松香爆珠
浙江中烟	利群	利群（清风）	薄荷爆珠
台湾	阿里山	阿里山（景泰典蓝中支蓝莓爆珠）	蓝莓爆珠
	大华	大华（陈皮爆珠）	陈皮爆珠
	520	爆珠系列	水果爆珠（哈密瓜+薄荷，水蜜桃、蓝莓等）

表 1-3 国外主要胶囊烟产品一览表

公司	品牌	名称	爆珠（胶囊）
菲莫国际	Marlboro（万宝路）	万宝路硬冰爵	薄荷爆珠
		双爆珠系列	双薄荷、薄荷橙味双爆、薄荷葡萄双爆、水蜜桃双爆
		DRY 干冰爆	薄荷爆珠
		日本万宝路黑冰	薄荷爆珠
		墨西哥万宝路黑冰	薄荷橙味双爆、青柠单爆珠、薄荷葡萄双爆
	LARK（云雀）	LARK	薄荷爆珠
		LARK Hybrid	薄荷爆珠
		LARK Black Hybrid	薄荷爆珠
		LARK-云雀菠萝爆珠	薄荷爆珠
	Vriginia Slim	冰珍珠	薄荷、巧克力爆珠
	Parliament(百乐门)	水晶爆珠	薄荷爆珠
	Chesterfield	Chesterfield（吉时）	烟草原味爆珠
英美烟草	KOOL	日本 KOOL BOOST 单爆珠系列	薄荷（淡香型、清凉型）爆珠
		日本 KOOL BOOST Double 系列	甜橙＋果香双爆珠
		KOOL ESCAPE	葡萄青柠爆珠
	555.00	555（双冰）	薄荷爆珠
	KENT（箭牌）	日本箭牌 KENT	薄荷、蓝莓、哈密瓜、杨梅爆珠
	Lucky Strike（好彩）	单爆珠系列	果味、薄荷爆珠
		双爆珠系列	蓝莓薄荷、柠檬薄荷、留兰香薄荷、草莓薄荷爆珠
	登喜路	单爆珠系列	薄荷、柠檬爆珠
	BOND（邦德）	俄罗斯邦德蓝莓爆珠	蓝莓爆珠
	波迈	爆珠系列	薄荷、果味爆珠
日本烟草	七星	单爆珠系列	蓝莓、西瓜、柠檬薄荷、黑加仑薄荷爆珠
		Option rich +	一半咖啡＋一半奶茶爆珠
		双爆珠系列	蓝莓＋薄荷爆珠

续表

公司	品牌	名称	爆珠（胶囊）
日本烟草	Winston 云斯顿	Sparking 系列	哈密瓜爆珠
		Winston 系列	椒盐、蓝莓、薄荷、蓝莓薄荷爆珠
	Camel（骆驼）	activate 系列单爆珠	草莓、蓝莓、柠檬、薄荷爆珠
		activate 系列双爆珠	草莓薄荷、蓝莓薄荷细支双爆珠
	蓝冰	凉冰 ICE	薄荷爆珠
		双爆珠系列	西瓜薄荷爆珠
韩国烟草	宝恒	莫吉托爆珠 6 号	混合薄荷、青柠、朗姆酒爆珠
		雪茄爆珠口味	雪茄爆珠
		莫吉托 double	柠檬味爆珠
	Raison	韩国铁塔猫	红酒奶油、橙子冰淇淋、酸奶、咖啡摩卡爆珠
		太阳奶油橙味爆珠	青柠奶油爆珠
	ESSE（爱喜）	CHANGE 幻变系列	薄荷、葡萄、苹果薄荷爆珠
		Double shot	白葡萄红葡萄双爆珠爆珠
		POP	蓝莓爆珠
		CIGAR	雪茄薄荷爆珠
	This Africa	Rula	香蕉爆珠
	The One	柠檬爆	柠檬爆珠
		Change LipToc	鲜花蜜桃爆珠
	兰博基尼	GT 冰酷	薄荷爆珠
		Gusto	橙子爆珠
其他	PEEL（百乐）	葡萄爆	葡萄爆珠
		泡泡糖果味爆珠	水果爆珠
		细支百乐橙爆珠	橘子薄荷爆珠
		苹果爆	薄荷青苹果爆珠
		橘子爆	橘子爆珠
	越南黑玫瑰	越南黑玫瑰	薄荷爆珠
	Kiss	Kiss	苹果、玫瑰、薄荷爆珠

续表

公司	品牌	名称	爆珠（胶囊）
其他	D&J	D&J（西瓜双爆珠）	西瓜薄荷爆珠
	DJ MIX	DJ MIX 爆珠系列	苹果、蓝莓、草莓爆珠
	ORIS（豪利时）	豪利时（香橙）爆珠	香橙爆珠
		豪利时薄荷爆珠	薄荷爆珠
	MU	MU Arictic 极寒	柠檬薄荷爆珠
		MU 摇摇爆	薄荷、水蜜桃、橙子爆珠
	Davidoff	中免大卫杜夫爆珠	薄荷爆珠

第三节　烟用胶囊发展趋势

一、功能多元化

烟用胶囊的发展很大程度上依赖于壁材的发展。符合烟用胶囊特殊要求的壁材原料和冷凝剂品种较少，限制着烟用胶囊的研究和发展。近年来，随着胶囊卷烟的畅销流行，各界科研人员纷纷加入研究，其使用的壁材种类也有了一定的发展。除了常用的甘油明胶、硬脂酸、聚乙二醇类化合物等壁材原料外，海藻酸钠配合物、蜡脂材料、无机盐、两亲性高分子材料和树脂类化合物也开始应用于烟用胶囊生产，逐步实现水溶性芯材的包裹，即"水爆"。目前烟用胶囊主要为油溶性芯材胶囊，加入卷烟后的主要功效有增香、增加劲头和丰富吸味，若水爆技术成熟，便可发展保润型胶囊或兼容更多风味的香精香料，拓展烟用胶囊的功能。

二、设备先进化

烟用胶囊设备的发展与其自身的发展相辅相成，主要趋势有以下五方面：
（1）自动化，简化生产过程中的人工操作，加快生产效率，减少人为误差。
（2）精密化，减少产品间的重量、大小、形状差异。
（3）严格化，完善烟用胶囊质量在线检测装置，严格剔除不合格产品。
（4）多功能化，同步适应各种芯材、壁材和冷凝剂的变化。
（5）规模化，实现批量生产和实验研发共适。

三、工艺完善化

生产工艺是制备烟用胶囊的基础，目前主要采用的滴制工艺还有很多不足，未来的工艺发展趋势主要有：

（1）工艺配方，改进烟用胶囊化的添加剂、芯材和壁材原料配方，增加壳体的机械强度，合理控释，防止受潮软化。

（2）工艺过程及参数，优化烟用胶囊生产过程，细化化胶、成型和干燥等每个工艺过程的时间、温度和pH等工艺参数，提高产品的精密度。

四、应用多样化

烟用胶囊在中式卷烟上的应用从烟丝到滤嘴，从卷烟纸到包装材料，滤嘴上的应用从单一口味到多种口味，从单一胶囊到多胶囊，从常规胶囊到细支胶囊，呈多维度发展。未来烟用胶囊的应用也将按这种趋势发展下去，鼻烟、电子烟、口含烟和加热卷烟等新型烟草制品将与烟用胶囊结合，以更新的形式展现在消费者面前。火器ECS、Fiit（Change）和宽窄·益德成（嗅爽）便是这类型新产品的代表。

随着胶囊生产设备的发展，制备工艺的成熟，在线质量检测方法的完善，烟用胶囊质量会更加稳定，功能也会越来越丰富，在烟草行业中的应用前景也将更加广阔。

参考文献

[1] 浙江省品牌建设联合会. 明胶空心胶囊：T/ZZB 2070-2021[S].

[2] KU M S, LI W Y, DULIN W, et al. Performance qualification of a new hypromellose capsule: Part I. Comparative evaluation of physical, mechanical and processability quality attributes of Vcaps Plus®, Quali-V® and gelatin capsules[J]. International Journal of Pharmaceutics, 2010, 386: 30-41.

[3] ROWE R C, SHESKEY P S, WELLER P J. Handbook of pharmaceutical excipients[M]. 5th ed. London: Pharmaceutical Press, 2003.

[4] COLE S K, STORY M J, ATTWOOD D, et al. Studies using a non-ionic surfactant-containing drug delivery system designed for hard gelatin capsule compatibility[J]. Int. J. Pharm., 1992, 88: 211-220.

[5] 王乐妍. "植物胶囊"的概念与发展应用[J]. 中国科技术语，2014(z1): 35-37.

[6] Al-TABAKHA M M. HPMC capsules: current status and future prospects[J]. Journal of Pharmacy and Pharmaceutical Sciences, 2010, 13(3): 428-442.

[7] 赵佳佳. 羟丙基甲基纤维素/魔芋葡甘聚糖水溶性包装薄膜的制备及性能研究[D]. 杭州：浙江理工大学，2018.

[8] 张炜杰. 明胶性质简介[J]. 明胶科学与技术，2014，34（4）：205-209.

[9] 张东. 褐藻胶植物肠溶空心硬胶囊制备技术[D]. 青岛：中国海洋大学，2010.

[10] GROSSWALD R R, ANDERSON J B, ANDREW C S. Method for the manufacture of pharmaceutical cellulose capsules[P]. US patent, US5656036A, 1997-08-12.

[11] Al-TABAKHA M M. HPMC capsules: current status and future prospects[J]. Journal of Pharmacy and Pharmaceutical Sciences, 2010, 13(3): 428-442.

[12] YANG J H. Cellulose capsules using mixed solution of pectin and glycerin and the manufacturing process thereof[P]. US patent, US6410050B1, 2002-06-25.

[13] COLE E T, SCOTT R A, CADE D, et al. In vitro and in vivo pharmaco scintigraphic evaluation of ibuprofen hypromellose and gelatin capsules[J]. Pharmaceutical Research, 2004, 21(5): 793-798.

[14] 刘国军. 普鲁兰多糖-卡拉胶基硬胶囊囊材的研究[D]. 无锡：江南大学，2014.

[15] 刘利萍，程丹，孙武千，等. 羟丙甲基纤维素空心胶囊的研制[J]. 中国药学杂志，2018，53（1）：40-45.

[16] 崔福德. 药剂学[M]. 北京：人民卫生出版社，2003.

[17] 唐星，何仲贵，杨杨. 明胶软胶囊囊壳处方因素对囊壳溶解性能的影响[J]. 中国药学杂志，1999（01）：30-32.

[18] 黄敏，张钧寿，谢跃进. 软胶囊剂稳定性研究进展[J]. 中国医药工业杂志，2000，31（003）：137-140.

[19] 崔颖，屠锡德. 国外口服软胶囊剂的研究[J]. 药学进展，2003，27（006）：340-345.

[20] 杨继彰. 软胶囊剂的国内外动态[J]. 上海医药情报研究，1991（2）：23-29.

[21] 卢鹏伟，李光勇，伍善根. 关于中药软胶囊的生产工艺、设备和囊壳材料的进展研究[J]. 机电信息，2015（17）：1-8.

[22] GOKMEN V, MOGOL B A, LUMAGA R B, et al. Development of functional bread containing nanoencapsulated omega-3 fatty acids[J]. Journal of Food Engineering, 2011, 105(4): 585-591.

[23] HASANVAND E, FATHI M, BASSIRI A, et al. Novel starch based nanocarrier for vitamin D fortification of milk: production and characterization[J]. Food and Bioproducts Processing, 2015, 96: 264-277.

[24] NIELSEN C, KJEMS J, MYGIND T, et al. Enhancing the antibacterial efficacy of isoeugenol by emulsion encapsulation[J]. International Journal of Food Microbiology, 2016, 229: 7-14.

[25] WANG S, CHEN Y, LIANG H, et al. Intestine-specific delivery of hydrophobic bioactives from oxidized starch microspheres with an enhanced stability[J]. Journal of Agricultural and Food Chemistry, 2015(63): 8669-8675.

[26] VOS P D, FAAS M M, SPASOJEVIC M, et al. Encapsulation for preservation of functionality and targeted delivery of bioactive food components[J]. International Dairy Journal, 2010, 20(4): 292-302.

[27] 冯守爱. 微胶囊化绿茶提取物改性卷烟胶[J]. 中国胶粘剂, 2018, 27（06）: 24-27.

[28] ATCO. Waterford, the newest taste in cigarettes! [N/OL]American Tobacco Company, (1966). http://news.google.com/newspapers?nid = 888&dat = 19660415&id = pxRAAAAIBAJ&sjid = InQDAAAAIBAJ&pg = 3460,227545.

[29] LAWSON K. The history of cigarette capsule filter[EB/OL]. (2012). http://www.tobaccopub.net/ tobacco-info/the-history-of-cigarette-capsule-filter.

[30] TAMAOKI A, TANAKA S, KONDO M, et al. Easily breakable plastic capsule and a water filter for a cigarette using the same: US 4865056/EP 276021B1[P]. 1989.

[31] German Cancer Research Center. Menthol capsules in cigarette filters—increasing the attractiveness of a harmful product[R]. Heidelberg, Germany, 2012.

[32] THRASHER J F, ISLAM F, BARNOYA J, et al. Market share for flavour capsule cigarettes is quickly growing, especially in Latin America[J]. Tobacco Control, 2017, 26(4): 468-470.

[33] MEREDITH P. Back to the future—how patents have influenced filter innovation[J]. Tobacco Journal International, 2015, 1: 75-78.

[34] Speccomm. Ready to bloom[J/OL]. Tobacco Reporter. (2017-03-01) [2018-05-07]. http://www.tobaccoreporter.com/2017/03/ready-tobloom/.

[35] 藤田亮治，中合弘树，加藤胜男. 收纳有液体的胶囊及具备该胶囊的吸烟物品：CN 104379006A[P]. 2013.

[36] 藤田亮治，中合弘树，加藤胜男. 封入液体的胶囊及具备该胶囊的吸烟物品：CN104780793A[P].

[37] MCGLUMPHY J H, PFAFF J O, QUINN A D W, et al. Processes for incorporating encapsulatedfavors and the like in reconstituted tobacco sheet: US 3540456[P]. 1970-11-17.

[38] MCGLUMPHY J H, PFAFF J O, QUINN A D W, et al. Reconstituted tobacco containingadherent encapsulated flavors and other matter: US 3550598[P]. 1970-12-9.

[39] QUINN A D W. Tobacco smoking article: US 3623489[P]. 1971-11-30.

[40] BRADLEY J H, BAYLESS R G, RONALD H L, et al. Tobacco-substitute smoking material: US 4195645[P]. 1980-4-1.

[41] DEMAIN B A. Smoking compositions containing a flavorant-release additive: US5144964[P]. 1992-9-8.

[42] 雍国平，徐利，金翔. 薄荷素油的微胶囊研究[J]. 烟草科技，1996(5)：16-17.

[43] 彭荣淮，徐华军，雍国平，等. 相分离-凝聚法制备薄荷醇微胶囊试验[J]. 烟草科技，2003（8）：27-28.

[44] KING M. Investor day—Latin American & Canada Region[R/OL]. Lausanne: Phillip Morris International, 2014[2018-05-07]. https://www.media-server.com/m/instances/ 8hjnb6wm/items/29n825fv/assets/vjr3btkp/0/file.pdf.

[45] COBBEN M. Capsule rollout[R/OL]. Hampshire: British American Tobacco, 2011[2018-05-07]. http://www.bat.com/group/sites/UK_8GLKJF.nsf/vwPagesWebLive/3FF4B58C81321BC8C12578880056EF37/$FILE/14_Mark%20Cobben%20-%20Capsule%20Rollout.pdf?openelement.

[46] KAHNERT S, PÖTSCHKE-LANGER M, SCHUNK S, et al. Menthol capsules in cigarette filters—increasing the attractiveness of a harmful product[R/OL]. Heidelberg: German Cancer Research Center, 2012[2018-05-07]. https://www.dkfz.de/de/tabakkontrolle/download/Publikationen/RoteReihe/Band_17_Menthol_Capsules_in_Cigarette_Filters_en.pdf.

[47] GILMORE A B. Understanding the vector in order to plan effective tobacco control policies: an analysis of contemporary tobacco industry materials[J]. Tobacco Control, 2012, 21(2): 119-126.

[48] BOWLES J. Managing the challenges in Western Europe[R/OL]. Hampshire: British American Tobacco, 2011[2018-05-07]. http://www.bata.com.au/group/sites/UK__9ZTFCM.nsf/vwPagesWebLive/DO8GLLYY/$FILE/19_Jack%20Bowles%20Managing%20the%20Challenges%20in%20Western%20Europe.pdf?openelement.

[49] LEVY J M. Consumer driven growth[R/OL]. Hampshire: British American Tobacco, 2011[2018-05-07]. http://www.bat.com/group/sites/UK__8GLKJF.nsf/vwPagesWebLive/167002DCAB80D05FC12578880056CA62/$FILE/10_Jean-Marc%20Levy%20%20Consumer%20driven%20growth.pdf?openelement.

[50] 黄晓丹. 烟用香料微胶囊化研究[D]. 无锡：江南大学，2008.

[51] British American Tobacco. Cigarette[R/OL]. London: British American Tobacco[2018-05-07]. http://www.bat.com/group/sites/uk_9d9kcy.nsf/vwPagesWebLive/DO6HHJ9F.

[52] 陈辰. 全球爆珠烟发展概况[J]. 中国烟草，2017（1）：42-43，46.

[53] ABAD-VIVERO E N, THRASHER J F, ARILLO-SANTILLÁN E, et al. Recall, appeal and willingness to try cigarettes with flavour capsules: assessing the impact of a tobacco product innovation among early adolescents[J]. Tobacco Control, 2016, 25(E2): E113-E119.

[54] British American Tobacco. Annual Report 2014: delivering today investing in tomorrow[R/OL]. London: British American Tobacco, 2015[2018-05-07]. http://www.bat.com/group/sites/uk__9d9kcy.nsf/vwPagesWebLive/DO9DCL3B/$FILE/medMD9UWNKU.pdf?openelement.

[55] Philip Morris International. 2015 Annual Report[R/OL]. New York: Philip Morris International, 2016[2018-05-07]. http://phx.corporate-ir.net/phoenix.zhtml?c = 146476&p = irol-reportsannual.

[56] REYNOLDS R J. Camel menthol update. Bates number 546075127-5169[R/OL]. Winston-Salem, 2008[2018-05-07]. https://www.industrydocumentslibrary.ucsf.edu/tobacco/docs/#id = qjjk0174.

[57] 国家烟草专卖局. 年世界烟草发展报告[R]. 北京：国家烟草专卖局，2016.

[58] 国家烟草专卖局. 2017年世界烟草发展报告（上）[R/OL]. 北京：国家烟草专卖局. (2018-04-23) [2018-05-07]. http://www.tobaccoinfo.com.cn/jccknb/2018/04/274808.shtml.

[59] THRASHER J F, ABAD-VIVERO E N, MOODIE C, et al. Cigarette brands with flavour capsules in the filter: trends in use and brand perceptions among smokers in the USA, Mexico and Australia, 2012—2014[J]. Tobacco Control, 2016, 25(3): 275-283.

[60] EMOND J A, SONEJI S, BRUNETTE M F, et al. Flavour capsule cigarette use among US adult cigarette smokers[J]. Tobacco Control, 2018, 27 (6): 650.

[61] INSP. Referencia: tobacco surveillance system TPackSS—Mexico[EB/OL]. Cuernavaca: Instituto Nacional de Salud Pública, 2013[2018-05-07]. http://globaltobaccocontrol.org/tpackss/mexican-products/.

[62] Euromonitor International. Cigarettes in Mexico, 2014[R/OL]. London: Euromonitor International. 2017[2018-05-07]. http://www.euromonitor.com/cigarettes-in-mexico/report.

[63] MOODIE C, ANGUS K, FORD A. The importance of cigarette packaging in a 'dark' market: the 'Silk Cut' experience[J]. Tobacco Control, 2014, 23(3): 274-278.

[64] MOODIE C, ANGUS K, MITCHELL D, et al. How tobacco companies in the UK prepared for and responded to standardised packaging of cigarettes and rolling tobacco[J]. Tobacco Control, 2018, 27(e1): e85-e92.

[65] WALKER G. Keep calm and carry on[J]. Convenience Store, 2016, 17: 43-50.

[66] KIM J H. Measures to control the risks of flavored tobacco products[J]. Korea Health Promot Inst, 2017, 6: 1-8.

[67] 国家烟草专卖局. 中国烟草 2017 年发展报告[R/OL]. 北京：国家烟草专卖局. (2018-03-08) [2018-05-07]. http://www.etmoc.com/look/looklist?id = 38353.

[68] 安裕强，顾树东. 爆珠烟发展路在何方?[N/OL]. 东方烟草报.(2017-07-16)[2018-05-07]. http://www.eastobacco.com/gyyd/ppfz/201707/t20170717_450510.html.

[69] 凌成兴. 2018 年全国烟草工作会议上的报告[R/OL]. (2018-01-16)[2018-05-07]. http://www.360doc.com/content/18/0116/20/49274301_722487421.shtml.

第二章

烟用胶囊的芯材

目前常用的烟用胶囊的制备方法大多采用滴制法和界面聚合法，其中滴制法的滴制出口为双滴头结构，外滴头主要制备胶囊壁，而内滴头主要输送芯材。烟用胶囊的芯材主要包括香精香料和溶剂两部分。

第一节　芯材中的香精香料

香精香料是以改善、增加和模仿特有香气和香味为主要目的的添加剂，也称增香剂。香料也称香原料，是一种能被嗅出气味或品出香味的物质，是用以调制香精的原料，包括天然香料（分为动物性天然香料和植物性天然香料）和人工合成香料。植物性天然香料中，采用水蒸气蒸馏或压榨等方法制备的，与水不相混溶的挥发性油状成分，称为挥发油、精油或香精油。精油通常在常温下就可以挥散，可溶于浓乙醇和大多数有机溶剂，几乎不溶于水；对空气、日光及温度较敏感，易于分解变质。

香精也称调和香料，是由多种香料（有时会加入一定量的溶剂和其他添加剂）人工调配出来的，具有某种特定的香型、可直接应用于卷烟或其他食品加香的混合物，如玫瑰香精、茉莉香精、柠檬香精、薄荷香精、菠萝香精等。

一、花朵类香料

花朵的香味美包括"香"与"味"两个方面。它们往往难以言传，却给人如梦似醉的美感。"由茉莉那种强烈而显著的香味到紫丁香那种温和的香味，最后到中国兰花那种洁净而微妙的香味。香味越微妙，越不易辨别出来是什么花，便越加高贵。"

不少花朵种类如菊花、兰花、玫瑰、茉莉、槐花、金银花、桂花、桃花、荷花、米兰等许多花朵，均可制成饮料、甜食、菜肴等各式各样的香甜可口、营养丰富的美味食品，给人以别具一格的味觉美。

花为香魂，富有魅力。宜人的馥郁清香，是鉴赏花卉美的主要标准。当人们漫步在桂花、梅花、兰花、荷花、玫瑰、月季、蔷薇、茉莉、白兰等花丛中时，缕缕醉人的芳馨扑鼻而来，使人有难以言状的愉快之感。

但并不是每一种花的芳香气息都适合与烟草烟气相结合，不适宜的花香气息容易被感官评吸者判定为花粉气息，从而增加了卷烟的杂气。以下是笔者经实际工作判定后，认为可以与烟气融为一体的几种花朵类香料，但是否会增加烟气的感官品质还需要通过实际感官评价判断，因此其效用仅供读者参考。

（一）玫瑰花精油

玫瑰（学名：*Rosarugosa*）是蔷薇科蔷薇属植物，在日常生活中是蔷薇属一系列花大艳丽的栽培品种的统称。

玫瑰原产亚洲东部地区，现在主要在我国华北、西北和西南，日本、朝鲜等地均有分布，在其他许多国家也被广泛种植。喜阳光，耐旱，耐涝，也能耐寒冷，适宜生长在较肥沃的沙质土壤中。保加利亚是世界上最大的"玫瑰"（实为：突厥蔷薇 *Rosa damascena*）产地，素以"玫瑰之邦"闻名。

原始的玫瑰品种包括野生"玫瑰"（实为蔷薇）共有250种不同种类，而混种与变种则有成千上万种。现今有30多种称为"香味玫瑰"，但其中只有3种是其他现代"玫瑰"的亲代，由于花香优雅，而以大片面积栽种。第一种"玫瑰"是法国蔷薇（*R. gallica*），最易繁殖，原产于高加索，常称为"法国玫瑰""普罗因玫瑰"（Provins rose）或"安娜托利亚玫瑰"（Rose of Anatolia）。第二种老"玫瑰"是百叶蔷薇（*R. centifolia*），原产于波斯，常称为"普罗斯旺玫瑰"（Provence rose）或伊斯帕罕玫瑰（Rose of Ispahan），是法国蔷薇的子代，为"苔苏玫瑰"与"卷心玫瑰"的亲代。第三种老"玫瑰"是突厥蔷薇（*R. damascena*），原产于叙利亚，香味扑鼻，是最常供蒸馏精油的"玫瑰"，质量最优，也最具医疗价值。

玫瑰鲜花可以蒸制芳香油，大约4000 kg玫瑰花瓣只能收成1 kg精油。其主要成分为左旋香芳醇，含量最高可达0.6%，也是世界上最昂贵的精油，被称为"精油之后"。

1. 主要化学成分

（1）花中挥发油的主要成分：芳樟醇（Linalool）、芳樟醇甲酸酯（linalyl fformate）、β-香茅醇（β-citronellol）、香茅醇甲酸酯（citronellyl formate）、香茅醇乙酸酯（citronellylacetate）、牻牛儿醇（geramul）、牻牛儿酸甲酸酯（ger-anylformate）、牻牛儿醇乙酸酯（ger-anylacetate）、苯乙醇（phenylethanol）、橙花醇（nerol）以及3-甲基-1-丁醇（3-methyl-1-butanol）、反式-β-罗勒烯（2-tridecanone）、十五烷（pentadecane）、

2-十三烷酮（2-trid ecan one）、1-戊醇（1-pentanol）、1-乙醇（1-hexanlo）、3-乙烯酯（3-hexenol）、乙酸乙酯（hexyl acetate）、乙酸-3-乙烯酯（3-hexenyl acetate）、苯甲醇（benzyl alcohol）、丁香油酚（eugenol）、甲基丁香油脂（methyl eugenol）等。

（2）花粉中的挥发成分：6-甲基-5-庚烯-2-酮（6-methyl-5-hepten-2-one）、牦牛儿醇乙酸酯、橙花醛（neral）、牦牛儿醛（geranial）、牦牛儿醇、香茅醇乙酸酯、乙酸橙花醇酯（neryl acetate）、牦牛儿基丙酮（geranylacetone）、十五烷、2-十一烷酮（2-unde-canone）、2-十三烷酮、2-十五烷酮（2-pentadecnone）、十四烷醛（tetradecanal）、β-苯乙醇、丁香油酚、甲基丁香油酚、乙酸-β-苯乙醇酯（β-phenylethyl acetate）。

（3）对香气起重要作用的微量成分：β-突厥酮（β-damascone）、玫瑰醚（roseoxide）、α-白苏烯、槲皮素（quercetin）、矢车菊双甙（cyanin）、有机酸、β-胡萝卜素（β-carotene）、脂肪油等。

2. 主要功效

玫瑰精油是纯天然植物精油，主要有以下功能：

（1）玫瑰精油气味芬芳，自然的芳香经由嗅觉神经进入脑部后，能刺激大脑前叶分泌出内啡肽及脑啡肽两种荷尔蒙，使人精神舒适、愉悦、惬意；能抚平情绪，沮丧、哀伤、妒忌和憎恶的时候，提振心情，舒缓神经紧张和压力，使人对自我产生积极正面的感受。因此，玫瑰精油为天然植物精油之王，广泛用于美容、美体、食品、烟草及香水及化妆品的调香剂。

（2）玫瑰精油能消炎杀菌，可防传染病、防发炎、防痉挛。

（3）玫瑰精油能调节内分泌，促进荷尔蒙分泌，催情、补身、帮助睡眠，促进新陈代谢、细胞再生、血液循环，让人体的生理及心理活动获得良好的发展。

（4）玫瑰精油有强壮和收缩微血管的效果，发挥紧实、舒缓的特性，滋养皮肤，延缓衰老，对老化皮肤有极佳的回春作用。适用于各种皮肤，尤其是干燥或敏感皮肤。

（二）牡丹花精油

牡丹（学名：*Paeonia suffruticosa Andr.*）是毛茛科芍药属植物，为多年生落叶灌木。

中国牡丹资源特别丰富，根据中国牡丹争评国花办公室专组人员调查，中国滇、黔、川、藏、新、青、甘、宁、陕、桂、湘、粤、晋、豫、鲁、闽、皖、赣、苏、浙、沪、冀、内蒙古、京、津、黑、辽、吉、海、南、港、台等地均有牡丹种植。大体上分为野生种、半野生种及园艺栽培种几种类型。

牡丹栽培面积最大最集中的有菏泽、洛阳、北京、临夏、彭州、铜陵等。通过中原花农冬季赴粤、闽、浙、深圳、海南进行牡丹催花,促使牡丹在以上几个地区安家落户,使牡丹的栽植遍布全国各地。

现代牡丹精油的研制,是在传统压榨基础上,利用超临界技术等繁杂工艺提取而成。

1. 主要化学成分

主要成分为醇类、烷类、酯类、酮类和芳香烃及其衍生物,含有丰富的牡丹多酚,也含有少量的醛类、吡喃、烯类和酚类等。它们的发香成分主要是苯乙醇和芳樟醇氧化物。精油中醛、酯、酮类可能是其具有显著抗氧化活性的原因。

2. 功　效

(1) 抗氧化:牡丹精油中特有的牡丹多酚,是很强的抗氧化剂,还可以延长其他抗氧化剂(如维生素C和维生素E)在体内的时间,延缓皮肤衰老。同时抑制色斑、老年斑,防治痤疮,明净肤质。

(2) 敏感肌肤:高度保湿性,可促进细胞的再生,强化肌肤活力,能有效调节干燥和敏感肌肤,缓解肌肤压力,均衡肤色,增加皮肤弹性光泽。

(3) 黑眼圈:黑眼圈是眼部静脉血管流动过于缓慢,眼部皮肤供氧不足造成的。通过按摩能迅速深入肌肤促进眼部血液循环,紧致眼部肌肤,保持眼周弹性和活力,有效淡化黑眼圈,收紧眼袋,使眼睛看起来明亮动人。

(4) 皮肤保养:牡丹精油分子细小,能迅速渗透到血管和淋巴,帮助血液循环,将滞留在体内的二氧化碳及沉积的物质代谢出来,其抗菌和免疫特性,促进皮肤细胞修复与再生,令肌肤光滑细腻、白皙。

(5) 紧实肤质:排除多余脂肪及毒素,增加肌肤的紧实度和人体的排毒能力,使身体曲线更加优美,抚平小细纹,使肌肤更加饱满有光泽。

(6) 心理疗效:调整情绪,当处于特别紧张,窒闷的环境下,能有效地改善紧张情绪,缓解压力,使人可以平静地面对生活,工作。能很好地舒缓脑部神经,让人精力充沛,醒脑明目。

(7) 生理疗效:牡丹精油是天然的植物荷尔蒙,平衡女性体内荷尔蒙分泌,调节月经周期,有效改善性冷淡,是子宫的绝佳补品。居家消毒,牡丹精油特有抗菌、抗病毒因子,用少量精油喷于衣柜、地板、家具不仅可以消毒,还可以驱除蚊蝇,同时掩盖不良气味,净化空气。

（三）樱花精油

樱花（学名：*Cerasus* sp.）：是蔷薇科樱属几种植物的统称。

樱花为温带、亚热带树种，性喜阳光和温暖湿润的气候条件，有一定抗寒能力。对土壤的要求不严，宜在疏松肥沃、排水良好的沙质壤土生长，但不耐盐碱土。根系较浅，忌积水低洼地。有一定的耐寒和耐旱力，但对烟及风抗力弱，因此不宜种植有台风的沿海地带。樱属植物有百余种，分布在北半球温和地带：亚洲、欧洲至北美洲，主要种类分布在中国西部和西南部以及日本和朝鲜。北京、西安、青岛、南京、南昌等城市庭园栽培。

樱花精油主要采用蒸馏法提取，其水溶物副产品被称为樱花水，也是一种护肤品。

1. 主要化学成分

樱花含有丰富的天然维生素 A、B、E；樱叶黄酮还具有美容养颜，强化黏膜，促进糖分代谢的药效。

2. 功　效

樱花精油有提神或安眠的作用，可以放松经络，改善精神状态，还可以促进新陈代谢。

（四）棠梨花精油

棠梨花即蔷薇科野生灌木棠梨的花朵，别名野梨、鹿梨、铁梨树、棠梨树。

棠梨野生于荒郊、山脚、路边或道旁，广泛分布于长江流域各省，江苏、浙江、安徽（泗县）、湖北、江西、河南、河北、山东、山西、甘肃、陕西、辽宁等地。

棠梨花精油主要采用水蒸气蒸馏法提取，芳香气息浓郁。

1. 主要化学成分[1]

主要化学成分为：二十一烷（60.05%）；二十八烷（4.48%）；(*E*, *E*)-3, 7, 11-三甲基-2, 6, 10-三烯十二-1-醇（4.43%）；6, 10, 14-三甲基-2-十五酮（2.27%）；2-甲氧基-[1]苯噻吩-[2, 3-c]喹啉-6(5H)-酮（1.98%）；Iron, monocarbonyl-(1, 3-butadiene-1, 4-dicarbonicacid, diethyl ester)a, a'-dipyridyl（1.61%）；[(2-氟苯)甲基]-1H-嘌呤-6-胺（1.07%）；1, 2-苯二羧酸-二异辛酯（1.02%）。以上八种化合物占挥发油总量的 76.91%。

2. 功　效

棠梨花精油能敛肺、涩肠、消食。

（五）荷花精油

荷花（Lotus flower）：属毛茛目睡莲科，是莲属两种植物的通称。又名莲花、水芙蓉等。

荷花一般分布在中亚、西亚、北美，印度、中国、日本等亚热带和温带地区。荷花在中国南起海南岛（北纬19°左右），北至黑龙江的富锦（北纬47.3°），东临上海及台湾，西至天山北麓，除西藏和青海外，全国大部分地区都有分布。垂直分布可达海拔2000 m，在秦岭和神农架的深山池沼中也可见到。

荷花的采摘期每年只有5—7月，其精油的提取主要采用超临界CO_2萃取技术，并且每10万朵荷花才能萃取出1 kg的荷花精油。

1. 主要化学成分[2]

其主要成分为苯基酯类，还含有苄醇、6,9-十七碳二烯、8-十七碳烯、2-十七酮、正十五烷等。不同荷花的精油的成分和含量之间存在一定的差异。

2. 功 效

荷花精油具有美白淡斑、消炎抗痘、滋润光滑、滋养修复、镇静抗敏、激励血液循环、加强记忆、提神等功效。

（六）雪菊精油

雪菊，又名两色金鸡菊，学名蛇目菊，是中国西部地区广为栽培的一种植物，在昆仑山一带民间又称清三高花。

原产自美国中北部、非洲南部以及夏威夷群岛等地，目前分布于世界各地，雪菊广泛分布于我国新疆和田地区，海拔3000 m以上的昆仑山北麓一带较多。

雪菊精油的提取主要采用超临界萃取法。

1. 主要化学成分

从雪菊中共分离鉴定出20余类，300多种天然成分，其中包括30多种黄酮类物质，30多种人体必需的矿物元素，20多种氨基酸，数十种芳香族化合物，还有丰富的有机酸、萜烯类、维生素、木脂体、酶类、多糖等具有生物活性的天然成分。其活性成分主要有黄酮、生物碱、挥发性油、有机酸、皂苷、氨基酸等。

2. 功 效

现代药理研究表明，雪菊中的挥发油、总皂苷、氨基酸、黄酮类物质，可抵抗病原体，增强毛细血管抵抗力，其中，总黄酮含量达到12%，远远超过了其他各种菊类。黄酮的功效是多方面的，它是一种很强的抗氧化剂，可有效地清除体内的氧自由基，阻止氧化的能力是维生素E的10倍以上，可以阻止细胞退化、衰老及癌变的发生。雪菊中富含的这些生物总黄酮、萜类物质、含硫化合物，被统称为具免疫调节功能的因子，是降血压、降血脂、调节血糖、抗肿瘤与抗衰老相关药物中重要的元素。

（七）柑橘花精油

柑橘（*Citrus reticulata Blanco*）属芸香科下属植物。用作经济栽培的有3个属：枳属、柑橘属和金柑属。中国和世界其他国家栽培的柑橘主要是柑橘属。

世界柑橘主要分布在北纬35°以南的区域，性喜温暖湿润，有大水体增温的地域可向北推进到北纬45°。中国柑橘分布在北纬16°～37°，海拔最高达2600 m（四川巴塘），南起海南三亚，北至陕、甘、豫，东起台湾，西到西藏的雅鲁藏布江河谷。但中国柑橘的经济栽培区主要集中在北纬20°～33°，海拔700～1000 m。全国生产柑橘包括台湾省在内有19个省（自治区、直辖市）。其中主产柑橘的有浙江、福建、湖南、四川、广西、湖北、广东、江西、重庆和台湾10个省（自治区、直辖市），其次是上海、贵州、云南、江苏等省（自治区、直辖市），陕西、河南、海南、安徽和甘肃等省也有种植。全国种植柑橘的县（市、区）有985个。

柑橘花精油主要由浸泡和蒸馏法提取，其蒸馏副产品即为橙花纯露。

1. 主要化学成分

柑橘花香气成分中，以芳樟醇（沉香醇）、柠檬烯、乙酸沉香酯为主，而橙花叔醇、金合欢醇、邻氨基苯甲酸甲酯、吲哚等微量成分是其中的特色成分。

2. 功　效

柑橘花可以健脾开胃、疏肝理气，还能润肺、止咳，促进肝脏排毒。

二、果实类香料

在香精行业里，一般把水果分成两大类：柑橘系和"其他水果"。"柑橘系水果"就是常见的橙子、橘子、柚子、柠檬、青柠、香柠檬、葡萄柚、克莱门氏小柑橘等。

柑橘的果皮含有充足的挥发性香精油，制取方法大多为压榨果皮，或水蒸气蒸馏提油，量多价低，每年的产量极大，香水产业对其用量也巨大。剥完橘子总觉得味道沾在手上停留很久，就是因为手沾到了果皮里面渗出的精油。因此该类水果的精油广泛存在于食品、化妆品调香市场中。

"其他水果"包括苹果、桃子、草莓等。这类水果中精油含量普遍较低，而且精油中的香气成分水溶性较好，因此难以提取精油。此外，这类水果在成长初期没有典型的果香味，而是在短暂的成熟期，水果的新陈代谢转变为分解代谢，才形成了有香物质，但有香物质随着水果的成熟与衰败，丧失得也非常快，其香气保真的时间较短。因此该类水果很少有直接提取的精油出现在市场上，大部分都采用人工调香的方式进行模拟。但由于卷烟行业应用的特殊性，有一些水果，如枣、山楂、葡萄等，可以把果干浸泡在酒精里从而得到可用的香精香料。近年来随着烟用胶囊的出现，其封闭的环境为"其他水果"精油提供了有效的使用空间，也大大拓展了烟用香精香料的范围。

（一）甜橙精油

甜橙（学名：*Citrus sinensis* (L.) *Osbeck*）是芸香科柑橘属植物，乔木，枝少刺或近于无刺。

甜橙喜温暖湿润气候，最低生长温度 12.5 °C，最适温度 23～29 °C。中国秦岭南坡以南各地广泛栽种，西北限约在陕西西南部、甘肃东南部、陕西城固、洋县一带，西南至西藏东南部墨脱一带海拔 1500 m 以下地方也有分布。

市面上贩卖的甜橙精油多来自果汁加工厂的附属产品，一般以冷压榨为主，即通过将橙皮在温水中浸泡后压榨果皮来吸取精油。然后，使用海绵吸收提取的液体。之后，在容器上方挤压海绵，收集所有提取物，让精油与果汁分离得到甜橙油。目前也存在少数企业用蒸馏法。其主要成分为柠檬烯。

1. 主要化学成分

甜橙油主要成分有 D-柠檬烯（90%）、柠檬醛、芳樟醇、橙花醇、辛醛、癸醛等。

2. 功　效

甜橙油可以用来调配各种不同的橙味香精，同时也可以和其他香精搭配。此外，还具有理气化痰、止咳平喘、抗菌消炎、舒缓情绪和改善精神状态等多种功效。

（二）蓝莓精油

蓝莓（Blueberry），属杜鹃花科越橘属植物，多年生灌木小浆果果树。因果实呈蓝色，故称为蓝莓。

起源于北美,现全球基本都有分布,主要分布在气候温凉阳光充足地区,如朝鲜、日本、蒙古、俄罗斯、欧洲、北美洲。在我国主要分布于黑龙江、内蒙古、吉林长白山地区,生长于海拔 900~2300 m 的地区,多见于针叶林、泥炭沼泽、山地苔原和牧场,也是石楠灌丛的重要组成部分。

1. 主要化学成分

由于蓝莓中油分含量不高,用于提取精油的生产并不多,大部分的蓝莓提取工艺都是用于提取其中的花青素。未见蓝莓精油中成分的详细报道,但蓝莓果实中富含维生素 C、维生素 A 和花青素。

2. 功　效

花青素通过对弹性蛋白酶和胶原蛋白酶的抑制;维生素 A 有维护皮肤细胞功能的作用。蓝莓精油的香气能舒缓人的精神,减轻愤怒和疲劳情绪。

(三) 苹果精油

苹果树(拉丁学名:*Malus pumila Mill.*)是落叶乔木,苹果树的果实富含矿物质和维生素,为人们最常食用的水果之一。苹果树开花期是基于各地气候而定,但一般集中在 4—5 月份。

原产欧洲及亚洲中部,栽培历史已久,全世界温带地区均有种植。中国辽宁、河北、山西、山东、陕西、甘肃、四川、云南、西藏常见栽培。适生于山坡梯田、平原矿野以及黄土丘陵等处,海拔 50~2500 m。

苹果精油主要作为食品、饮料调制的添加剂使用,天然提取的较少(一般为果皮直接压榨法),绝大多数市售产品为人工调配的苹果香精。即使是使用生产苹果汁时回收的天然苹果香料,也需要进行一定的人工调配,才能做出十分接近天然的苹果香精。

1. 主要化学成分

在苹果香味上起主要作用的有丁醇、戊醇、己醇、反-2-己烯醇及它们的酯类。

2. 功　效

苹果精油具有一定的护肤美容的功效,并且具有抑菌作用,对肠胃也会有一定的缓冲作用,从而改进人的胃口;对平稳情绪,提高睡眠质量品质,加速身体的基础代谢方面具有益处。

(四)草莓精油

草莓(学名:*Fragaria ananassa Duch.*),多年生草本。

原产于南美,中国各地及欧洲等地广为栽培。

草莓精油一般采用冻干后超临界提取,其中富含维生素 C 和胡萝卜素。

1. 主要化学成分

在草莓精油中对其特征香味起主要作用的是草莓醛(十六醛),具有强烈的甜润感和草莓香。除此之外,草莓中还含有丰富的维生素成分,尤其是所含的维生素 C,其含量比苹果、葡萄都高 7~10 倍。而所含的苹果酸、柠檬酸、维生素 B_1、维生素 B_2,以及胡萝卜素、钙、磷、铁的含量也比苹果、梨、葡萄高 3~4 倍。

2. 功 效

草莓精油本身可防传染病、对抗细菌、病毒、霉菌,可防发炎,防痉挛,促进细胞新陈代谢及细胞再生功能;还可以起到净化空气、消毒、杀菌的功效,同时可以预防一些传染性疾病;通过亲和作用草莓精油分子能够迅速改善局部组织、细胞的生存环境,使其新陈代谢加快,全面解决因局部代谢障碍引起的一些问题。

(五)西瓜香精

西瓜(学名:*Citrullus lanatus* (Thunb.) *Matsum. et Nakai*)一年生蔓生藤本。外果皮、果肉及种子形式多样。

原种可能来自非洲,已广泛栽培于世界热带到温带。中国各地栽培,品种甚多,以新疆、甘肃兰州、山东德州、江苏东台等地最为有名。

主要化学成分

由于西瓜果皮中油分含量极低,因此极少看到用西瓜提取西瓜精油的报道或产品,一般商家都采用人工调配的方式获得西瓜香精,其主要成分为黄瓜醇、黄瓜醛、顺-6-壬烯醇、叶醇、己醛、紫罗兰酮、香兰素等。

(六)水蜜桃香精

水蜜桃(学名:*Prunus persica*):蔷薇科桃属植物。

原产于中国,逐渐传播到亚洲周边地区,从波斯传入西方。

主要化学成分

与西瓜类似,水蜜桃香精一般不会采用直接提取的方式生产,而是人工调配,其主要成分为丁酸乙酯、苯甲醇、2,4-癸内酯等。

（七）葡萄香精

葡萄（学名：*Vitis vinifera L.*）为葡萄科葡萄属木质藤本植物。

葡萄原产亚洲西部，世界各地均有栽培，约95%集中分布在北半球，中国主要产区有安徽的萧县，新疆的吐鲁番、和田，山东的烟台，河北的张家口、宣化、昌黎，辽宁的大连、熊岳、沈阳及河南的芦庙乡、民权、仪封等地。

主要化学成分

葡萄香精主要来自人工调配。由于葡萄的香味不大，几乎闻不到什么明显的香味，只是在吃的时候才感觉到。葡萄的香味成分极其复杂，被测定出的就有380多种，其中有82种烃类，包括脂肪烃、芳香烃和萜烯。调配葡萄香精是以邻氨基苯甲酸甲酯为主体原料，还可使用一些清气味的原料，如叶醇、反-2-己烯醇、氧化芳樟醇等。

（八）榴莲精油

榴莲（学名：*Durio zibethinus Murr*）又名韶子、麝香猫果，属木棉科热带落叶乔木。

原产地是文莱、印度尼西亚和马来西亚，也有一些人认为原产于菲律宾。榴莲生长地遍布东南亚，其主要生长在泰国、马来西亚、印度尼西亚等地，其他种植榴莲的地方包括柬埔寨、老挝、越南、缅甸、印度、斯里兰卡、西印度群岛、美国佛罗里达州、夏威夷、巴布亚新几内亚、波利尼西亚群岛、马达加斯加、澳大利亚北部和新加坡。中国广东、海南有栽培。

主要化学成分

榴莲果实香味成分有硫化氢、乙基氢化二硫化物（ethylhydrodisulfide）、几种二烷基多硫化物（di-alkylpolysulfido）、乙酸乙酯、1,1-二乙氧基乙烷（1,1-diethoxyethane）和乙基-2-甲基丁酮酸酯（ethyl-2-methylbutanonate）。

由于榴莲的香味特殊，因此喜欢的受众有限；虽然市面上有榴莲香精在销售，但绝大多数都来自人工调配。

（九）芒果精油

芒果是杧果《中国植物志》的通俗名（拉丁学名：*Mangifera indica L.*），原产于印度。漆树科常绿大乔木，叶革质，互生。

本种世界各地已广为栽培，并培育出百余个品种，分布于印度、孟加拉、中南半岛和马来西亚。中国栽培已达40余个品种，分布于云南、广西、广东、福建、台湾，生于海拔200~1350 m的山坡，河谷或旷野的林中。

芒果精油的提取主要采用蒸馏和萃取法两种，其中香气成分有117种。

1. 主要化学成分

芒果精油中包括萜烯类化合物 22 种、非萜烃类 8 种、醇类 19 种、醛酮类 9 种、酯类 14 种和酸类 9 种。其中萜烯类化合物占 69%～84%，主要成分为 δ-3-蒈烯（31%～60%）、β-石竹烯（0～10%）、β-芹子烯（1%～12%）。

2. 功　效

芒果精油香味持久，可以舒缓神经紧绷，减轻压力；如果用于护肤品也有紧致护肤的功效。

（十）荔枝精油

荔枝（学名：*Litchi chinensis Sonn.*）无患子科，荔枝属常绿乔木。

中国荔枝主要分布于北纬 18°～29°范围内，广东栽培最多，福建和广西次之，四川、云南、贵州及台湾等地也有少量栽培。亚洲东南部有栽培，非洲、美洲和大洋洲有引种的记录。

荔枝精油一般采用蒸馏萃取法提取，其主要成分有烯类、烷烃、酯类、醇类、酸类、醚类等。

1. 主要化学成分[3]

荔枝精油中包括烯类化合物 9 种、烷烃类 7 种、酯类 6 种、醇类 3 种、酸类 4 种、醚类 3 种、酐类 2 种、酮类 4 种和胺类 2 种。其中主要成分有角鲨烯（32.18%），邻苯二甲酸二异辛酯（10.16%）、二十四烷（7.17%）、正三十六烷（6.61%）、百秋李醇（5.95%）、碘十六烷（5.30%）、脱氢醋酸（4.83%）、顺丁烯二酸酐（2.62%）、邻苯二甲酸二丁酯（2.23%）、5-丁基噁唑-2,4-二酮（2.13%）等。

2. 功　效

荔枝精油大多应用于食品中，未见其吸入对人体作用的功效报道。

（十一）柠檬精油

柠檬（拉丁学名 *Citrus limonia Osbeck*），别名黎檬，芸香科柑橘属植物，以果与根入药，其果秋冬采摘。

中国柠檬生产主要在南方，如云南、广东、广西、四川等地，生产量最多的省是四川和云南。

柠檬精油主要采用冷压或蒸馏法从柠檬果实中提取。

1. 主要化学成分

柠檬精油的主要化学成分为松萜、蒎烯、莰烯、桧烯、月桂（香叶）烯、松油精、芳樟醇、红没药烯、柠檬油精、橙花醇和橙花醛。

2. 功　效

柠檬精油能改善循环系统功能，增强免疫系统，改善消化系统功能，分解脂肪团，还具有抚慰和缓解头疼和偏头疼的作用。柠檬清新的香气，可以提神醒脑、振奋精神，缓解烦躁。

（十二）哈密瓜精油

哈密瓜（学名：*Cucumis melo* var. *saccharinus*），是甜瓜的一个变种，又名雪瓜、贡瓜，是一类优良甜瓜品种，果型圆形或卵圆形，出产于新疆。

哈密瓜性喜充足的阳光和较大的昼夜温差，白天可以充分发挥光合作用，而夜晚的呼吸消耗较小，有利于养分沉淀，因此糖分含量高，味极香甜。果皮表面有网纹，果肉有绿色、白色、橙色等多品种，主要产于降雨量小，昼夜温差大的新疆哈密、吐鲁番、鄯善等地。由于交通方便，可以远销各地，所以产量不断地增加。

很少见到直接从哈密瓜皮或瓤中提取的精油产品，市面上看到的天然哈密瓜精油主要是从哈密瓜的种子中提取出的，冷榨方式精制而成，而用于调香的精油主要是人工调配而成。

1. 主要化学成分

哈密瓜籽油含不饱和脂肪酸高达90%，富含亚油酸、油酸、棕榈酸、硬脂酸、肉豆蔻酸的甘油酯、卵磷脂、胆甾醇、尚含球蛋白及谷蛋白、半乳聚糖、葡萄糖、树酸、树脂等。

2. 功　效

哈密瓜籽油脂肪酸含量极为丰富，能调节人体生理平衡、减轻疲劳、改善睡眠，同时有助于维持细胞和组织健康运作，增强人体免疫力。

（十三）百香果精油

百香果（学名：*Passiflora edulis* Sims），西番莲科西番莲属的草质藤本植物。

原产大小安的列斯群岛，广植于热带和亚热带地区。在我国栽培于广东、广西、海南、福建、云南、台湾，有时亦生于海拔180～1900 m的山谷丛林中。

百香果油经最高级的冷轧方式精制而成，呈漂亮而自然的金黄色，是基础油中相当受欢迎且效果卓著的品种之一。

1. 主要化学成分

百香果油的主要成分是亚油酸，亚油酸含量达 65%以上，此外还含有多种不饱和脂肪酸、维生素 F、矿物质、蛋白质、亚麻仁油酸、叶绿素等。

2. 功　效

百香果油含有一种非常重要的物质——亚麻油酸。亚麻油酸可以抵抗自由基，抗老化，帮助吸收维生素 C 和 E，强化循环系统的弹性，降低紫外线的伤害，保护肌肤中的胶原蛋白，改善静脉肿胀与水肿，预防黑色素沉淀。渗透力强，清爽不油腻，极易被皮肤吸收，任何肤质均适用。

（十四）橄榄精油

橄榄（学名：*Canarium album* (Lour.) *Raeusch.*），橄榄科橄榄属乔木植物。

橄榄原产于中国南方，福建、台湾、广东、广西、云南等地均有栽培，野生于海拔 1300 m 以下的沟谷和山坡杂木林中，或栽培于庭园、村旁。分布于越南北部至中部，日本（长崎、冲绳）及马来半岛有栽培。

橄榄油是由新鲜的油橄榄果实直接冷榨而成的，不经加热和化学处理，保留了天然营养成分。橄榄油被认为是迄今所发现的油脂中最适合人体营养的油脂。

1. 主要化学成分

橄榄油由皂化物部分和不皂化物部分组成，皂化物部分主要包括游离脂肪酸和三甘油酯，其中三甘油酯占 98.5%左右，形成甘油酯的脂肪酸有饱和脂肪酸和不饱和脂肪酸。不皂化物占 1.5%左右，包括游离醇、三萜烯、色素、生育酚、多酚、甾醇、角鲨烯及胡鄦西等成分。

2. 功　效

橄榄油中的天然抗氧化剂和 ω-3 脂肪酸有助于人体对矿物质的吸收如钙、磷、锌等，可以促进骨骼生长，减少因自由基（高活性分子）造成的骨骼疏松；橄榄油中含有比任何植物油都要高的不饱和脂肪酸、丰富的脂溶性维生素及抗氧化物等多种成分，并且不含胆固醇，因而人体消化吸收率极高；富含与皮肤亲和力极佳的角鲨烯和人体必需脂肪酸，吸收迅速，有效保持皮肤弹性和润泽。

（十五）枇杷精油

枇杷（学名：*Eriobotrya japonica* (Thunb.) *Lindl.*），蔷薇科枇杷属植物。

枇杷原产于中国甘肃、陕西、河南、江苏、安徽、浙江、江西、湖北、湖南、四川、云南、贵州、广西、广东、福建、台湾；各地广行栽培，四川、湖北有野生种。日本、印度、越南、缅甸、泰国、印度尼西亚也有栽培。

枇杷果皮和果肉中油分含量很低，因此市场上的天然枇杷油一般都来自枇杷的果仁，但用于调香的不多，大多数枇杷香精均为人工调配而成。

枇杷的主要用处是鲜食，以及制成罐头、蜜饯、果膏、果酒及饮料等；同时由于枇杷具有很高的药用价值，具有润肺、止咳、健胃、清热的功效，因此药用也是枇杷的主要用处之一。调香用的枇杷香精主要是人工调配得到。

（十六）酸梅精油

酸梅（拉丁学名 *Armeniaca mume* Sieb.），也叫青梅，梅子，是一种水果。属龙脑香科乔木。

青梅较适种于亚热带夏湿冬干、温暖湿润的气候，是生长于夏湿地带的喜光植物。我国各地均有栽培，但以长江流域以南各省最多，江苏北部和河南南部也有少数品种，某些品种已在华北引种成功。日本和朝鲜也有。

梅子油主要采用压榨法提取，其提取原料为梅子核。用于调香的梅子香精主要都为人工调配产品。

酸梅的主要价值在于食用和药用，梅果营养丰富，含有多种有机酸、维生素、黄酮和碱性矿物质等人体所必需的保健物质。其中含的苏氨酸等 8 种氨基酸和黄酮等极有利于人体蛋白质构成与代谢功能的正常进行，可防止心血管等疾病的产生，因此，被誉为保健食品。

（十七）石榴精油

石榴（学名：*Punica granatum L.*），落叶乔木或灌木。

原产巴尔干半岛至伊朗及其邻近地区，全世界的温带和热带都有种植。生于海拔 300～1000 m 的山上。喜温暖向阳的环境，耐旱、耐寒，也耐瘠薄，不耐涝和荫蔽。中国三江流域海拔 1700～3000 m 的察偶河两岸的荒坡上也分布有大量野生古老石榴群落。中国南北都有栽培，以江苏、河南等地种植面积较大，并培育出一些较优质的品种，其中江苏的水晶石榴和小果石榴都是较好的品种。

石榴油是用石榴籽经精细加工而成，其中含石榴酸、亚麻酸、油酸、棕榈酸、硬脂酸等。

1. 主要化学成分

石榴籽油中共含有 12 种脂肪酸,其中 8 种为不饱和脂肪酸,4 种为饱和脂肪酸,不饱和脂肪酸的相对含量为 92.22%,其中 9,12,15-十八碳三烯酸占了 76.06%。石榴籽蛋白质中氨基酸组成较完全,其中人体必需氨基酸含量为 31.98%。

2. 功　效

石榴籽油中有六种主要脂肪酸：石榴酸、亚麻酸、亚油酸、油酸、棕榈酸、硬脂酸等。其中石榴酸在石榴油中占 86% 左右,具有极强的抗氧化能力,可以有效地抵抗人体炎症和氧自由基的破坏作用,具有延缓衰老、预防动脉粥样硬化和减缓癌变进程的作用。

（十八）菠萝精油

菠萝原名凤梨（学名：*Ananas comosus* (Linn.) *Merr.*),属于凤梨科凤梨属多年生草本果树植物。

凤梨原产南美洲,至今巴西尚有野生种,16 世纪中期由葡萄牙的传教士带到中国澳门,然后引进到广东各地,后在广西、福建、台湾等地栽种,经过长期的选育,陆续产生了许多品种。中国广东（湛江雷州、中山神湾）、海南、福建、广西、云南均有栽培。

市场上出售的天然菠萝精油主要来自菠萝果汁浓缩时收集的香气进行二次浓缩与提取加工。这种提取方式也适用于苹果等含油分较低的水果天然香精提取,但产率较低,因此市场上用于调香的精油大多数来自人工调配。

（十九）香蕉精油

香蕉（学名：*Musa nana Lour.*),芭蕉科芭蕉属植物,又指其果实。

中国是世界上栽培香蕉的古老国家之一,世界上主栽的香蕉品种大多由中国传去。香蕉分布在东、西、南半球南北纬度 30° 以内的热带、亚热带地区。世界上栽培香蕉的国家有 130 个,以中美洲产量最多,其次是亚洲。中国香蕉主要分布在广东、广西、福建、台湾、云南和海南,贵州、四川、重庆也有少量栽培。

市场上几乎见不到从香蕉中提取的香蕉精油,但常用香蕉香精中含有一些天然的香料提取物,一般是以丁酸戊酯、乙酸戊酯、丁酸乙酯、橘子油萜、橙叶油、香兰素、丁香油、桑椹醛、乙醇和蒸馏水等为主要原料,按确定的配方混合而制得。

三、其他天然植物香料

除了上述的花香和果实香以外，还有一些天然植物香料来自植物的叶、茎或根部，以下简单介绍几种在卷烟产品中经常使用到的香料。

（一）烟草香

烟草（学名：*Nicotiana tabacum L.*），属管状花科目。

烟草喜温暖、向阳的环境及肥沃疏松的土壤，耐旱，不耐寒。喜温暖、向阳环境，不耐寒，较耐热。原产南美洲。我国南北各省区广为栽培。

烟草精油的提取方式有很多，目前用得较多的是水蒸气蒸馏法。由于烟草种类很多，如白肋烟、烤烟、香料烟等，其精油中的主要成分和香气特征差异也非常大。

从香气成分化学结构之间的关系出发，把致香物质分为酸类、醇类、醛类、酮类、酯类、内酯类、氮杂环类等类型。

1. 酸 类

烟叶中的酸类包括挥发酸和非挥发酸。挥发酸是指能同水蒸气一起蒸出的酸，多为 C_{12} 以下的低级脂肪酸和部分芳香族酸，这些酸在卷烟抽吸过程中直接进入烟气，对香味有明显的影响。研究认为，挥发酸含量越高，烟叶的香气量越大，挥发酸的含量与烟叶的香气味状况成正相关关系。而烟叶中的非挥发酸虽然对香气没有明显的直接作用，但可以调节烟草的酸碱度，使吸味醇和，还可增加烟气浓度，间接影响烟气的香气，在烟气中起平衡作用。

2. 醇类化合物

烟叶中的醇类化合物的含量为 0.77%～1.25%，它包括脂肪醇、脂环醇、芳香族醇、萜醇、花醇等。醇类化合物对烟气质量有较大的影响，许多挥发性醇类是重要的致香物质，在烤烟的挥发油中，苯甲醇和苯乙醇是最重要的致香物质，它们可使烟气增加花香的香味。

3. 羰基化合物

羰基化合物包括醛类、酮类和醌类。已经鉴定出的许多醛类、酮类都是重要的致香物质。研究表明，烟叶质量与挥发性羰基化合物含量密切相关，质量好的烟叶其丙酮和羰基化合物含量均高。

4. 酯类和内酯

在烟叶和烟气中已鉴定出数百种酯类化合物,它们大部分由脂肪酸、脂肪醇、萜醇、甾醇酯化而成,许多酯类化合物对烟气香味有好的影响,挥发性的酯类和内酯物质具有明显的香味,挥发性内酯成分对烟叶香气也有显著影响。

5. 酚 类

烟叶中含有少量的简单酚和酚醛、酚酮以及酚酸(如儿茶酚等)。由于其具有很强的挥发性,在烟支燃吸时,通过蒸发等途径直接进入烟气,对烟气香味产生直接影响。

6. 氮杂环类化合物

许多氮杂环类化合物是烟叶重要的致香成分,可赋予烟叶浓郁的烤香,对增强和改进烟叶香味有明显作用。

现阶段关于烟草内源性组分提取、分离的报道较多,所采用的提取方法可归为传统提取和新型提取方法。其中,传统提取方法主要有溶剂浸提法和水蒸气蒸馏法,新型提取方法主要有超临界/亚临界萃取、同时蒸馏萃取、分子蒸馏技术、辅助萃取方法等。

(二)薄 荷

薄荷(拉丁学名 Mentha haplocalyx Briq.),俗名"银丹草",为唇形科植物,即同属其他干燥全草。

薄荷对环境条件适应能力较强,在海拔 2100 m 以下地区可生长,生于水旁潮湿地,海拔可高达 3500 m。薄荷广泛分布于北半球的温带地区,中国各地均有分布,其中江苏、安徽为传统地道产区,但栽培面积日益减少。热带亚洲、俄罗斯远东地区、朝鲜、日本及北美洲(南达墨西哥)也有分布。

薄荷精油是薄荷经过水蒸馏或亚临界低温萃取出的成分。薄荷精油的主要成分为薄荷脑。

1. 主要化学成分

薄荷精油的主要成分为薄荷脑,但产地与品种不同会使薄荷精油的成分存在较大差异,如蒎烯、柠檬烯、1,8-桉叶素、月桂烯等。薄荷的新鲜茎和叶经水蒸气蒸馏得油,一般得率为 0.3%~0.6%。薄荷油经再冷冻,部分脱脑取出 45%~55%薄荷脑后,加工得到的挥发油为薄荷素油。薄荷油通常在分馏过程中去除头油和后油馏分,这一操作的特征是非常富有可变性的,形成薄荷油的不同风格。馏分去除较大的幅度的薄荷油有时称为脱萜烯油。

2. 功　效

薄荷精油具有清咽润喉、消除口臭的功效,并有舒缓身心的独特疗效。在烟草产品中使用时,还具有减轻口腔干涩感、增加烟气中薄荷清香气息的作用。

(三) 茶　香

茶(拉丁学名:*Camellia sinensis* (L.) *O. Ktze.*),灌木或小乔木,嫩枝无毛。

野生茶种遍见于中国长江以南各省的山区,为小乔木状,叶片较大,长度常超过10 cm,长期以来,经广泛栽培,毛被及叶型变化很大。中国生产绿茶的产地极为广泛,包括河南、贵州、江西、安徽、浙江、江苏、四川、陕西、湖南、湖北、广西、福建。

由于茶叶种类有很多,茶香精油也有很多种,但香气特征最显著、烟草制品中最常用的是绿茶茶香的精油。绿茶精油一般采用油萃取法或蒸馏法得到,其主要成分为多酚类、氨基酸和咖啡碱。

1. 主要化学成分

茶叶提取物中主要含有茶多酚、生物碱、芳香油、蛋白质、氨基酸和糖类。其中芳香油是茶香的主要来源,由酯、醇、酮、酸、醛的混合物构成。

2. 功　效

绿茶精油所散发的芳香甜美自然,具有防癌、抗氧化、预防细胞病变等功效,有助于分解脂肪。

(四) 参　味

人参(拉丁学名:*Panax ginseng C. A. Mey*),为伞形目五加科植物。

人参多生长在北纬 40°~45°,东经 117.5°~134°,分布于辽宁东部、吉林东半部和黑龙江东部,河北、山西、山东有引种。俄罗斯、朝鲜和日本也多栽培。

人参精油主要采用蒸馏提取法,主要成分有人参皂、人参奎酮和挥发性油等。

1. 主要化学成分

人参精油主要含有参皂甘、γ-榄香烯、β-丁十四酸、参皂甘棕榈酸、棕榈酸甲脂等;其中挥发性油主要为人参烷醇、β-谷甾醇及其葡萄糖苷等。

2. 功 效

人参精油机油补水保湿、促进血液循环和新陈代谢、增加肌肤细胞的营养和光泽、延缓肌肤衰老、提升紧致、缩小毛孔的作用；并且能够增强人体免疫力、解除疲劳、增强体力；增强记忆力和思考能力、补气、延年益寿。

（五）沉 香

沉香木（拉丁学名 *Aquilaria sinensis* (Lour.) Spreng.），是瑞香科沉香属的一种乔木。老茎受伤后所积得的树脂俗称沉香（lignaloo），可用作香料原料，并为治胃病特效药；树皮纤维柔韧，色白而细致，可做高级纸原料及人造棉；木质部可提取芳香油，花可制浸膏。

沉香树多生于山地雨林或半常绿季雨林中。中国沉香主要分布于广东、海南、广西、云南、福建等省区，一般生长于海拔 400 m 以下，在海南可达海拔 1000 m；广东省独特的气候条件，使得这里成为适合沉香树生长的地方，于是也有"中国沉香之乡"的美称。

沉香精油是由珍贵的沉香经过蒸馏萃取后提炼而成的，是沉香的精华所在。不同产地的沉香成分不同，但一般都含有萜烯类、桉叶醇类化合物。

1. 主要化学成分

采用水蒸气蒸馏提取的沉香精油的主要成分为倍半萜，相对含量占 68.68%，芳香类占 9.7%。采用超临界二氧化碳提取的沉香精油主要成分为倍半萜和色酮类，其中倍半萜占 23.78%，色酮占 29.42%。

2. 功 效

沉香精油具有静心提神的作用，用以舒缓紧张情绪，使人身心愉悦，促进睡眠等。

四、动物性香料

动物性天然香料是动物的分泌物和排泄物，最常见的有四种：麝香、灵猫香、海狸香和龙涎香，作为定香剂广泛地应用于香水和高级化妆品中。但这四种香料由于与烟草香气的相容性不太理想，很少应用于烟草制品中，而另一些在香水行业中应用较少的动物性香料却表现出了一定的优势。

（一）蜂王浆

蜂王浆（royal jelly），又名蜂皇浆、蜂皇乳、蜂王乳、蜂乳，是蜜蜂巢中培育幼虫的青年工蜂咽头腺的分泌物，是供给将要变成蜂王的幼虫的食物，也是蜂王终身的食物。

蜂王浆的分类方式有很多种，可以按蜜粉源分、按色泽分、按生产季节分、按蜂种分、按理化指标分等。其中按照理化指标分类来确定蜂王浆的等级是比较科学的，蜂王浆中含有自然界独有的 10-羟基-△2-癸烯酸（10-HDA），中国出口蜂王浆基本都是按此指标来确定质量和价格的，并被国外客户所公认。根据中国国家标准，一等品蜂王浆 10-HAD 指标是大于 1.4%，而 10-HDA 指标大于 2.0 时，是蜂王浆中的极品。

1. 主要化学成分

蜂王浆的化学成分非常复杂，由蛋白质、氨基酸、维生素、有机酸、激素、酶类、糖类、磷酸化合物以及无机盐等成分组成。其中蛋白质占蜂王浆干物质含量的 36%～55%。

2. 功　效

蜂王浆略带香甜味，其中含有的王浆酸可以提高免疫力，抗辐射，抗癌，抗菌消炎，抗病毒等作用；类胰岛素可降低血糖；酶类中的 SOD 能延长细胞寿命，增强细胞活力，抗衰老。

（二）奶　香

对人类而言，牛奶是使用量最大、最重要的使用乳。刚挤出的牛奶成为鲜牛奶，是一种稳定的乳化体，有较淡的奶香味，但随着储存和加工过程的进行，奶香成分的数量和含量都发生了变化，从而奶的香味也有了相应的改变。

由于生活中用量巨大，奶香型香精的生产方法涵盖了调香法、酶法和发酵法，以及三种方法结合的联用法等，且都具有较大的市场。

1. 主要化学成分

不同用途的奶香香精中化学成分含量差异很大，特征也各不相同，有的配方以醛酮类为主，有的则是酯类；用于烟草制品中的奶香香精大多含有香兰素或乙基香兰素。

2. 功　效

奶香是人们最熟悉的香气之一，其接触史可以追溯到刚出生的婴儿时期，是一种接受度非常高的香精。

值得一提的是，很多时候，人们把奶香等同于乳香。实际上，有一种产自北埃塞俄比亚、索马里以及南阿拉伯半岛的乳香树树脂也被称为"乳香",同样也是一种香料。因此,在描述"乳香"时需要注意区分是指"奶香"还是"乳香树的树脂"。

五、酒水及饮料香

酒水和饮料的香气成分比较复杂,其中酿造酒的香气成分主要来自发酵,而勾兑酒类和绝大多数饮料则来自调配的香精香料。

(一)中国白酒

中国白酒的酒香比较复杂,香气十分丰富,因为呈香成分中含有清雅香气的乙酸乙酯、丁酸乙酯、庚酸乙酯、辛酸乙酯、异丁醇、异戊醇等,有些成分虽香味不大,但有溶解其他香气成分的定香作用,如乳酸、乳酸乙酯等。

中国白酒概括起来可以分5种香型:酱香型、浓香型、清香型、米香型和兼香型。

1. 酱香型

又称为茅香型,这类香型的白酒香气香而不艳,低而不淡,醇香幽雅,不浓不猛,回味悠长,倒入杯中过夜香气久留不散,且空杯比实杯还香,令人回味无穷。酱香型白酒是由酱香酒、窖底香酒和醇甜酒等勾兑而成的。所谓酱香是指酒品具有类似酱食品的香气,酱香型酒香气的组成成分极为复杂,至今未有定论,但普遍认为酱香是由高沸点的酸性物质与低沸点的醇类组成的复合香气。

2. 浓香型

又称泸香型,浓香型的酒具有芳香浓郁,绵柔甘洌,香味协调,入口甜,落口绵,尾净余长等特点,这也是判断浓香型白酒酒质优劣的主要依据。构成浓香型酒典型风格的主体是乙酸乙酯,这种成分含香量较高且香气突出。浓香型白酒的品种和产量均属全国大曲酒之首。

3. 清香型

又称汾香型,清香型白酒酒气清香芬芳醇正,口味甘爽协调,酒味纯正,醇厚绵软。酒体组成的主体香是乙酸乙酯和乳酸乙酯,两者结合成为该酒主体香气,其特点是清、爽、醇、净。清香型风格基本代表了我国老白干酒类的基本香型特征。

4. 米香型

米香型酒是中国历山悠久的传统酒种。米香型酒蜜香清柔,幽雅纯净,入口柔绵,回味怡畅，给人以朴实纯正的美感，米香型酒的香气组成是乳酸乙酯含量大于乙酸乙酯，高级醇含量也较多，共同形成它的主体香。

5. 兼香型

通常又称为复香型，即兼有两种以上主体香气的白酒。这类酒在酿造工艺上吸取了清香型、浓香型和酱香型酒之精华，在继承和发扬传统酿造工艺的基础上独创而成。兼香型白酒之间风格相差较大，有的甚至截然不同，这种酒的闻香、口香和回味香各有不同香气，具有一酒多香的风格。

（二）威士忌

威士忌（Whisky、Whiskey），是一种由大麦等谷物酿制，在橡木桶中陈酿多年后，调配成43°左右的烈性蒸馏酒。英国人称之为"生命之水"。按照产地可以分为苏格兰威士忌、爱尔兰威士忌、美国威士忌和加拿大威士忌四大类。

威士忌香气的特征是烤麦芽的焦香味，其香气成分有丙醇、异丁醇、异戊醇、活性异戊醇等。

（三）红　酒

红酒是葡萄、蓝莓等水果经过传统及科学方法相结合进行发酵的果酒。由于红酒是经自然发酵酿造出来的果酒，其含有最多的是葡萄汁，占80%以上；其次是葡萄里面的糖分经自然发酵而成的酒精，一般在10%~30%；剩余的物质超过1000种，比较重要的有300多种，红酒其他重要的成分有酒石酸、果胶、矿物质和单宁酸等。

葡萄酒中乙酸乙酯、乳酸乙酯、异戊醇、乙酸含量在所检测的香气成分中含量都相对较高[4]。

（四）朗姆酒

朗姆酒，是以甘蔗糖蜜为原料生产的一种蒸馏酒，也称为糖酒、兰姆酒、蓝姆酒。原产地在古巴，口感甜润、芬芳馥郁。朗姆酒是用甘蔗压出来的糖汁，经过发酵、蒸馏而成。根据不同的原料和酿制方法，朗姆酒可分为：朗姆白酒、朗姆老酒、淡朗姆酒、朗姆常酒、强香朗姆酒等，含酒精38%~50%，酒液有琥珀色、棕色，也有无色的。

朗姆酒的感官特性是由许多挥发性物质共同决定的，如高级醇类、酯类、羧酸类、羰基化合物、酚类和呋喃类衍生物，这些物质赋予了酒独特的风味；其中追剧气味活性的物质有β-大马酮、1,1-二乙氧基乙烷、2-甲基丁酸乙酯、丁酸乙酯、橡木内酯、香草醛等[5]。

（五）香　槟

香槟地区是香槟酒的产地，根据法国法律只有香槟地区出产的香槟酒才能称为香槟酒，其他地区出产的同类酒只能称为"发泡葡萄酒"。香槟地区（Champagne）在法国巴黎以东，兰斯市（Reims）周围，包括马恩省（Marne）、埃纳省（Aisne）和奥布省（Aube）的一部分区域。

香槟是按照传统的"香槟制造法"（Methode Champenoise）酿造。有不标年香槟（Non-vintage）、标年香槟（Vintage）、白葡萄香槟（Blanc de Blanc）、红葡萄香槟（Blanc de Noir）及粉红香槟（Rose）。依甜度不同，可分为极干性（Brut）、干性（Extfa-dry）、中度干性（Sec）、中度甜性（Demi-sec）或甜性（Doux）。香槟的口感丰满，可尝到饼干、发酵饼、烤面包、果仁和覆盆子的味道。

（六）咖　啡

咖啡（coffee），是用经过烘焙磨粉的咖啡豆制作出来的饮料。作为世界三大饮料之一，其与可可、茶同为流行于世界的主要饮品。

咖啡树是属茜草科多年生常绿灌木或小乔木。咖啡树喜欢白天温和不酷热的气温，因此生长的乐土多半是位于南北回归线间拥有高山地形的国家。分布于热带非洲，中国华南、西南有引种栽培。

咖啡提取物很多，但大多数都作为一种浓缩咖啡或速溶咖啡粉使用，直接提取精油的方式并不多见。咖啡精油主要是通过咖啡豆的冷压蒸馏过程而得到的。这种精油闻起来就像一杯新鲜的咖啡，富含多种抗氧化剂和其他活性成分，为精油提供潜在的健康益处。

除了提供咖啡特有的香型之外，使用咖啡精油还对焦虑、肌肉紧张、呼吸系统疾病、抑郁、炎症、胃病、感冒、咳嗽、流感、新陈代谢低下、食欲不振和过敏有一定的缓解作用。

（七）可　乐

可乐（Cola），是指有甜味、含咖啡因但不含酒精的碳酸饮料。最早的可乐诞生于1886年美国佐治亚州亚特兰大市，即大家熟悉的可口可乐。

可乐的口味有很多种，包括香草、肉桂、柠檬香味等，其名称来自可乐早期的材料之一：可乐果提取物。可乐的主要配方是公开的。为了纪念可口可乐在1986年的100年生日，古斯坦把这种新的配方命名为"7×100"。配料为糖、碳酸水（二氧化碳和水）、焦糖、磷酸、咖啡因等。正是这种香料混合剂，奠定了可乐的独特品味。欧洲的食品专家们经过长期的研究，认为"7X"的组成包括：野豌豆，生姜、含羞草、橘子树叶、古柯叶、桂树和香子兰皮等的提炼物或过滤物。在不同国家和地区内，可乐的配方不会完全相同，含有地方特色的配料成分有助于适应各地顾客的品味。

正是由于口味和配方的差异，以及非常重要的成本因素，调香领域基本不会采用直接提取的方式生产可乐香精。不同的调香师所调配出的可乐香精也不尽相同，但基本都是以柑橘类，如白柠檬的香味为主与辛香复合而成。基本原料分为天然油类，醇类，酯类和醛类等，常用的调香成分如下：

（1）天然油类：白柠檬油、柠檬油、橘子油、甜橙油、肉桂皮油、丁香油、大茴香油、小茴香油、肉豆蔻油、橙叶油、白兰叶油、玫瑰油、墨红净油。

（2）醇类：松油醇、芳樟醇。

（3）酯类：乙酸香叶酯、乙酸芳樟酯。

（4）醛类：壬醛、癸醛、柠檬醛。

（5）其他原料：白柠檬香精、柠檬香精、橘子香精、食用玫瑰香精。

（八）红　牛

"红牛"（Red Bull）是全球首先推出且被人熟知的能量饮品之一，源自泰国，由天丝集团创立。

红牛饮料主要的宣传名片是能量饮料，能够促进人体新陈代谢，吸收与分解糖分，迅速补充大量的能量物质，并调节神经系统功能，从而取得提神醒脑、补充体力、抗疲劳的卓越功效。其公布的有效成分有牛磺酸、赖氨酸、咖啡因、肌醇、维生素PP、维生素B_6和维生素B_{12}。

由于红牛饮料的热卖，红牛香精也成为一种被广泛应用的香精。但与可乐香精相同，红牛香精基本不会采用直接提取的方式获得，而是经过调香师的模拟调配得到。

除了功能性成分外，支持红牛饮料特有气息的香气成分有复合甜味剂、柠檬酸、苹果酸、牛磺酸等。当然，不同调香师的配方肯定存在很多差异，但作为功能饮料标志性的口味，红牛香精的整体香气特征已经成为一种能量饮料的特有风味而被广泛模仿。

第二节　芯材中的溶剂

在卷烟抽吸中，改善烟气所需的香精香料的量并不大，如果在要利用的胶囊中香精加入量过大可能反而造成负面影响；而且有些香精在高浓度情况下，其感受到的香气香型还会发生变化。因此烟用胶囊中的芯材必须加入一定的溶剂作为香精浓度的控制手段，同时也是芯材溶液物理性状的调节剂，确保其与壁材具有配伍性。

一、辛癸酸甘油酯

辛癸酸甘油酯（caprylic/capric triglyceride），分子式 $C_{21}H_{40}O_5$，相对分子质量 372.54，是以椰子油或棕榈仁油、山苍子油等油脂为原料，经水解、分馏、切割，得到辛酸、癸酸与甘油酯化，然后脱酸、脱水、脱色制得。

其性状为无色、无味的透明液体，其黏度为一般植物油的一半。凝固点低，氧化稳定性好。与各种溶剂、油脂、一些氧化剂、维生素都有很好的互溶性。其乳化性、溶解性、延伸性和润滑性都优于普通油脂。

作为有特殊功效的稀释剂、乳化稳定剂、增溶剂和香精油基使用，也用作食品生产的消泡剂和防腐剂。产品无色无味、透明清澈，稳定性良好，耐储存；广泛用于食品、化妆品和制药业。

《食品添加剂使用卫生标准》规定：可在乳化香精、饮料、冰淇淋、乳粉、糖果、巧克力、胶姆糖、氢化植物油中按生产需要适量使用。

由于辛癸酯甘油酯可达到无色无臭，黏度低，不会干扰香精的香味，在香精中可作为香精的基料、溶解剂、稀释剂、稳定剂使用，如在乳化香精中应用很广泛。

二、植物油

植物油是由不饱和脂肪酸和甘油化合而成的化合物，广泛分布于自然界中，是从植物的果实、种子、胚芽中得到的油脂。如花生油、豆油、亚麻油、蓖麻油、菜籽油等。植物油的主要成分是直链高级脂肪酸和甘油生成的酯，脂肪酸除软脂酸、硬脂酸和油酸外，还含有多种不饱和酸，如芥酸、桐油酸、蓖麻油酸等。植物油主要含有维生素 E、K，钙、铁、磷、钾等矿物质，脂肪酸等。植物油中的脂肪酸能使皮肤滋润有光泽。

植物油中的棕榈油和椰子油的主要成分为饱和脂肪酸，与动物脂肪相同，所以在室温下呈固态。大多数植物油如花生油、红花油、芥菜籽油、玉米油、亚麻籽油、坚果油、麻油、大豆油和葵花籽油等主要都是由不饱和脂肪酸构成，因此在室温下为液态。烟用胶囊芯材中所用到的均为液态植物油，一般常见的有以下几种：

1. 花生油

花生油淡黄透明，色泽清亮，气味芬芳，滋味可口，是一种比较容易消化的食用油。花生油含不饱和脂肪酸80%以上（其中含油酸41.2%，亚油酸37.6%）。另外还含有软脂酸、硬脂酸和花生酸等饱和脂肪酸19.9%。

从上述含量来看，花生油的脂肪酸构成是比较好的，易于人体消化吸收。据国外资料介绍，使用花生油，可使人体内胆固醇分解为胆汁酸并排出体外，从而降低血浆中胆固醇的含量。另外上，花生油中还含有甾醇、麦胚酚、磷脂、维生素E、胆碱等对人体有益的物质。经常食用花生油，可以防止皮肤皲裂老化，保护血管壁，防止血栓形成，有助于预防动脉硬化和冠心病。花生油中的胆碱，还可改善人脑的记忆力，延缓脑功能衰退。

2. 菜籽油

菜籽油一般呈深黄色或棕色。菜籽油中含花生酸0.4%~1.0%，油酸14%~19%，亚油酸12%~24%，芥酸31%~55%，亚麻酸1%~10%。从营养价值方面看，人体对菜籽油消化吸收率可高达99%，并且有利胆功能。在肝脏处于病理状态下，菜籽油也能被人体正常代谢。不过菜籽油中缺少亚油酸等人体必须脂肪酸，且其中脂肪酸构成不平衡，所以营养价值比一般植物油低。另外，菜籽油中含有大量芥酸和芥子甙等物质，一般认为这些物质对人体的生长发育不利。如能在食用时与富含有亚油酸的优良食用油配合食用，其营养价值将得到提高。

3. 芝麻油

芝麻油有普通芝麻油和小磨香油，它们都是以芝麻油为原料所制取的油品。从芝麻中提取出的油脂，无论是芝麻油还是小磨香油，其脂肪酸大体含油酸35.0%~49.4%，亚油酸37.7%~48.4%，花生酸0.4%~1.2%。芝麻油的消化吸收率达98%。芝麻油中不含对人体有害的成分，含有特别丰富的维生素E和比较丰富的亚油酸。经常食用芝麻油可调节毛细血管的渗透作用，加强人体组织对氧的吸收能力，改善血液循环，促进性腺发育，延缓衰老，保持青春。所以芝麻油是食用品质好，营养价值高的优良食用油。

4. 棉籽油

精炼棉籽油一般呈橙黄色或棕色，脂肪酸中含有棕榈酸21.6%~24.8%，硬脂酸1.9%~2.4%，花生酸0~0.1%，油酸18.0%~30.7%，亚油酸44.9%~55.0%，精炼后的棉清油清除了棉酚等有毒物质，可供人食用。棉清油中含有大量人体必需的脂肪酸，最宜与动物脂肪混合食用，因为棉清油中亚油酸的含量特别多，能有效抑制血液中胆固醇上升，维护人体的健康。人体对棉清油的吸化吸收率为98%。

5. 葵花籽油

精炼葵花籽油呈清亮好看的淡黄色或青黄色，其气味芬芳，滋味纯正。葵花籽油中脂肪酸的构成因气候条件的影响，寒冷地区生产的葵花籽油含油酸15%左右，亚油酸70%左右；温暖地区生产的葵花籽油含油酸65%左右，亚油酸20%左右。葵花籽油的人体消化率96.5%，它含有丰富的亚油酸，有显著降低胆固醇，防止血管硬化和预防冠心病的作用。另外，葵花籽油中生理活性最强的α生育酚含量比一般植物油高。而且亚油酸含量与维生素E含量的比例比较均衡，便于人体吸收利用。所以，葵花籽油是营养价值很高，有益于人体健康的优良食用油。

6. 亚麻油

亚麻籽油又称为胡麻油。亚麻油中含饱和脂肪酸9%~11%，油酸13%~29%，亚油酸15%~30%，亚麻油酸44%~61%。亚麻油有一种特殊的气味，食用品质不如花生油、芝麻油及葵花籽油。另外，由于含有过高的亚麻油酸，储藏稳定性和热稳定性均较差，其营养价值也比亚油酸、油酸为主的食用油低。

7. 红花籽油

红花籽油含饱和脂肪酸6%，油酸21%，亚油酸73%。由于其主要成分是亚油酸，所以营养价值特别高，并能起到防止人体血清胆固醇在血管壁里沉积，防治动脉粥样硬化及心血管疾病的医疗保健效果。在医药工业上，红花籽油可用于制造"益寿宁"等防治心血管疾病及高血压、肝硬化等疾病的药品。此外，红花籽油中还含有大量的维生素E、谷维素、甾醇等药用成分，所以被誉为新兴的"健康油""健康营养油"。

8. 大豆油

大豆油的色泽较深，有特殊的豆腥味；热稳定性较差，加热时会产生较多的泡沫。大豆油含有较多的亚麻油酸，较易氧化变质并产生"豆臭味"。从食用品质看，大豆油不如芝麻油、葵花籽油、花生油。

从营养价值看，大豆油中含棕榈酸7%~10%，硬脂酸2%~5%，花生酸1%~3%，油酸22%~30%，亚油酸50~60，亚麻油酸5%~9%。大豆油的脂肪酸构成较好，它含有丰富的亚油酸，有显著降低血清胆固醇含量，预防心血管疾病的功效；大豆中还含有多量的维生素 E、维生素 D 以及丰富的卵磷脂，对人体健康均非常有益。另外，大豆油的人体消化吸收率高达 98%，所以大豆油也是一种营养价值很高的优良食用油。

三、水

水（H_2O）是由氢、氧两种元素组成的无机物，在常温常压下为无色无味的透明液体。水是最常见的物质之一，是包括人类在内所有生命生存的重要资源，也是生物体最重要的组成部分。

由于现有技术的限制，水直接作为主要溶剂在烟用胶囊中的应用并不多（参见本书"水胶囊部分"）。但在胶囊制作过程中，尤其是界面聚合法制备的过程中，水却是一个不可或缺的芯材成分，其作用在于溶解钙盐，并在油性体系中均匀分散，从而达到使壁材成型的目的。水在芯材中的含量一般在 5%以内。

第三节　芯材溶液的设计

一、芯材溶剂设计

（一）芯材溶剂的流体特性

在实际选择过程中，流体特性是制约芯材溶剂选择范围的重要因素。以下从理论上对芯材溶剂的流体特性做一些简单介绍。由于界面性质涉及芯材、壁材以及冷凝剂多相液体之间的性质差，因此，以下各个概念的差异影响不仅适用于芯材和壁材匹配性的选择，也同样适用于壁材和冷凝剂的选择中。

1. 界面张力

界面是指两相交界处具有一定厚度的界面区域，随两相性质不同，界面可以分为气-液界面、气-固界面、液-液界面和固-液界面。

在界面上存在界面张力，界面张力是沿着界面的方向并与界面相切。由于自由能的存在，其趋势在于使界面收缩。增加单位表面积外力必须对体系做功，因此体系的自由能增加，在界面上有过剩的自由能，在数值上界面张力与界面自由能相等；但两者的物理意义不同。体系中界面面积越大，体系能量越高，热力学越不稳定，因此界面具有自动收缩的趋势。一些具有降低界面张力的物质会自动吸附到界面上，以降低体系的自由能，这类物质称为表面活性剂。表面活性剂分子通过扩散从体相迁移到界面，并与另一相发生作用，降低了界面张力，界面上被表面活性剂分子完全覆盖后，界面张力降至最低，体系稳定。

2. 表面活性剂

表面活性剂分子的结构特点是整个分子可分为两部分：一部分是亲油的非极性基团，称为疏水基或亲油基；另一部分是极性基团，称为亲水基。因为这种基团的同时存在，表面活性剂具有两亲性质，被称为两亲分子。表面活性剂分为两类：高聚物和类肥皂物质。类肥皂物质是相对分子质量较小的两亲分子，它们的疏水部分一般是一条典型的脂肪族链，而亲水部分可以是多样的。绝大多数两亲物质既不全溶于水，也不全溶于油。表面活性剂分子排列于两相的界面降低体系的自由能。

在胶囊的使用中，主要存在的是油-水界面。在油-水界面上，吸附分子的某些部位也可以伸进水相或油相一定距离。蛋白质是经常被选用的大分子表面活性剂，含有少量蛋白质成分的多糖也具有表面活性，如阿拉伯胶和亚麻子胶等。

3. 界面的曲率与 Laplace 压力

液面弯曲的特性通常用曲率来描述。形成液滴时，两相的平界面变成弯曲的界面，甲弯曲界面的两侧具有压力差，凹面压力一般大于凸面压力，此压力差称为 Laplace 压力。对于一个曲率半径为 r 的球面，Laplace 压力可表示为：

$$p_L = \frac{2\gamma}{r}$$

式中　γ——界面张力；

r——曲率半径。

正是这种现象使得液滴或气泡总是趋向于成为球状。因为如果一个液滴不是球状，则曲率半径不均一，也就是各点的压力不相同；液滴的内部则会出现压力差。存在压力差的结果会使液滴内的物质从压力高的区域流向压力低的区域，最终使液滴外形成为球状。这也就是胶囊能够呈现规则球状的原因。

4. 界面流变性质

如果界面上吸附了表面活性剂，界面就会具有一定的流变性质。界面流变性质分为两类：剪切和膨胀（图 2-1）。通过剪切作用可测定其界面黏度 η_s（单位：N·s/m）。对大多数小分子表面活性剂而言，其界面黏度非常小，可以忽略不计；但对大分子表面活性剂，其界面具有一定的表观黏度，而且大多数体系往往呈现剪切变稀的现象。

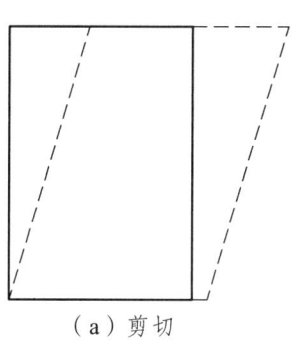 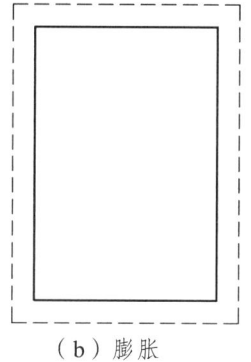

（a）剪切　　　　　　　　　（b）膨胀

图 2-1　剪切与膨胀

另一个流变性质是当界面面积增大，而其形状没有改变时，通常用界面膨胀模量 E 来表示：

$$E = \frac{\mathrm{d}\gamma}{\mathrm{d}\ln A} = A\frac{\mathrm{d}\gamma}{\mathrm{d}A}$$

式中　γ——界面张力；

　　　A——界面积。

界面膨胀模量 E 可以分为弹性分量（E'）和钴性分量（E''）。

$$E' = E\cos\theta$$
$$E'' = E\sin\theta$$

界面膜是具有弹性的。界面吸附层不能过度压缩，否则界面层就会发生破裂。采用界面流变仪测定界面黏度，同时通过测定界面张力和界面面积的变化，即可计算出界面膨胀模量。

界面的剪切性质对应的剪切应力是烟用胶囊在生产过程中非常重要的物理量。它对应着胶囊在生产中，芯材被壁材包裹后能否顺利地滴下，形成规则颗粒。

5. 界面张力梯度

如果界面膜局部变薄，则变薄区域的界面面积就会增加，因而在该区域的表面活性剂吸附量明显不足，导致界面张力上升，因而在整个界面产生界面张力梯度。液膜稳定的 Gibbs 机理见图 2-2。

界面张力梯度是一种推动力，它会使界面膜中其他区域的液体流向变薄的区域；表面活性剂分子也随着液体迁移到新的界面上，最终使界面膜在变薄处的厚度得以恢复；同时新的界面上也及时补充了表面活性剂分子，增强了界面膜的稳定性。这种液膜的稳定性机理被称为 Gibbs-Marangoni 效应。这种效应是烟用胶囊在滴制时，壁材能够最终封口，形成核壳结构的理论前提。

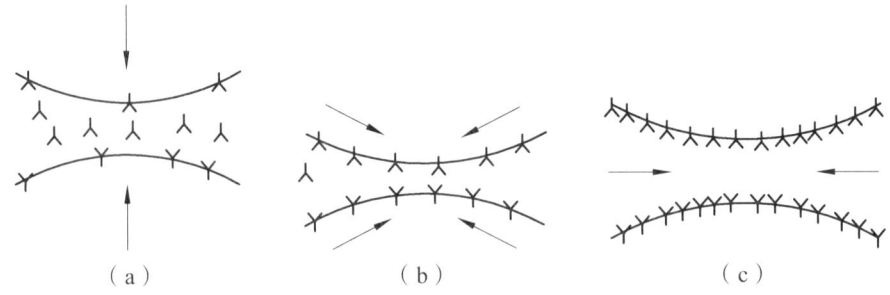

图 2-2　液膜稳定的 Gibbs 机理

此外，还有一个因素需要考虑的就是芯材溶剂的密度。由于双滴头的制备方式需要胶囊最终在凝固浴中冷却成型，因此需要胶囊的平均密度大于凝固浴中凝固液体的密度，否则无法沉降。同时，密度差又不能太大，否则无法在凝固浴的液流中产生必要的旋转，影响胶囊的圆度和均一性。

（二）芯材溶液的其他要求

芯材溶剂的选择除了上述物理参数影响外，胶囊芯材中所用的溶剂选择必须要考虑到最终成型时胶囊的品质。从理论上来说，几乎所有的常规溶剂在匹配了相对应的壁材后，都能够作为芯材中的溶剂使用。但在实际应用中，必须考虑到溶剂的杂气对芯材香精香料香味气息的影响；还必须考虑到香精香料在该溶剂中的溶解性等问题。这两个因素可能在实验室手工操作中能够解决，但在规模化的机器生产中会带来很大的问题。前一个因素影响胶囊的感官品质，后一个因素影响到胶囊壁材能否规则成膜。除此之外还有生产成本、安全性等多种影响因素存在。

烟用香精香料分为油溶性与水溶性两大类。目前，用油溶性香精香料制得的水包油型胶囊居多，该类香料通常溶解于玉米油、大豆油、橄榄油、葵花籽油等植物油或辛酸癸酸甘油酯、三醋酸甘油酯等油脂中。根据香精香料的不同性质，可选择适宜的溶剂或将几种溶剂进行复配，使香精香料在其中能够充分溶解或均匀分散。油脂性物质易氧化、酸败，为提高胶囊的稳定性，可加入适量抗氧剂，如茶多酚、生育酚、维生素 E 等[6]。目前滴制法在包裹亲水性物质的胶囊中应用较少，有研究者用丙二醇、丙三醇、水溶性多糖、氯化钠、氯化钾、柠檬酸钠、柠檬酸钾等亲水性物质作为香精香料的载体，制备包裹亲水性物质的胶囊[7]，但未见产品应用。亲水性物质由于易在贮藏过程中滋生细菌，因此往往需要在其中加入适量抑菌剂，根据芯材的酸碱性可选择苯甲酸类或山梨酸类等防腐剂。

用滴制法制备胶囊对芯材的密度有一定要求，一般来说，芯材的密度应与壁材密度相似，或略低于壁材密度才有利于包裹成形。同时，因为滴制过程需要在较高温度下进行（一般为 75~90 ℃），要求芯材中的成分有一定的耐热性，尤其是有效成分。

综合以上物理参数、感官影响以及成品品质等方面，并从近年来的生产和应用的实际情况来看，目前寻找到的最优的芯材溶剂是辛癸酸甘油酯。

二、卷烟香精香料配方设计

中式卷烟各品类卷烟的风格特征既有共性也有差异，正是这种差异造就了不同的卷烟风格，也为消费者提供了丰富多彩的选择。不同品类卷烟所用烟叶原料在风格及品质方面会有显著差异，在香精香料的选用及调配时也会有着明显的不同。

（一）香精香料特征层次的划分

以云南卷烟产品为例，产品设计者一般将卷烟的风格特征指标分为特征核心、特征增强、特征差异等三个层次，为提升卷烟调香的针对性和目的性。因此，香精香料在云南卷烟产品中的作用功效也归类为特征核心层、特征增强层、特征差异层三个层次。与卷烟风格特征指标分类不同，香精香料在卷烟中的功效可能对风格特征和品质特征均有贡献，也有可能只是对风格特征或品质特征有贡献。为此，结合香精香料可用性评价方法对云南卷烟产品所用香精香料的三个特征层次进行定义。

（1）特征核心层香精香料：是指在卷烟中主要能够增加或增强特征核心层指标的香料（精），同时在建议用量范围内针对风格特征、品质特征的评价等级同时达到"较突出（较好）"以上，与卷烟叶组的风格特征、品质特征相互融合，为卷烟风格特征和品质特征的形成提供物质基础。

（2）特征增强层香精香料：是指在卷烟中主要能够增加或增强特征增强层指标的香料（精），同时在建议用量范围内针对风格特征的评价等级达到"明显"以上，以及对香气风格作用不明显，但对品质特征起到"较好"以上，对卷烟的风特征起到协调、强化、提升作用或有效提升品质特征。

（3）特征差异层香料（精）：是指在卷烟中主要能够增加或增强特征差异层指标的香料（精），同时在建议用量范围内针对风格特征、品质特征的评价等级同时达到"较突出（较好）"以上，主要用于体现各规格卷烟产品风格特征的个性化特征。

根据产品设计目标的特征层次，从备用的香精香料中筛选所需特征指标的香精香料。采用香精香料可用性评价方法对香精香料进行评价，确定香精香料使用名单及用量范围。根据评价结果，将香精香料划分为特征核心、特征增强、特征差异三个层次。

（2）香精香料配方设计

以设计目标为坐标，根据叶组特征核心、特征增强、特征差异层指标以及品质特征指标的差距，采用特征核心、特征增强、特征差异层香精香料清晰地构筑卷烟产品的风格特征、品质特征，使香型/香韵与品质特征指标相互融合，体现出产品的个性特征和云产卷烟的共性特征。

（3）配方优化及验证

运用中式卷烟风格感官评价方法对加香加料产品进行评价，采用脸谱图产品和设计目标进行比对，不断修正其偏离部分，同时采用香精香料模糊综合评价方法优选香精香料配方。

（二）香精香料的调配

对于云南卷烟产品而言，烤烟烟香、清香、甜香等香型/香韵指标属于特征核心层指标，能够增加或增强这三个指标的香精香料，我们也将其划分为特征核心层香料；木香、清滋香、膏香、豆香等香型/香韵指标属于特征增强层指标，能够增加或增强这四个指标的香精香料，我们也将其划分为特征增强层香料；辛香、果香、花香、烘焙香等香型/香韵指标属于特征差异层指标，能够增加或增强这三个指标的香精香料，我们也将其划分为特征差异层香料。

1. 特征核心层

（1）清香香韵

清香香韵是指烟草中具有的清新自然感受。具体描述上是属于香气质感上具有清新的感觉，在烟气呼出的过程中能体会到优雅的烟草清香。清香在中式卷烟中的占比较少，但是该香韵具有画龙点睛的作用，能够提高卷烟香气的品质与愉悦感。清香香韵在烟草中的体现应该是自然的，能够使得在抽吸的过程中体会到自然的烟草本香感觉且自始至终贯穿于整体烟草香韵当中，而不应该浮于头香上或者给人明显的修饰痕迹。所以配制清香香型的香原料应该以天然存在于优质烟叶当中的原料为主要原料，当然修饰与提调清香特征的其他原料也可以，但是其投放量应适当地少一些。

配方设计（表2-1）：

调配清香香韵的备选原料：云烟精油、以如胡萝卜籽油、二氢猕猴桃内酯、突厥酮、突厥烯酮、巨豆三烯酮、香叶基丙酮等烟叶中自然存在的原料为主，修饰性的选择如同薄荷油、香叶油、苯乙醇、二氢茉莉酮酸乙酯、茉莉净油等具有清新自然的香原料。

表 2-1　清香香基配方

中文名称	比例/%	功效描述
云南烟草分子蒸馏轻组分	12.000	增加云南特有的、纯正的烟草香气，增加丰满度、飘逸感
云烟精油	5.000	赋予卷烟清香型风格特征，掩盖杂味
二氢猕猴桃内酯	3.000	增加烟草香气，增加天然感，谐调烟草香气
胡萝卜籽油	5.000	使烟香柔和丰满，并有陈化烟的圆熟酯酒风味，缓和刺激、改善口感
突厥烯酮	0.002	使烟草香气醇甜，改善粗劣气，增加天然感和厚实感
香叶基丙酮	0.005	增加清甜香韵、增加香气丰富性
苯乙醇	0.008	能掩盖杂气，增加细腻、柔和、醇和度，提高香气质
芳樟醇	0.002	谐调烟香，修饰和矫正自然风味，使吸味柔和
茉莉净油	0.010	降低刺激性，掩盖粗劣杂气，使烟气飘逸优雅，增加甜味
椒样薄荷油	0.005	赋予卷烟强烈薄荷刺激香气，改善口感，矫正吸味，增加甜香和清新感
甜橙油	0.010	增加嗅香的清新飘逸感，改善余味，增加生津感
其他	15.000	
溶剂	59.958	

以该配方配制出来的香基在嗅香上具有明显的清香香韵特征，同时稍带弱的甜香和花香，在卷烟中应用能够增加清香香韵，香气清晰明亮，且能够提高香气质。但该香韵在卷烟应用当中，应该注意与其他香韵的融合问题，特别是烘焙香韵和可可香韵。

（2）甜香香韵

甜香香韵是指甜的芳香气息。甜位于最重要的基本五味之首，在人体感觉器官中可以被嗅觉感受甜香，被味觉感受为甜味。它存在于我们生活中所碰到的各种香气当中，甜香也可以研制出焦糖、槭糖、巧克力、甜奶油、甜水果、蜂蜜等香型的香料。

甜香物质也是烟叶的重要香韵，甜香香韵具有很好的谐调性，可以和很多不同的香韵组成令人舒适的特征，如焦甜、醇甜、蜜甜、果甜、辛甜等。其中果甜是一个最大的甜香群体，基本上我们认识的果实成熟后都具有甜香或者甜味的感觉。在卷烟中增加甜香，确切的说是增加甜味能够使人的味觉产生好的感觉；增加甜香能使烟草的香韵更加丰富。烟草增甜的香精很多，其中甘草是最好用的甜味剂。甜香在各国烟草中都是最主要的香韵之一，首先烟叶中本身的烟草甜香，添加的香精香料也或多或少有甜香，这与人们的味觉感受有关，甜的香气能给人的味觉以舒适的感受，所以说甜香的香原料是烟用香精、食品、日化等最重要的香韵。

愉快的甜味感觉要求甜味纯正，能很快达到甜味的最高强度，并还要迅速消失。我们所熟悉的蔗糖的甜味就具有这些特点：甜味纯，刺激味蕾 1 s 之内就会发生甜味感觉，很快达到最高强度，约 30 s 后甜味消失。我们通常用的各种糖品，虽与此稍有差别，但基本符合这些要求。

配方设计（表2-2）：

甜香是中式卷烟中非常重要的香韵组合，为烟香提供柔和绵长的韵调。同时甜味能够改善卷烟的余味，给口腔提供舒适的味觉特征，在烟气中增甜和余味回甘可以有很多香原料来使用。

调配甜香香韵的备选用料：β-环高柠檬醛、5-羟甲基糠醛、丙酸烯丙酯、乙基麦芽酚、乙基环戊烯醇酮、刺柏果提取物、香叶基丙酮、大马酮、小茴香油、大茴香油等，基本上80%的香料或多或少含有一定的甜香特征。

表2-2 甜香香基配方

中文名称	比例/%	功效描述
乙酸乙酯	0.200	调制果香、酒香的头香风味
丙酸乙酯	0.200	调配果香和酒香的韵味
异戊酸异戊酯	0.500	用于调配果香和酒香风味
香叶油	0.001	赋予蜜甜的玫瑰花香，调和烟香，增进吸味，增加烟草本香，改善余味
丁香酚	0.020	调配辛香，修饰体香，调和豆香
香紫苏油	0.002	改善烟草粗劣的杂气，掩盖刺激，改进吃味，增强烤烟香
桂叶油	0.005	增加辛香韵，使烟香透发飘逸，改善吸味
大茴香醇	0.060	增添甜香味，调和豆香、膏香、烤香的香韵格调，改善吸味
甘草提取物	0.500	柔和烟气，增加口腔回甜感
枣子提取物	3.000	与烟香协调，增加甜香和甜味，掩盖杂气，抑制刺激柔和烟气
大马酮	0.200	使烟香气甜醇，改善粗劣气，增加天然感和厚实感
呋喃酮	0.020	能改善香味，使其具有浆果样丰满的韵味
麦芽酚	0.010	甜味香味的增效作用，谐调烟香，使烟气柔和醇厚
乙基香兰素	0.100	强烈而持久的奶香，提调丰满度
秘鲁浸膏	0.050	柔和烟香，掩盖刺激，蜜样膏甜，增加醇和度
烟草净油	3.000	增补特征烟草香韵，提高丰满度和优雅感
其他	18.000	
溶剂	74.132	

以该配方配制出来的香基在嗅香上具有明显复合甜香特征,稍带点果香、辛香、烘烤香、烟草香等,在卷烟中应用能够增加香气丰富性,提高烟气飘逸性和透发程度。作为一个复合型香基,该甜香板块能与各香韵很好地融合起来,也能综合性地提高卷烟的综合感官特征。

(3)烘焙香香韵

烘焙香韵是指香料植物由烘烤所产生的香气。烘焙香韵在卷烟中的占比相对较高,因为本身未添加任何添加剂的卷烟也会产生烘焙的香韵特征。在卷烟中烘焙香韵可细分为烘烤香韵与焦香香韵。合适的烘焙香韵特征能够提高卷烟香气的质感,也能增加烟味的特征。烘焙香韵的调配上一定要注意甜的特征,特别是焦香的香韵,如果焦香很显著,但是不甜的话,容易产生焦苦的气息;而烘烤香如果不甜的话,香气就会显得沉闷,不够清晰。

配方设计(表2-3):

调配烘焙香韵的备选用料:甲基环戊烯醇酮、乙基环戊烯醇酮、焦木酸、桦焦油、麦芽酚、乙基麦芽酚、呋喃酮、2-乙基吡嗪、2,3-二甲基吡嗪、2,3,5-三甲基吡嗪、乙酰基吡啶、乙酰基吡嗪等。

表2-3 烘焙香香基配方

中文名称	比例/%	功效描述
甲基环戊烯醇酮	0.010	赋予卷烟制品焦甜的香韵
乙基麦芽酚	0.500	谐调烟香,抑制刺激性,改善烟香和吸味
呋喃酮	0.300	能改善香味,使其具有浆果样丰满的韵味
2,3-二甲基吡嗪	0.020	能够增强烟香,使香气圆润,有自然风味
2,3,5-三甲基吡嗪	0.030	增补可可、咖啡、坚果和烤香风格,提高烟香丰满度
3,6-二甲基-2-乙基吡嗪	0.005	增补烤坚果、巧克力香韵
2-乙酰基吡啶	0.010	增补烟草制品的香气
2-甲基四氢呋喃-3-酮	0.005	增补甜香、坚果香、奶油香韵
角豆提取物	5.000	增加自然的烘焙香气
可可提取物	1.000	提供可可样的坚果香气,增强烟气骨架感
乳酸	0.010	赋予一定奶酪气息,使烘焙香变得柔和诱人
其他	15.000	
溶剂	78.110	

以该配方配制出来的香基在嗅香上具有明显烘焙香韵特征，稍带点甜香，在卷烟中应用能够增加香气丰富性，改善香气状态，增强烟味的特征。该烘焙香韵具有很好的口感特征，与其他香韵能很好地谐调。

2. 特征差异层

（1）辛香香韵

辛香香韵是指辛香料植物中具备的辛暖香气特征。烟用香精中常用的辛香料主要有三类：一是以丁香、肉桂为主的具有芳香性的辛香料；二是以茴香、百里香为主的具有香草类的辛香料；三是以姜油、胡椒为主的具有辛辣感的辛香料。这三个类别的辛香香韵在卷烟中的作用又有所不同，以丁香、肉桂为主的体现的是增加香气浓度与丰富性；而以茴香为主的则是体现增加香气甜润感；以姜油为主的则是体现增加香气清晰度为主要功能。所以辛香香韵在卷烟香气中的占比虽然较小（除了某些以突出辛香香韵为主要特征的卷烟），但是其作用却非常明显。

配方设计（表2-4）：

调配辛香香韵的备选原料：丁香花蕾油、丁香酚、丁香叶油、桂皮油、桂叶油、桂醛、八角茴香油、大茴香脑、小茴香油、乙酸茴香酯、百里香酚、姜油、胡椒油、胡椒醛、胡椒酮等，当然除了这些本身具有辛香香韵特征的原料之外，其他辅助性的原料如肉桂酸乙酯、桂酸桂酯、香叶醇、苯乙醇、乙酸乙酯、丙酸乙酯、香兰素、乙基麦芽酚等也能起到很好的衬托作用。

表2-4　辛香香基配方

中文名称	比例/%	功效描述
八角茴香油	6.000	能改进吃味，掩盖烟草的辛辣的刺激性，增加甜香，改善口腔余味
小茴香油	2.000	增强卷烟的甜香，缓和烟草刺激性，增加甜味
小茴香酊	5.000	增加辛甜香韵，增加烟气细腻度和飘逸感
大茴香脑	0.300	增添甜香味，调和豆香、膏香、烤香的香韵格调，改善吸味
香紫苏油	0.010	改善烟草粗劣的杂气，与烟香协调，掩盖刺激，改进吃味，增强烤烟香
桂皮油	0.015	用作辛香料香韵的组分，增加甜味
苯乙醇	0.005	能掩盖杂气，增加细腻、柔和、醇和度，提高香气质
乙酸乙酯	0.080	调制果香、酒香的头香风味
香兰素	0.030	持久的奶香，提调丰满度
桂酸乙酯	0.015	调配果香型香精中，可充实果香和脂辛香
其他	15.000	
溶剂	71.545	

以该配方配制出来的香基在嗅香上具有明显的以茴香香韵为主的辛香特征,同时稍带弱的甜香和果香,在卷烟中应用能够增加烟气甜润感,增加味感上的甜味特征。但该香韵在卷烟应用当中,应注意其投放量,如果投放量太大,会有压香的感觉,同时茴香为主的辛香过重的话,容易带来不舒适的甜腻感。

(2)果香香韵

果香香韵是指果类的特征香气,包括浆果香、干果香及瓜果香,但不包括坚果香。在烟用添加剂目录里果香香韵的原料是最多的,在卷烟中的应用也是最广泛的,在国内外每个卷烟中或多或少都有果香香韵的原料在里面使用。一般来说,浆果香、干果香类的原料主要是以水溶性提取物为主,常常在加料香精中广泛使用,而在加香香精中主要的是以瓜果类的香原料为主来体现果香香韵特征,当然还有一些浆果类、干果类的蒸馏物以及品种丰富的柑橘类果香香韵。所以,很难界定果香香韵在卷烟中占比多少,因为在卷烟加料的过程中,果香类原料在卷烟燃烧过程中参与了美拉德反应,同时由于浆果香、干果香本身香韵不是很突出,这就使得果香香韵很难体现出来;而在加香香精中,果香香韵如瓜果香、柑橘香等由于特征性很强,就影响了其应用的比例。但总体来说果香香韵依然是调配烟用香精最常用的原料。

配方设计(表2-5):

表2-5 果香香基配方

中文名称	比例/%	功效描述
杏子蒸馏物	5.000	增加果香韵,调节烟气酸碱平衡,改善吃味和吸味,降低刺激
枣子净油	3.000	增加甜香、青香和玫瑰样酿香,并可柔和烟气,掩盖杂气
菊花酊	4.000	增加清香和自然香气
甜橙油	0.300	增加嗅香的清新飘逸感,改善余味,增加生津感
柠檬油	0.300	增加清香韵,改善吸味,增加甜味,抑制苦涩感,改善余味
乙酸乙酯	0.200	调制果香、酒香的头香风味
丙酸乙酯	0.100	调配果香和酒香的韵味
异戊酸异戊酯	0.200	调配果香和酒香风味
突厥烯酮	0.002	使烟草香气醇甜,改善粗劣气,增加天然感和厚实感
芳樟醇	0.001	谐调烟香,修饰和矫正自然风味,使吸味柔和
其他	15.000	
溶剂	71.897	

调配果香香韵的备选原料：甜橙油、冷榨橘子油、杏子蒸馏物、草莓蒸馏物、覆盆子酮、西瓜醛、桃醛、己酸烯丙酯、异戊酸异戊酯、乙酸乙酯、丙酸乙酯、丁酸乙酯等，当然其他辅助性原料更不可或缺，因为在卷烟中应用的果香香韵在存在天然感的同时，必须具备口腔舒适的特点，这与食品中的果味香精的要求不同，烟用的果香香韵一般是复合果香的香韵，不仅要求其整体香韵要自然，而且要求燃烧过程中产生的香韵要谐调，对口感的舒适性要求更高。

以该配方配制出来的香基在嗅香上具有明显的复合果香香韵特征，在卷烟中应用能够增加果香香韵，增加烟气细腻感，同时可以增加余味的生津回甜感。但该香韵在卷烟应用当中，应该搭配其他香韵如烘烤香、奶香、豆香等香韵才能使得卷烟的整体香气更加丰富，同时果香香韵也能衬托烘烤香的焦甜特征或者奶香香韵也能衬托出果香香韵的柔和感等特点。

（3）花香香韵

花香香韵是指花类物质的特征香气。花香香韵由于与烟草香韵很难谐调，所以在卷烟香韵中的占比相对较少。但是合适用量的花香香韵在卷烟中能起到画龙点睛的作用，特别对香气的清晰度和丰富性上具有很好的作用。自然界中花类物质丰富多样，香气优雅悦人，深受大众喜爱，但这么多的花香物质在卷烟中真正好用的却很少，这是由于花类物质中的花粉味在口腔中的产生的味感很难让人接受，可以说闻起来好闻，吃起来难吃，所以花香香韵在日化香精中非常多，而在食品香精和烟用香精中非常少。目前在烟草中常用的花类物质主要有玫瑰类、茉莉类、紫罗兰类和白兰、菊花等少数几个品种，这几种花类物质之所以比其他的如康乃馨、石竹花、素心兰等好用，是因为这些花主要包含的蜜甜香韵、清甜香韵、木香香韵等与烟草的香韵能更好地谐调起来。当然花类物质品种繁多，在卷烟中应用的表现形式也不一样，深入挖掘更多适合卷烟的原料或香型来彰显品牌个性确实非常值得深究。

配方设计（表2-6）：

调配花香香韵的备选原料：薰衣草油、茉莉净油、香紫苏油、紫罗兰酮、玫瑰精油、玫瑰醇、苯乙醇、乙酸苄酯、丙酸苄酯、乙酸玫瑰酯、苯乙酸乙酯、菊花酊、白兰叶油、丁香花蕾油等，当然少量的其他辅助类原料如甜香香韵的原料、辛香香韵的原料来衬托与谐调烟草香韵也是必不可少的。

表 2-6 花香香基配方

中文名称	比例/%	功效描述
玫瑰花油	5.000	赋予烟草润厚蜜甜的感觉，缓和烟草的一些粗劣杂味，增加甜香
玫瑰醇	1.200	调制温甜花香香韵，谐调烟香，增进浓郁感，改善烟气
苯乙醇	2.000	能掩盖杂气，增加细腻、柔和、醇和度，提高香气质
甜橙油	0.100	增加闻香上的清新飘逸感，改善余味，增加生津感
香叶油	0.010	赋予蜜甜的玫瑰花香，调和烟香，增进吸味，增加烟草本香，改善余味
香紫苏油	0.010	改善烟草粗劣杂气，与烟香协调，掩盖刺激，改进吃味，增强烤烟香
玫瑰醚	0.050	增加清甜的花香香气
二氢茉莉酮酸甲酯	0.200	赋予幽雅、逼真的天然样花香感
苯乙酸乙酯	0.100	增进蜜甜风味
苯乙酸苯乙酯	0.300	赋予持久而稳定的花香及甜的果香
突厥烯酮	0.002	使烟草香气醇甜，改善粗劣气，增加天然感和厚实感
云烟烟叶挥发物	6.000	赋予云烟烟叶特有的清甜的烟草香气，透发烟气，增加丰满度、优雅感
其他	12.000	
溶剂	73.028	

以该配方配制出来的香基在嗅香上具有明显玫瑰花香香韵特征，在卷烟中应用能够增加蜜甜香韵，增加香气丰富性，提高烟气清晰度。但该香韵在卷烟应用当中应该注意其投放量，特别是花香香韵不能冒出来。

3. 特征增强层

（1）改善余味

卷烟的余味是指烟气呼完后口腔遗留的味觉，好的余味给人感觉是舒适的、干净的，有生津的，有回甜的。不好的余味包括不舒适、残留、收敛、欠回甜、欠生津等。

解决办法有：改善余味干净度、调节口腔酸碱吸味、增加生津、回甜等。

配方设计（表 2-7）：

可用香原料包括：苹果、梨、杏子、葡萄汁、梅子、桃子、肉桂、菠萝、龙胆根、有机酸、醇类物质等。

- 板块描述：改善余味的干净舒适度，减少残留。
- 设计闻香：淡淡的梅子样酸甜香、果香，底韵略带焦甜香。
- 设计思路：以梅子的酸甜味为主，调节烟气和口腔的酸碱平衡，辅以适当的杏子、无花果来提扬烟气的飘逸感和增补烟气浓度。

备选香原料：梅子提取物、无花果提取物、杏子提取物、有机酸类等。

使用的原料在配方里的作用：

梅子提取物：生津、细腻。

无花果提取物：增加浓度、焦甜。

杏子提取物：改善口腔湿润、提扬烟气飘逸感。

有机酸类：调节口感。

其他：增加厚实和香气量。

表 2-7　改善余味底料板块示例配方

中文名称	比例/%	功效描述
梅子提取物	16.00	谐调烟香，改善口感，增加生津感，提高醇和度
无花果提取物	8.00	增进甜味，改善余味的作用
杏子提取物	5.00	调节烟气酸碱平衡，改善吃味和吸味，降低刺激
乳酸	0.60	缓和刺激性、辛辣杂味，调和酿香、酒香、浆果酸香
其他	30.00	
溶剂	41.40	

该板块添加到叶组里能改善余味，提高口腔的舒适度和干净程度，降低程度较低的干燥感，其次对烟气的醇和度有改善，赋予发酵样烟草香和酸甜香味。

需要注意的地方是，本板块梅子提取物占很大比重，其品质会直接影响板块整体的功效。酸性强的梅子提取物，可以适当增加甜味香原料；果甜感强的梅子提取物，可以适当调整有机酸类和杏子的用量来提升整体的品质。

（2）生津

配方设计（表 2-8）：

描述：改善余味，增加生津感。

- 设计思路：以多种对余味有帮助的香原料配合，加入大量天然提纯的果糖，适当辅以减轻刺激的香原料，达到改善余味，增加生津的效果。
- 设计闻香：甜麦芽样香、果香、弱的辛香。

第二章 烟用胶囊的芯材

备选香原料：麦芽提取物、桃子浓缩汁、李子提取物、可可反应物、肉桂提取物、果糖、龙胆根提取物等。

使用的原料在配方里的作用：

麦芽提取物：提质。

桃子浓缩汁：改善余味。

李子提取物：降低刺激为主，提供果香的香气。

可可反应物：提高烟气质、细腻、柔和度。

肉桂提取物：改善余味。

果糖：天然提纯，降刺，改善烟气质。

美拉德反应物：降低刺激。

其他：增加丰富性。

表2-8 生津底料板块示例配方

中文名称	比例/%	功效描述
麦芽提取物	5.00	赋予麦芽烤甜复合浆果样香味，丰满、增加香气量，增加甜香
桃子浓缩汁	3.50	增加清甜果香，改善烟气质，增强生津感
李子提取物	4.00	增加酸甜口感味、生津感
可可反应物	2.00	提调坚果、可可样奶甜底蕴，增加饱满度和醇和度
肉桂提取物	0.50	调配辛香，丰满烟香，改进吸味
高果糖浆	15.00	增加甜味，改善口感
美拉德反应物	4.00	提升烟气质感，改善口感
其他	27.50	
溶剂	38.50	

该板块烟味纯正，带甜味，可增加口腔湿润感，提高舒适性。其次可使烟气清晰，降低部分刺激。

（3）烟气提质

主要是用来提高卷烟的烟气质、细腻度、柔和度、飘逸感、轻松感、层次感和丰富性的功能料，包括：

（1）提高烟气质，增加细腻、飘逸感；

（2）增加甜香，增补丰富性；

（3）提高烟气轻松感和层次感等。

可选用的香原料包括：葡萄、麦芽、可可、角豆、甜木、香荚兰、红橘、鸢尾等。

配方设计（表2-9）：

- 板块描述：提高烟气质，增加醇和度、烟气飘逸和细腻度。
- 设计闻香：酸甜香、酿甜香、底韵有爽口的果香。
- 设计思路：以葡萄酒残渣精馏物为主，改善烟气质，增加醇和度和细腻、飘逸感，辅以大量对余味有帮助的香原料，改善烟气的舒适感觉。

备选香原料：杏子提取物、菠萝提取物、黑莓提取物、樱桃汁、有机酸、天然提取果糖、葡萄酒等。

使用的原料在配方里的作用：

杏子提取物：降低喉部干燥感。

菠萝提取物：改善余味、增加生津感。

黑莓提取物：改善余味。

樱桃汁：改善余味，增加生津感。

有机酸：降低口腔刺激。

天然提取果糖：针对提高喉部舒适度。

葡萄酒：改善烟气质，增加飘逸感和细腻度。

其他：提扬烟气。

表2-9 提质底料板块示例配方

中文名称	比例/%	功效描述
杏子提取物	6.00	调节烟气酸碱平衡，改善吃味和吸味，降低刺激
菠萝提取物	2.00	改善余味、增加生津感
黑莓提取物	3.80	增加果甜味，改善余味
樱桃汁	6.00	赋予特征果香，调节烟气平衡，缓和吸味，改善吃味
浆果酸	0.20	柔和烟气，降低口腔刺激，提高整体舒适度
酒石酸	0.30	柔和烟气，降低口腔刺激
苹果酸	0.20	缓和劲头和刺激，调节烟味，增加舒适性，改善余味
乳酸	0.12	缓和刺激性、辛辣杂味，调和酿香、酒香、浆果酸香
高果糖浆	2.00	增加甜味，改善口感
葡萄酒	12.00	改善烟气质，增加飘逸感和细腻度
云烟浸膏	5.00	缓和刺激性、辛辣杂味，掩盖不良杂气
其他	10.00	
溶剂	52.38	

该板块烟气清晰、飘逸、细腻、圆润,烟气是滋润的感觉,口腔余味干净舒适。应用范围:适合大部分叶组,尤其是烟气略显沉闷的叶组。

(三)烟用香精香料胶囊化的意义

香精香料是由多种成分调配而成的香味物质,组成它的成分有的稳定,有的挥发性很强,有的易受氧化。对这些香精香料进行胶囊化是保护这些原料,以避免其挥发或受到外界热、水和氧气作用而发生降解反应最好的手段之一。

1. 抑制挥发损失和香型失真

香精香料由于其发散香味的特性决定了许多组分挥发性极高,各种组分的挥发性差异也很大。香味组分的挥发不仅造成香精的挥发损失,而且由于某些组分的挥发损失改变了香精的组成,从而使其香型失真。通过香精香料的胶囊化能够抑制香味成分的挥发,使香气保留完整,从而提高香精储藏和使用的稳定性。香精油等香精香料,其风味成分大多为小分子酯类和萜类,极易挥发,散失较快,通过胶囊化能够利用壁材包裹住芯材,减少挥发损失。如香兰素在自然状态挥发,2个月后就会损失20%,但胶囊化后,其损失率小于1%。

2. 保护敏感性成分

胶囊化可使香精香料免受外界不良因素(如光、氧气、温度、湿度)的影响,大大提高耐氧、耐光、耐热的能力,增强香精香料的稳定性。如苯甲醛、茴香醛、香兰素是烟草制品中的常用增香剂,而其结构中的苯环和醛基在空气中易氧化变质;经胶囊化后,其抗氧化能力得到明显提高。

3. 具有控制释放作用

胶囊化可使香精香料达到控制释放效果。消费者在抽吸卷烟时可以自主选择是否挤破胶囊,释放其中的香精香料,从而对卷烟的口味产生影响。这一选择增加了消费者对卷烟产品自我选择性和把玩性。

4. 避免香精成分的扩散和污染

胶囊化可将香精香料中的香味成分隔离保护起来,从而避免其扩散到卷烟的烟丝和卷烟纸上。由于卷烟的烟丝和卷烟纸在消费过程中是参与燃烧的,香精香料扩散到其上后也会在燃烧过程中释放出新的成分,影响卷烟产品的感官品质。

参考文献

[1] 赵小亮，赵红伟，庞新安. 杜梨花挥发油化学成分的研究[J]. 塔里木大学学报，2006，18（04）：70-73.

[2] 徐辉. 香水莲花的化学成分及活性功能研究[D]. 南京：南京农业大学，2008.

[3] 邱松山，周天，梁艳霞，等. 同时蒸馏萃取/GC-MS 分析荔枝精油香味成分[J]. 食品研究与开发，2014，35（14）：29-32.

[4] 袁丽. 气相色谱法测定葡萄酒中多种香气成分及其含量分析[D]. 泸州：四川医科大学，2015.

[5] 鲁龙，张惟广. 朗姆酒的香气与品质[J]. 酿酒科技.2013（11）：104-108.

[6] 李鹏宴，洪学辉，等. 一种烟用防腐抗氧化胶囊的制备方法：CN109549249A[P]. 2019-04-02.

[7] 沈莉，洪学晖，等. 一种以水及亲水性物质为芯材的烟用水囊及其制备方法：CN104305521A[P]. 2015-01-28.

第三章

烟用胶囊的壁材

从功能上划分，烟用胶囊的壁材成分可以分为成膜剂、填充剂、乳化剂、增韧剂、防腐剂和其他辅料。

第一节　成膜剂

成膜剂是具有形成薄膜的物质，是胶囊壁材的主要成分，在胶囊滴制过程中，通过化学反应或凝胶或状态改变形成薄膜，实现对胶囊芯材溶液的包裹，该材料的性质决定了壁材是否能够完美地包覆住芯材，以及应该选用哪种工艺技术来生产胶囊。

一、明　胶

1. 简　介

明胶无固定的结构，其中水分和无机盐大约占16%，蛋白质含量占82%以上。与母体胶原类似，明胶也由18种氨基酸组成，其中亚氨基酸Pro和Hyp的含量较高。明胶凝胶中的类三螺旋结构主要靠分子内氢键和氢键水合维系，Pro的—NH、Hyp的—OH与其他氨基酸侧链基团及水分子均可形成氢键，利于类三螺旋结构的稳定。

常规的工业明胶为白色或淡黄色、半透明、微带光泽的薄片或粉粒；是一种无色无味，无挥发性、透明坚硬的非晶体物质。由于明胶是胶原变性的产物，是一种热可逆性的混合物，没有固定的结构和相对分子质量，其相对分子质量分布在几万到几十万（<300 kD）。可溶于热水，不溶于冷水，但可以缓慢吸水膨胀软化，明胶可吸收相当于重量5~10倍的水；溶于甘油和醋酸，不溶于乙醇和乙醚。

明胶溶液可形成具有一定硬度、不能流动的凝胶。当明胶凝胶受到环境刺激时会随之响应，即当溶液的组成、pH、离子强度发生变化和温度、光强度、电场等刺激信号发生变化时，或受到特异的化学物质刺激时，凝胶就会发生突变，呈现出相转变行为。

明胶还是一种有效的保护胶体，可以阻止晶体或离子的聚集，用以稳定非均相悬浮液，因此可以在一些特定乳化芯材中作为乳化剂加入。

本品依据生产原料、生产方式、产品质量、产品用途不同，分为食用明胶、药用明胶、工业明胶、照相明胶、皮胶、骨胶等。在烟用胶囊的制备工艺中是一类常用的胶囊壁材。

由于明胶结构不固定，用途各异，其不同产品的安全性也存在显著差异。就食用明胶而言，欧盟未定义其使用限量，并把它当作食品原料对待。

2. 明胶作为胶囊成膜剂的特点

（1）明胶是动物的皮、骨、腱与韧带中胶原蛋白经不完全酸水解、碱水解或酶降解后纯化得到，是胶囊中应用较多的一种动物胶，具有良好的生物相容性和可降解性。

（2）明胶不溶于有机溶剂，在热水中易溶，冷水中不溶，在水中浸泡可吸水膨胀，形成透明或半透明的胶液，用其制备胶液操作方便，简单易得。

（3）明胶强度低，脆性大，极易吸水溶胀，且溶胀后强度降低，需要与其他材料配伍使用。

（4）明胶动物来源的特征也限制了其使用范围。

二、阿拉伯胶

1. 简　介

阿拉伯胶又称阿拉伯树胶，来源于豆科金合欢属树的树干渗出物，因此也称金合欢胶。阿拉伯胶主要成分为高分子多糖类及其钙、镁和钾盐，主要包括树胶醛糖、半乳糖、葡萄糖醛酸等。品质良好的阿拉伯胶颜色呈琥珀色，且颗粒大而圆，主要产于非洲。

阿拉伯胶由两种成分组成，其中70%是由不含N或含少量N的多糖组成，另一组成是具有高相对分子质量的蛋白质结构；多糖是以共价键与蛋白质肽链中的羟脯氨酸、丝氨酸相结合的，总蛋白质含量约为2%，特殊品种可高达25%。与蛋白质相连接的多糖分子是高度分支的酸性多糖，它具有如下组成：D-半乳糖44%，L-阿拉伯糖24%，D-葡萄糖醛酸14.5%，L-鼠李糖13%，4-O-甲基-D-葡萄糖醛酸1.5%；在阿拉伯胶主链中β-D-吡喃半乳糖是通过1,3-糖苷键相连接，而侧链是通过1,6-糖苷键相连接。

阿拉伯胶是一种安全无害的增稠剂，并在空气中自然凝固而成的树胶；浅白色至淡黄褐色半透明块状，或为白色至橙棕色粒状或粉末；相对分子质量为 22 万～30 万的高分子电解质；无臭，无味，易燃；在水中可逐渐溶解成呈酸性的黏稠状液体，经过一些时间黏度减低，溶解度约 50%（W/V），不溶于乙醇；与明胶或清蛋白形成稳定的凝聚层。用酸性醇使其沉淀，则得游离阿拉伯酸。

由于阿拉伯胶结构上带有部分蛋白物质及鼠李糖，使得阿拉伯胶有非常良好的亲水亲油性，是非常好的天然水包油型乳化稳定剂。但不同树种来源的阿拉伯胶其乳化稳定效果有差别。一般规律是：鼠李糖含量高、含氮量高的胶体，其乳化稳定性能更好些。

阿拉伯胶曾经是食品工业中用途最广及用量最大的水溶胶，目前的全世界年需要量仍大约保持在 4 万～5 万吨。阿拉伯胶还可以广泛用于饮料生产，比如在软饮料浓缩汁的生产中它可以稳定风味和精油。它常被应用于糖果制造，像传统的硬（酒）橡皮糖、软糖，也多用于制造胶母糖，具有较强的黏着力和柔软的弹性，一般用量为 20%～25%。它也可以作为棉花糖的泡沫稳定剂。

2. 阿拉伯胶作为胶囊成膜剂的特点

（1）阿拉伯胶是一种天然植物胶，主要含有树胶醛糖、半乳糖、葡萄糖醛酸等，环境友好。

（2）水溶性好、成膜性好，在水中可逐渐溶解成酸性的黏稠状液体，其胶液水分挥发后可形成高度致密的膜，非常适用于水包油型胶囊的制备。

三、卡拉胶

1. 简　介

卡拉胶（Carrageenan）是一种亲水性胶体，又称为麒麟菜胶、石花菜胶、鹿角菜胶、角叉菜胶，因为卡拉胶是从麒麟菜、石花菜、鹿角菜等红藻类海草中提炼出来的亲水性胶体，它的化学结构是由半乳糖及脱水半乳糖所组成的多糖类硫酸酯的钙、钾、钠、铵盐。由于其中硫酸酯结合形态的不同，产生了 7 种主要类型的卡拉胶：κ型、ι型、λ型、γ型、ν型、ξ型、μ型。工业主要生产和使用的是前三种。

卡拉胶由硫酸基化的或非硫酸基化的半乳糖和 3,6-脱水半乳糖通过 α-1,3 糖苷键和 β-1,4 键交替连接而成，在 1,3 连接的 D-半乳糖单位 C_4 上带有 1 个硫酸基。相对分子质量在 20 万以上。分子式：$(C_{12}H_{18}O_9)_n$

结构式：

κ 型

ι 型

λ 型

卡拉胶不溶于冷水,但可溶胀成胶块状,不溶于有机溶剂,易溶于热水成半透明的胶体溶液(在70℃以上热水中溶解速度提高);在钾离子存在下能生成热可逆凝胶;浓度低时形成低黏度的溶液,接近牛顿流体,浓度升高形成高黏度溶胶,则呈非牛顿流体;与刺槐豆胶、魔芋胶、黄原胶等胶体产生协同作用,能提高凝胶的弹性和保水性;

卡拉胶稳定性强,干粉长期放置不易降解。它在中性和碱性溶液中也很稳定,即使加热也不会水解,但在酸性溶液中(尤其是 $pH \leqslant 4.0$)卡拉胶易发生酸水解,凝胶强度和黏度下降。值得注意的是,在中性条件下,若卡拉胶在高温长时间加热,也会水解,导致凝胶强度降低。所有类型的卡拉胶都能溶解于热水与热牛奶中。溶于热水中能形成黏性透明或轻微乳白色的易流动溶液。卡拉胶在冷水中只能吸水膨胀而不能溶解。

基于卡拉胶具有的性质,在食品工业中通常将其用作增稠剂、胶凝剂、悬浮剂、乳化剂和稳定剂等。而这些卡拉胶的生产应用与其流变学特性有着较大的关系,因而准确掌握卡拉胶的流变学性能及其在各种条件下的变化规律对生产具有重要的意义。

2. 卡拉胶作为胶囊成膜剂的特点

(1)是一种热可逆胶,溶解性、稳定性好,可单独成膜,其形成的膜可拉伸性好。

(2)不同类型卡拉胶的性质不同,与其他材料的协同作用也不同,需要根据实际情况选择相应类型的卡拉胶。

四、果　胶[1]

果胶，英文名称为pectin，英文别名为2, 3, 4, 5-Tetrahydroxypentanal；CAS号为9000-69-5，分子式为$C_5H_{10}O_5$。果胶是一种多糖，其组成有同质多糖和杂多糖两种类型。它们多存在于植物细胞壁和细胞内层，大量存在于柑橘、柠檬、柚子等果皮中。呈白色至黄色粉状，相对分子质量20 000～400 000。

由于原料的种类、生长期、采割期、保存时间及提取方法等因素的影响，果胶的自身组成和理化性质有很大的差异。果胶的理化性质主要有溶解性、酯化度（Degree of Esterfication，DE）、Gal-A含量（半乳糖醛酸）、单糖组成、相对分子质量（Molecular Weight，Mw）、流变及凝胶特性，其中决定果胶的应用范围和经济价值，评价果胶品质的3个较重要的参数为DE、胶凝度和Gal-A含量。

根据果胶的溶解性将其分为水溶性果胶和水不溶性果胶。果胶的溶解性与果胶的聚合度和其甲氧基的含量和分布有关。虽然果胶溶液的pH、温度以及浓度对果胶的溶解性也有一定的影响，但一般来说，果胶的相对分子质量越小，酯化度越高，其溶解性越好。类似于亲水胶体，果胶颗粒是先溶胀再溶解。如果果胶颗粒分散于水中时没有很好地分离，溶胀的颗粒就会相互聚结成大块状，而此大块一旦形成就很难溶解。

果胶的酯化度又称甲氧基化，指果胶中甲酯化、乙酰化和酰胺化比例的总和。果胶的DE是一个非常重要的参数。DE的大小和种类影响着果胶产品的溶解性、凝胶性以及乳化稳定性。如在不考虑其他因素的条件下，果胶的酯化度越高，其水溶性越好；果胶的酰胺化度越高，果胶的水溶性也越好。

胶凝度是衡量果胶质量的主要指标之一，指在一定条件下，每份果胶能与多少份固形物（通常为蔗糖和葡萄糖）制成具有一定硬度和质量的果冻的能力，即衡量果胶形成凝胶的能力大小。商业化果胶的胶凝度要求（US-SAG）：高酯果胶（150度±5度）和低酯果胶（100度±5度）。

果胶的流变特性是果胶在烟用胶囊的应用过程中极为重要的问题。与其他植物胶相比，果胶溶液的黏度较低。果胶稀溶液的流动特性近似牛顿型流体，而高浓度（1%）的果胶溶液具有假塑性流体的一些现象和特性。

和其他的生物高聚物分散体一样，高浓度的果胶溶液中特性黏度和剪切速率的关系表现为3个阶段：① 在0剪切速率下表现为一牛顿流体的性质，黏度为一常数；② 当到达低剪切速率的某个点时，溶液开始呈现剪切稀化的现象，黏度以幂次方下降；③ 在高剪切速率下，溶液的黏度达到一极限，并且为一无限剪切常数黏度。

出现这种现象的原因，目前认为是剪切速率使果胶的构象发生变化，果胶分子的构象在不同剪切速率下发生重排。在第1阶段，剪切速率非常低，聚合物链的重排较少，黏度变化很小；在第2阶段，剪切速率的加快使得果胶分子构象加速重排，宏观表现为黏度以幂次方的速率下降；而在高剪切速率下的第3阶段，由于剪切速率太快，果胶分子构象来不及重排便使得黏度无限接近一常数。

影响果胶溶液黏度的因素很多，除了果胶的自身结构特性（Mw、DE等）外，同时还受到外界条件，如所在溶液体系的状态（浓度、温度、pH、盐以及固形物含量等）和一些物理因素（搅拌、外加剪切等）的影响。而果胶溶液流变性的好坏直接决定产品品质的优劣及加工工艺的设计。

果胶一直以来都是人类自然饮食的一部分，是FAO/WHO食品添加剂联合委员会推荐的安全无毒的天然食品添加剂，无每日添加量限制。

五、可得然胶

可得然胶（Curdlan），又称热凝胶，凝结多糖，是由微生物产生的，以β-1,3-糖苷键构成的水不溶性葡聚糖，是一类将其悬浊液加热后既能形成硬而有弹性的热不可逆性凝胶又能形成热可逆性凝胶的多糖类的总称。

可得然胶是由400~500个D-葡萄糖残基通过β-1,3-D-葡萄糖苷键构成的线性葡聚糖[2]，分子式为$(C_6H_{10}O_5)_n$。n通常为250以上，其相对分子质量为44 000~100 000，无支链结构。可得然胶的分子结构如下：

可得然胶为白色至近白色粉末，无臭，具有良好的流动性，在干燥状态下保持极强的稳定性。可得然胶不溶于水，但在冷水中很容易分散，经高速搅拌处理后能形成更均匀的分散液、可得然胶能完全溶解于氢氧化钠、磷酸三钠、磷酸三钙等pH 12以上的碱性溶液中，不溶于酒精及其他几乎所有的有机溶液。

可得然胶根据加热的温度不同可形成两种不同性质的凝胶。将其水分散液（2%以上）加热到54~80 ℃，然后降温到40 ℃，可形成一种热可逆的低强度凝胶，重新加热到70 ℃，胶会再溶解，这一性质类似琼脂。如果将可得然胶加热到80 ℃以上（80~130 ℃）几分钟，即形成一种热不可逆的高强度凝胶，冷却到室温后重新加热也不会溶解。形成的热不可逆凝胶室温下质感较脆硬，加热蒸煮时硬度下降，弹性不会下降，久煮不会溶解或软烂。

可得然胶凝胶强度受到以下几个因素的影响：

（1）浓度对可得然胶凝胶强度有一定影响：随着可得然胶浓度的增加，其强度升高，从大约 3%时开始，凝胶强度急剧上升，高于同浓度下琼脂的强度，其凝胶性质介于琼脂的脆性和明胶的延展性之间。

（2）酸碱度对凝胶强度的影响：可得然胶对酸碱度的适应性很强，在 pH 2~10 内都具有良好的凝胶形成性。

（3）无机盐对凝胶强度的影响：各种无机盐类对可得然胶的凝胶强度几乎无影响，但 $Na_2B_4O_7$ 可显著增强凝胶强度。

可得然胶凝胶在冷冻和解冻下均能保持稳定，这一特性使它在众多的胶凝剂中脱颖而出。Yukihiro Nakao 等人研究表明，将可得然胶凝胶置于 4 ℃下保藏 20 h 对凝胶强度无影响，将可得然胶、琼脂、卡拉胶经冷冻（-40 ℃）解冻处理后，可得然胶的凝胶强度变化甚微，而琼脂、卡拉胶的凝胶强度分别为 1/10 和 1/5 左右，且凝胶块变成海绵状质构，解冻后失水。

可得然胶凝胶具有极强的包油性，将 3%可得然胶和各种浓度的玉米油混合液均质后，在 95 ℃、10 min 加热时，随着含油量的增加，其凝胶强度和脱水率均减少。当含油量达到 24%时，凝胶在生成过程和生成后仍不发生油分离。将含油凝胶夹在两板间压榨，仅能除去部分水分，油仍残留在干燥物中，含量可达 85%，并且此干燥物质吸水而恢复凝胶状态。另外，β-蒎烯、沉香醇等樟脑类物质和脂溶性维生素都可以包含于可得然胶凝胶，都可以得到去除水后的干燥物，而这些疏水性物质并不受到损失。

可得然胶由于其良好的加工适应性如保水性、耐冷冻性、耐热性、黏结性和成膜性等功能而被广泛地应用于食品工业各个领域。ADI 不做特殊规定；$LD_{50}>10$ g/kg（大鼠经口）；亚急性及慢性毒性试液、致畸、致癌、多代繁殖试验等 20 余种安全性试验，均无异常。

六、刺梧桐胶

刺梧桐胶（Karaya gum，sterculia gum）也称苹婆树胶，卡那亚胶。主要来源于梧桐科（Sterculiaceae）苹婆属（Sterculia）高大的刺苹婆树（Sterculiaurens Roxb），同时在胭脂树科（Bixacene）的 *Cochlospermum gessypium A.P De* 及其他 *Cochlospemmm* 属的树干中也可以提取到刺梧桐胶。

刺梧桐胶是略带有酸味的天然大分子多糖，其结构中部分乙酰化，具有较弱酸性，多支链结构，由 43% D-半乳糖醛酸、14% D-半乳糖和 15% L-鼠李糖及少量葡萄糖醛酸组成，相对分子质量高达 900 万以上。商品刺梧桐胶实际是不同树种的混合物，由不同的树种采集的刺梧桐胶其结构有所不同。通过对刺苹婆（*S.Urens*）、绒毛苹婆（*S.Villosa*）和刚毛苹婆（*S.Setigera*）树干上采集的胶的成分进行分析，可以了解到它们的差异和相似性。

刺梧桐胶为淡黄至淡红褐色粉末或片状。胶粉在水中极大地吸水膨胀成凝胶，可增至原体积的 60~100 倍。在 pH 6~8 时水中溶解度最大；溶液黏度也随 pH 变化而改变。一般而言，待胶溶液充分水化后再调节其 pH 要比直接酸化对于黏度的影响要小得多。刺梧桐胶溶液在酸性条件下呈淡色。而在碱性条件下则色泽加深。温度及电解质的存在均影响溶液的黏度，浓度在 2%~3%时，成为糊状物，更高时成为柔软的凝胶结构。

刺梧桐胶主要用作增稠剂、稳定剂、乳化剂、保湿剂，由于无毒安全，广泛用于制药，配制牙科胶黏剂和食品胶黏剂。

七、刺云实胶

刺云实胶（Tara gum），也叫刺云豆胶（Peruvian carob）、他拉胶、塔拉胶，来源于秘鲁的灌木，以豆科的刺云实（*Caesalpin iaspinosa*）种子的胚乳为原料，经研磨加工而制得的食品添加剂，加工方式与其他豆胶相似。

刺云实胶的化学结构主要是由半乳甘露聚糖组成的高相对分子质量多糖类，主要组分是由直链（1→4）-B-吡喃型甘露糖单元与 A-D-吡喃型半乳糖单元以（1→6）键构成。刺云实胶中甘露糖对半乳糖的比是 3:1（角豆胶为 4:1；瓜尔豆胶为 2:1，葫芦巴胶为 1:1）。刺云实胶的结构式如下：

刺云实胶为白色至黄白色粉末，气味无臭。刺云实胶含有 80%~84% 的多糖，3%~4% 的蛋白质，1% 的灰分及部分粗纤维、脂肪和水。刺云实胶的密度为 $0.5~0.8 \text{ g/cm}^3$，其水溶液不挥发。

刺云实胶溶于水，水溶液呈中性；不溶于乙醇。对 pH 变化不敏感，在 pH>4.5 时，刺云实胶的性质相当稳定，在低浓度时具有高黏度的特性。1% 刺云实胶在冷水下溶解性好，在 25 ℃ 时就具有非常好的黏度，45 ℃ 时 100% 溶解，形成半透明的溶液。对热较稳定。

ADI 不做特殊规定。

八、结冷胶

结冷胶别名凯可胶、洁冷胶，是一种高分子线性多糖，由 4 个单糖分子组成的基本单元重复聚合而成。其基本单元是由 1,3-和 1,4-连接的 2 个葡萄糖残基，1,3-连接的 1 个葡萄糖醛酸残基，和 1,4-连接的 1 个鼠李糖残基组成。其中葡萄糖醛酸可被钾、钠、钙、镁中和成混合盐。并且天然结冷胶含有 O-酰基（甘油酰基和乙酰基）。天然或称高酰基结冷胶可形成高弹性低硬度凝胶。乙酰化结冷胶通过碱处理除去 O-酰基后生成低酰基结冷胶，再经过滤可得到纯化低酰基结冷胶，即商品结冷胶，其相对分子质量约为 50 万。

结冷胶干粉呈米黄色，无特殊的滋味和气味，约于 150 ℃ 不经熔化而分解。耐热、耐酸性能良好，对酶的稳定性亦高。不溶于非极性有机溶剂，也不溶于冷水，但略加搅拌即分散于水中，加热即溶解成透明的溶液，冷却后，形成透明且坚实的凝胶。溶于热的去离子水或螯合剂存在的低离子强度溶液，水溶液呈中性。

结冷胶在阳离子存在时，在加热后冷却时生成坚硬脆性凝胶。其硬度与结冷胶浓度成正比，并且在较低的二价阳离子浓度时产生最大凝胶硬度。结冷胶凝胶的凝固温度在 30~45 ℃，而凝胶的熔化温度既可低于又可高于 100 ℃，这取决于阳离子类型和浓度等条件。添加黄原胶-槐豆胶到结冷胶中，可使其凝胶硬度降低而弹性增强。

结冷胶可作为增稠剂、稳定剂。它虽不溶于冷水，但略加搅拌即分散于水中；加热即溶解成透明的溶液，冷却后，形成透明且坚实的凝胶。用量小，通常只为琼脂和卡拉胶用量的 1/3~1/2，一般用量 0.05% 即可形成凝胶（通常用量为 0.1%~0.3%）。

LD_{50} 大鼠口服为 5000 mg/kg 体重。ADI 无需规定。

九、海藻酸钠

海藻酸钠是从褐藻类的海带或马尾藻中提取碘和甘露醇之后的副产物,是一种天然多糖。

海藻酸钠($C_6H_7O_6Na$)$_n$ 主要由海藻酸的钠盐组成,由 β-D-甘露糖醛酸(M 单元)与 α-L-古洛糖醛酸(G 单元)依靠 β-1,4-糖苷键连接,并由不同比例的 GM、MM 和 GG 片段组成的共聚物。其结构式如下:

商品用海藻酸钠的相对分子质量通常与多糖一样,比较分散。因此,一种海藻酸钠的相对分子质量通常代表该组所有分子的平均值。最常见的表达相对分子质量的方式是数均相对分子质量(M_n)和重均相对分子质量(M_w)。在多分散性分子群中,通常 $M_w > M_n$。M_w/M_n 的系数为分散性指数,海藻酸钠商品的指数经典范围为 1.5~2.5。

海藻酸钠为白色或淡黄色粉末,几乎无臭无味,溶于水,不溶于乙醇、乙醚、氯仿等有机溶剂。溶于水成黏稠状液体,1%水溶液 pH 为 6~8。当 pH = 6~9 时黏性稳定,加热至 80 ℃ 以上时则黏性降低。螯合剂可以配合体系中的二价离子,使得海藻酸钠能稳定于体系中。

海藻酸钠具有吸湿性,平衡时所含水分的多少取决于相对湿度。干燥的海藻酸钠在密封良好的容器内于 25 ℃ 及以下温度储存相当稳定。海藻酸钠溶液在 pH 5~9 时稳定。聚合度(DP)和相对分子质量与海藻酸钠溶液的黏性直接相关,储藏时黏性的降低可用来估量海藻酸钠去聚合的程度。高聚合度的海藻酸钠稳定性不及低聚合度的海藻酸钠。

当有 Ca^{2+}、Sr^{2+} 等阳离子存在时,G 单元上的 Na^+ 与二价阳离子发生离子交换反应,G 单元堆积形成交联网络结构,从而形成水凝胶。海藻酸钠形成凝胶的条件温和,这可以避免敏感性药物、蛋白质、细胞和酶等活性物质的失活。由于这些优良的特性,海藻酸钠已经在食品工业和医药领域得到了广泛应用[3]。

海藻酸钠在食品工业和医药领域有着广泛的应用。欧盟食品安全局开展的暴露风险评估发现,海藻酸、海藻酸盐作为食品添加剂无安全风险。

十、琼　脂

琼脂，学名琼胶，英文名（agar），又名洋菜、海东菜、冻粉、琼胶、石花胶、燕菜精、洋粉、寒天、大菜丝，是植物胶的一种，常用海产的麒麟菜、石花菜、江蓠等制成，是一种由海藻中提取的多糖体。

琼脂由琼脂糖（Agarose）和琼脂果胶（Agaropectin）两部分组成，作为胶凝剂的琼脂糖是不含硫酸酯（盐）的非离子型多糖，是形成凝胶的组分，其大分子链连接着1,3-苷键交替相连的 β-D-半乳糖残基和 3,6-内醚-L-半乳糖残基[4-5]。而琼脂果胶是非凝胶部分，是带有硫酸酯（盐）、葡萄糖醛酸和丙酮酸醛的复杂多糖，也是商业提取中力图去掉的部分。商品琼脂一般带有 2%～7% 的硫酸酯（盐），0～3% 的丙酮酸醛及 1%～3% 的甲乙基。在工业上的琼脂色泽由白到微黄，具有胶质感，无气味或有轻微的特征性气味，琼脂不溶于冷水，能吸收相当本身体积 20 倍的水。易溶于沸水，稀释液在 42℃ 仍保持液状，但在 37℃ 凝成紧密的胶冻。

琼脂早已被美国食品药物管理条例列为公认安全的产品，获准作为食品添加剂载入食品化学品药典之中。

十一、普鲁兰多糖

普鲁兰多糖是一种由出芽短梗霉发酵所产生的类似葡聚糖、黄原胶的胞外水溶性黏质多糖。一种特殊的微生物多糖。

该多糖是由 α-1,4 糖苷键连接的麦芽三糖重复单位经 α-1,6 糖苷键聚合而成的直链状多糖，相对分子质量 2 万～200 万，聚合度 100～5000。一般商品相对分子质量在 20 万左右，大约由 480 个麦芽三糖组成。

该多糖有两个重要的特性：结构上富有弹性，其成膜性、阻气性、可塑性、黏性均较强，是一种非离子性、非还原性的稳定多糖；在水中容易溶解，可作黏性、中性、非离性的不胶化水溶液；制成的薄膜透明、无色、无臭、无毒，具有韧性、高抗油性，能食用，可做食品包装。其光泽、强度、耐折性能都比高链淀粉制得的薄膜好[6]。

2006 年 5 月 19 日，国家卫生部发布了第 8 号公告，普鲁兰多糖为新增四种食品添加剂产品之一。

第二节　填充剂

填充剂的主要作用是增加胶囊壁材胶液的固含量，填充壁材薄膜缝隙，使壁材薄膜更加致密，包裹性更好，可以改善胶囊的捏破手感，提升捏破脆响。

一、糊　精

糊精本身是用来衡量原料蒸煮工艺的技术用语。淀粉在加热、酸或淀粉酶作用下发生分解和水解时,将大分子的淀粉首先转化成为小分子的中间物质,这时的中间小分子物质,人们就把它叫作糊精。糊精通常分为三类:白糊精、黄糊精和英国胶或称"不列颠胶"。它们之间的差异在于对淀粉的预处理方法及热处理条件不同。

普通俗称的糊精一般是指白糊精,又名玉米糊精或焙炒淀粉;CAS 号为 9004-53-9,分子式为 $C_{18}H_{32}O_{16}$。结构式如下:

白糊精为黄色或白色无定形粉末,有一个很宽的黏度范围,随着转化度的提高,黏度逐渐下降;微溶于冷水,较易溶于热水,不溶于乙醇和乙醚,可溶于沸水形成黏性溶液。

二、麦芽糊精

麦芽糊精也称水溶性糊精或酶法糊精。它是以各类淀粉作原料,经酶法工艺低程度控制水解转化,提纯,干燥而成。其原料是含淀粉质的玉米、大米等。也可以是精制淀粉,如玉米淀粉、小麦淀粉、木薯淀粉等。

麦芽糊精是 DE 值小于 20 的淀粉水解产物。它介于淀粉和淀粉糖之间,具有甜度低,溶解性好,不易吸潮,稳定性好,难以变质的特性。本产品具有增稠性强,载体性好,发酵性小,填充效果好,不吸潮、无异味、易消化、低热、低甜度等特点。

麦芽糊精一般为多种 DE 值的混合物。它可以是白色粉末,也可以是浓缩液体,微吸水,无甜味或略有甜味,有营养价值。易溶于水或易分散于水中,也可是澄清至浑浊的水溶液。以 D-葡萄糖为结构单位,以 α-1,4 键相聚合而成的多糖。熔点约 240 ℃(分解)。按 DE 值的不同,国外可分为 4.0~7.0、13.0~17.0 和 16.5~19.5 三种。一般 DE 值均小于 20。国内按 QB 的标准,DE 值分为 10、15、20,其相应的规格名称为 MD100、MD150 和 MD200。

三、环糊精

环糊精(Cyclodextrin,CD)是直链淀粉在由芽孢杆菌产生的环糊精葡萄糖基转移酶作用下生成的一系列环状低聚糖的总称，通常含有 6~12 个 D-吡喃葡萄糖单元。其中研究得较多并且具有重要实际意义的是含有 6、7、8 个葡萄糖单元的分子，分别称为 α-、β- 和 γ-环糊精，其性质如表 3-1 所示：

表 3-1　各种环糊精的性质

	α-	β-	γ-
葡萄糖数	6	7	8
相对分子质量	973	1135	1297
空间直径/nm	0.6	0.8	1
空穴深度/nm	0.7~0.8	0.7~0.8	0.7~0.8
结晶形状（无水）	针状	棱柱状	棱柱状
比旋光度 $[\alpha]_D^{25}$（水）	+150.5°	+162.5°	+177.4°
溶解度（g/100 g 水，25 ℃）	14.5	1.85	23.2
与碘的颜色反应	青	黄	紫褐

构成环糊精分子的每个 D-(+)-吡喃葡萄糖都是椅式构象。各葡萄糖单元均以 1,4-糖苷键结合成环。由于连接葡萄糖单元的糖苷键不能自由旋转，环糊精不是圆筒状分子而是略呈锥形的圆环。由于 α-CD 分子空洞孔隙较小，通常只能包接较小分子的客体物质，应用范围较小；γ-CD 的分子洞大，但其生产成本高，工业上不能大量生产，其应用受到限制；β-CD 的分子洞适中，应用范围广，生产成本低，是工业上使用最多的环糊精产品。

α-CD 为白色结晶，在水中形成的结晶是针状晶体，在水中的溶解度随温度的升高而增加，不具有吸湿性，但是容易形成各种稳定的水合物。它的水合程度，最多能吸收 6.6 个水分子（含水量 11.9%），在相对湿度 20%~95% 内，吸湿等温曲线是平台。不溶于一般有机溶剂，但是能溶于二甲基甲酰胺（54%）。

β-CD 在水中的溶解度比较低，在室温下为 1.85%，随着温度增加溶解度增加。不具有吸湿性，但是容易形成稳定的水合物。在相对湿度 50%~70% 的水合程度，相当于每分子 β-CD 吸收 10~11 个水分子（含水量在 13.7%~14.8%），吸湿等温曲线为两个相。不溶于一般有机溶剂，但在吡啶、二甲基甲酰胺、二甲基亚砜和乙二醇中能够微溶。

γ-CD 具有更好的水溶性，室温 25 ℃ 时 γ-环糊精溶解度为 25.6 g/100 mL，而 α-环糊精溶解度为 12.7 g/100 mL 水、β-环糊精溶解度则只有 1.88 g/100 mL 水。

近年来，上述三种环糊精在食品及药物领域均有一定的开拓和应用。

四、半乳甘露聚糖

半乳甘露聚糖（Galactomannan，GM）或称半乳糖甘露聚糖，是一种包含了甘露糖骨干与半乳糖旁基的多糖，更准确的一点来说，半乳甘露聚糖是直线状(1-4)-连接的 β-D-型甘露糖（(1-4)-linked beta-D-mannopyranose）骨干与它们 6-连接点连接到 α-D 型半乳糖（alpha-D-galactose）的多糖，即 1-6-连接的 α-D 型吡喃半乳糖（1-6-linked alpha-D-galactopyranose）。结构式如下（甘露糖与半乳糖比例为 2∶1）：

半乳甘露聚糖来源于胡芦巴胶（Fenugreek Gum）、瓜尔豆胶（Guar Gum）、长角豆胶（Locust Bean Gum）和他拉胶（Tara Gum），具有不同支化度的半乳甘露聚糖。这四种半乳甘露聚糖的结构都是以甘露糖为主链，半乳糖为侧链基团。更准确地说，它们是以主链为 β（1,4-）连接的 D-甘露糖聚合物，每隔几个甘露糖残基有一个 α-D-半乳糖以 1,6-键与主链相连。PS-FNG，-GG，-TG 和 -LBG 都是半乳甘露聚糖，不同的仅仅是它们的半乳糖和甘露糖的比例，比例分别是 1∶1，1∶2，1∶(2.5～3) 和 1∶(3.5～4)。

半乳甘露聚糖为白色粉末，无臭、无味，耐酸、耐盐，热稳定性好。可溶于水，水溶液透明，呈中性并有很低的黏度。

《食品添加剂使用卫生标准》（GB 2760—1996）规定：可在各类食品中按生产需要适量使用。

五、D-葡萄糖

D-葡萄糖的最高编号的手性 C 原子上的—OH 在右边。有开链结构和环形结构，有 α-及 β-两种异构体。结构式如下：

白色结晶性粉末，相对密度为 1.544（25 ℃）。α-D 葡萄糖的熔点为 146 ℃；β-D-葡萄糖的熔点为 148~150 ℃。把两者溶液放置时，两种异构体均溶于水，微溶于乙醇，甜度约为蔗糖的 70%。

《中国药典》（2015 版）二部将其归为营养药一类。

六、聚葡萄糖

聚葡萄糖（polydextrose）是一种水溶性的膳食纤维，化学式为$(C_6H_{10}O_5)_n$，是以葡萄糖、山梨醇和柠檬酸为原料，按特定比例调配加热成熔融态混合物后，经真空缩聚而成的一种 D-葡萄糖多聚体。聚葡萄糖为 D-葡萄糖无规则缩聚物，以 1,6-糖苷键结合为主，平均相对分子质量约 3200，极限相对分子质量小于 22 000。平均聚合度 20[7]。

聚葡萄糖为白色或类白色固体颗粒，易溶于水，溶解度 70%，10%水溶液的 pH 为 2.5~7.0，无特殊味。它是一种具有保健功能性的食品组分，可以补充人体所需的水溶性膳食纤维。

第三节　乳化剂

乳化剂是一种改善乳浊液中各种构成相之间的表面张力，使之形成均匀稳定的分散体系或乳浊液的物质。乳化剂是表面活性物质，分子中同时具有亲水基和亲油基，它聚集在油/水界面上，可以降低界面张力和减少形成乳状液所需要的能量，从而提高乳状液的能量。而十二烷基苯磺酸钠作为一种阴离子表面活性剂，具有良好的表面活性，亲水性较强，有效降低油-水界面的张力，达到乳化作用。在烟用胶囊制造过程中，乳化剂能够改善胶囊壁材胶液的流动性，改善胶囊的成形效果。

一、司盘系列（20，40，60，80）

司盘（Span）别名失水山梨醇脂肪酸酯，分子式 $C_7H_{11}O_6R$，相对分子质量 346.45~957.46。根据所结合脂肪酸的不同又分为司盘 20、司盘 40、司盘 60 和司盘 80 等。

为白色或微黄色油状液体、蜡状物、片状体、粉末状（≥100目）。溶于热的乙醇、乙醚、甲醇及四氯化碳，微溶于乙醚、石油醚、能分散于热水中，是w/o型乳化剂，具有很强的乳化、分散、润滑作用。不同型号司盘的性质参数如表3-2所示。

表3-2 不同型号司盘的性质参数

规格	外观（25 ℃）	羟值 (mg KOH/g)	皂化值 (mg KOH)	酸值 (mg KOH/g)	水份/%	HLB值	熔点(℃)
S-20	琥珀色黏稠液体	330~360	160~175	≤8	≤1.5	8.6	液体（25 ℃）
S-40	微黄色蜡状固体	255~290	140~150	≤8	≤1.5	6.7	45~47
S-60	微黄色蜡状固体	240~270	135~155	≤8	≤1.5	4.7	52~54
S-80	琥珀色黏稠油状物	193~210	145~160	≤8	≤2.0	4.3	液体（25 ℃）
S-85	黄色油状液体	60~80	165~185	≤15	≤1.5	1.8	液体（25 ℃）

司盘在食品工业中是一种常用的乳化剂。

二、吐温系列（20，40，60，80）

吐温是Tween的音译，也叫吐温型乳化剂，为司盘（Span）、山梨醇脂肪酸酯和环氧乙烷的缩合物，化学名称为聚氧乙烯失水山梨醇脂肪酸酯，简称聚山梨酯（Polysorbate），其结构式为：

$$HO(OH_2CH_2C)_w \quad (OCH_2CH_2)_xOH$$
$$(OCH_2CH_2)_yOH$$
$$(OCH_2CH_2)_zR$$

$w+x+y+z=20$，$R=$——$OCOC_{17}H_{33}$

吐温是淡黄色至琥珀色油状液体或膏状物，溶于水、乙醇、油脂等；由于聚山梨酯分子中有较多的亲水性基团—聚氧乙烯基，故亲水性强，常作为水包油（O/W）型乳化剂，使其他物质均匀在溶液中分散。与其他乳化剂如月桂醇硫酸钠或司盘类合用，能增加乳剂的稳定性。吐温可用来使精油乳化后溶解于水液体中，完全发挥作用。

由于吐温为山梨醇与不同高级脂肪酸所形成的酯，故吐温实际上是同类型的系列产品，在一般精细化工店或化学试剂公司分 20，40，60，80 等多种：吐温-60 为硬脂酸酯；吐温-80 为油酸酯；吐温-20 为月桂酸酯，为聚氧乙烯去水山梨醇单月桂酸酯和一部分聚氧乙烯双去水山梨醇单月桂酸酯的混合物。相对来说，吐温 20 更温和一些，吐温 80 的乳化性更强一些。

吐温是一种非离子型表面活性剂，可用作乳化剂、分散剂、增溶剂或稳定剂等，广泛应用于药物、食品等领域。

三、十二烷基硫酸钠

十二烷基硫酸钠是一种有机物，化学式为 $C_{12}H_{25}SO_4Na$，相对分子质量 288.38，结构式为：

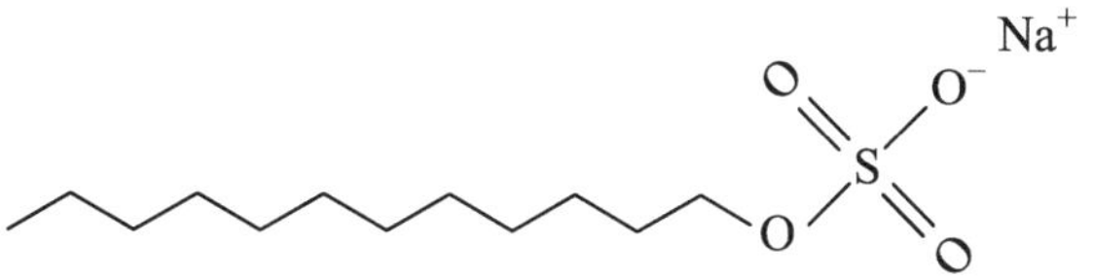

白色或奶油色结晶鳞片或粉末，pH 7.5～9.5，熔点 204～207 ℃，相对密度（水为 1）1.09，易溶于热水，溶于水，溶于热乙醇，微溶于醇，不溶于氯仿、醚；微有特殊气味。

属阴离子表面活性剂，与阴离子、非离子复配伍性好，具有良好的乳化、发泡、渗透、去污和分散性能。GB 2760—96 规定为食品工业用加工助剂、发泡剂、乳化剂、阴离子型表面活性剂，应用于蛋糕、饮料、蛋白、鲜果、果汁饮料、食用油等。

四、十二烷基苯磺酸

十二烷基苯磺酸（Dodecyl benzene sulphonic acid）是一种有机化合物，分子式为 $C_{18}H_{30}SO_3$，相对分子质量 326.49，结构式为：

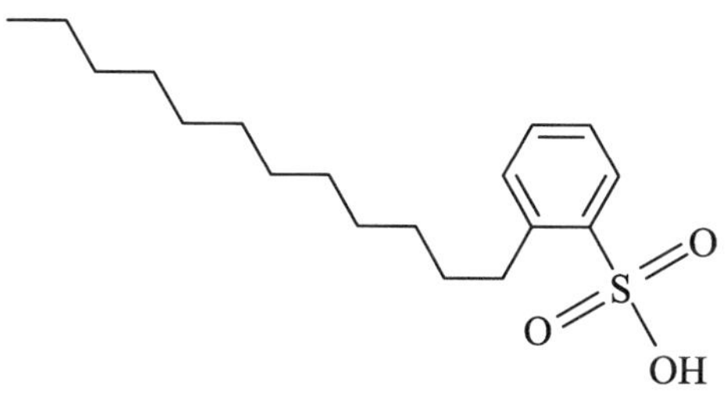

十二烷基苯磺酸为淡黄色至棕色黏稠液体。相对分子质量 326.49，溶于水，用水稀释时生热。稍溶于苯、二甲苯，易溶于甲醇、乙醇、丙醇、乙醚等有机溶剂。具有乳化、分散、去污等作用[8]。

主要用于制造阴离子表面活性剂烷基苯磺酸的钠盐、钙盐及铵盐等，也用于配制各种液体、固体洗涤剂和各类化妆品配方中。

五、十二烷基苯磺酸钠

十二烷基苯磺酸的钠盐（Sodium dodecyl benzene sulfonate，SDBS），分子式 $C_{18}H_{29}NaO_3S$，相对分子质量 348.476，结构式如下：

十二烷基苯磺酸是常用的阴离子型表面活性剂，为白色或淡黄色粉状或片状固体，难挥发，易溶于水，溶于水而成半透明溶液。对碱、稀酸、硬水化学性质稳定。

十二烷基苯磺酸钠在化妆品、食品等领域具有较广泛的应用。

第四节　增韧剂

水分保持剂主要为了增加烟用胶囊的韧性，使胶囊在上机过程中不易破碎。

一、甘　油

甘油的化学名称为丙三醇，又称三羟基丙烷，英文名称 Propane-1, 2, 3-triol（IUPAC），Glycerol 或 Glycerine；分子式为 $CH_2(OH)CH(OH)CH_2OH$，相对分子质量 92.09。

无色味甜澄明黏稠液体，无臭，有暖甜味，能从空气中吸收潮气，也能吸收硫化氢、氰化氢和二氧化硫。可混溶于乙醇，与水混溶，不溶于氯仿、醚、二硫化碳，苯，油类。可溶解某些无机物。相对密度 1.26362，熔点 17.8 ℃，沸点 290.0 ℃，折光率 1.4746，闪点 176 ℃。

甘油是食品加工业中通常使用的甜味剂和保湿剂，大多用于运动食品和代乳品中。

二、山梨糖醇

山梨糖醇，别名山梨醇，英文名 Sorbitol、D-Glucitol、Sorbol、D-Sorbitol。分子式是 $C_6H_{14}O_6$，相对分子质量为 182.17，结构式如下：

D-山梨糖醇为无色针状结晶，或白色晶体粉末，无臭，有清凉甜味，易溶于水，难溶于有机溶剂，它耐酸、耐热性能好，与氨基酸、蛋白质等不易起美拉德反应。D-山梨糖醇液为无色、透明稠状液体。依结晶条件不同，熔点在 88~102 ℃ 范围内变化，相对密度约 1.49。山梨糖醇液为清亮无色糖浆状液体，有清凉的甜味，其甜度为蔗糖的 50%~70%，对石蕊呈中性，可与水、甘油和丙二醇混溶。

D-山梨糖醇具有良好的保湿性能，可使食品保持一定的水分，防止干燥，还可防止糖、盐等析出结晶，能保持甜、酸、苦味强度的平衡，增强食品的风味，由于它是不挥发的多元醇，所以还有保持食品香气的功能。

它是在日本最早允许作为食品添加剂使用的糖醇之一，用于提高食品保湿性，或作为稠化剂之用。可作甜味剂，如常用于制造无糖口香糖。也用作化妆品及牙膏的保湿剂、赋形剂，并可用作甘油代用品。ADI 不做特殊规定。

三、三聚磷酸钠

三聚磷酸钠是一种无机物，化学式 $Na_5P_3O_{10}$，是一类无定形水溶性线状聚磷酸盐。三聚磷酸钠有 I 型（高温型）和 II 型（低温型）两种结晶态。其区别在于二者的键长和键角不同，二者化学性质相同，但热稳定性和吸湿性 I 型高于 II 型。工业用三聚磷酸钠实际上是 I 型和 II 型的混合物。I 型溶解速度快，经水合生成六水合物时热效应大，在大气中易吸潮结块。II 型吸潮较慢，不易结块。

白色粉末状结晶，流动性较好；I 型的密度为 2.62 g/cm^3，II 型的密度为 2.57 g/cm^3；熔点 622 ℃；易溶于水，其水溶液呈碱性，溶解度为 20 g/100 mL（20 ℃）。

安全性方面，该品 LD_{50}：大鼠经口 6500 mg/kg（bw）；ADI：MTDI 70 mg/kg（以各种来源的总磷计，FAO/WHO，1994）；GRAS：FDA-21CFR173.370；182.6760。

四、六偏磷酸钠

六偏磷酸钠是一种无机物，分子式为$(NaPO_3)_6$，相对分子质量611.17。

白色粉末结晶，或无色透明玻璃片状或块状固体，熔点616 ℃（分解），相对密度2.484 g/cm³（20 ℃）；易溶于水，不溶于有机溶剂；吸湿性很强，露置于空气中能逐渐吸收水分而呈黏胶状物。与钙、镁等金属离子能生成可溶性配合物。

本品主要用于食品及工业行业，急性毒性：大鼠腹腔 LD_{50} 6200 mg/kg，小鼠经口 LC_{50} 4320 mg/kg，小鼠皮下 LC_{50} 1300 mg/kg，小鼠腹腔 LC_{50} 870 mg/kg，小鼠注射 LC_{50} 62 mg/kg，兔子注射 LD_{50} 140 mg/kg。

五、焦磷酸钠

焦磷酸钠（Sodium pyrophosphate），分子式 $Na_4P_2O_7 \cdot 10H_2O$，相对分子质量446.07。又称二磷酸四钠，有无水物与十水物之分。

白色粉状或结晶。相对密度2.534，熔点880 ℃，沸点938 ℃。无色透明结晶或白色结晶粉末。易溶于水，20 ℃时溶解度为6.23 g/100 g水，其水溶液呈碱性；不溶于醇。水溶液在70 ℃以下尚稳定，煮沸则水解成磷酸氢二钠。在干燥空气中风化，在100 ℃失去结晶水。在空气中易吸收水分而潮解。与碱土金属离子能生成配合物；与Ag^+相遇时生成白色的焦磷酸银。

焦磷酸钠能与金属离子发生配合反应。其1%的水溶液的pH为10.0～10.2。它具有普通聚合磷酸盐的通性，即有乳化性、分散性、防止脂肪氧化、提高蛋白质的黏性，还具有在高pH下抑制食品的氧化和发酵的作用。

小鼠经口 LD_{50} 为40 mg/kg，大鼠经口 LD_{50}>400 mg/kg。ADI值为0.70 mg/kg（指食品和食品添加剂中的总量，以磷计，并且要注意与Ca的平衡）。

六、磷酸氢二钠

磷酸氢二钠，又名磷酸一氢钠，化学式为Na_2HPO_4，是磷酸生成的钠盐酸式盐之一。

磷酸氢二钠易溶于水，水溶液呈碱性；不溶于醇；在空气中易风化，常温时放置于空气中失去约5个结晶水而形成七水物，加热至100 ℃时失去全部结晶水而成无水物，250 ℃时分解变成焦磷酸钠。在空气中易风化，极易失去五分子结晶水而形成七水物（$Na_2HPO_4 \cdot 7H_2O$）。可溶于水、不溶于醇。水溶液呈微碱性反应（0.1～1 mol/L溶液的pH约为9.0）。35.1 ℃时熔融并失去5个结晶水。

在食品工业中一般作为品质改良剂使用。

七、磷酸二氢钠

磷酸二氢钠（Sodium dihydrogen phosphate），又称酸性磷酸钠，分子式为 NaH_2PO_4，是一种无机酸式盐。分为二水物与无水物，$NaH_2PO_4 \cdot 2H_2O$ 和 NaH_2PO_4，相对分子质量分别为 156.01 和 119.98。

密度 1.949 g/cm^3。熔点 60 ℃。有无水物、一水物和二水物三种。无水物为无色斜方晶系结晶体，呈白色粉末状，微吸湿，极易溶于水，水溶液呈酸性（pH = 4.5），不溶于醇，微溶于氯仿。二水物也极易溶于水，潮湿空气中易结块，100 ℃ 时则脱水成无水物，190 ~ 210 ℃ 时生成焦磷酸钠，280 ~ 300 ℃ 分解为偏磷酸钠。目前作为产品的以二水物为主。

在日本，磷酸二氢钠在酿造、乳制品等食品加工中，用作酸度调节剂；FAO/WHO（1984）规定了其在各食品中的用量。小鼠腹腔注射 LD_{50} 为 250 mg/kg，ADI 为 0 ~ 70 mg/kg（食品和食品添加剂总磷摄入量以磷计，注意与钙摄入量的关系）。

第五节　防腐剂

防腐剂的主要作用是保证壁材胶液不易变质，延长使用时间。

一、山梨酸

山梨酸（Sorbic acid），又称为清凉茶酸、2,4-己二烯酸、2-丙烯基丙烯酸，分子式为 $C_6H_8O_2$，相对分子质量 112.13。

微溶于水，溶于丙二醇、无水乙醇、甲醇、冰乙酸、丙酮、苯、四氯化碳、环己烷、二氧六环、甘油、异丙醇、异丙醚、乙酸甲酯、甲苯。

由于山梨酸不溶于水，使用时须先将其溶于乙醇或硫酸氢钾中，使用时不方便，且有一定的刺激性，故一般不常用。

从安全性方面来讲，山梨酸是一种国际公认安全（GRAS）的防腐剂，安全性很高。联合国粮农组织、世界卫生组织、美国 FDA 都对其安全性给予了肯定。山梨酸的毒副作用比苯甲酸、维生素 C 和食盐还要低，毒性仅有苯甲酸的 1/4，食盐的一半。

二、山梨酸钾

山梨酸钾为山梨酸的钾盐，又名 2,4-己二烯酸钾，分子式为 $C_6H_7O_2K$，相对分子质量 150.22。

山梨酸钾是由山梨酸以及氢氧化钾经过中和反应而制成，除了溶解度之外有着山梨酸的所有基本性能。山梨酸钾是白色或者类白色的颗粒或者粉末，易吸潮并且在空气当中很不稳定，容易氧化而变为褐色，不过对光、热较为稳定，在 270 ℃ 左右时会熔化分解，1%水溶液的 pH 是 7 ~ 8[9]。

由于山梨酸钾易溶于水，其应用范围比山梨酸要广泛得多。山梨酸钾是一种安全、相对无毒的食品添加剂，可用于各类食品及饮料中。

三、苯甲酸

苯甲酸（Benzoic acid）一种芳香酸类有机化合物，也是最简单的芳香酸，分子式为 $C_7H_6O_2$，相对分子质量 122.1214。

为白色针状或鳞片状结晶，质轻，无气味或微有类似安息香或苯甲醛的气味，熔点 122.13 ℃，沸点 249.2 ℃，相对密度（15/4 ℃）1.2659；100 ℃ 以上时会升华。微溶于冷水、己烷，溶于热水、乙醇、乙醚、氯仿、苯、二硫化碳和松节油等。

苯甲酸是重要的酸性食品防腐剂。在酸性条件下，对霉菌、酵母和细菌均有抑制作用，但对产酸菌作用较弱。抑菌的最适 pH 为 2.5 ~ 4.0，一般以低于 pH4.5 ~ 5.0 为宜。

四、苯甲酸钠

苯甲酸钠为苯甲酸的钠盐，也称安息香酸钠，化学式为 $C_7H_5NaO_2$，相对分子质量 144.12。

大多为白色颗粒，无臭或微带安息香气味，味微甜，有收敛性；易溶于水（常温 53.0 g/100 mL 左右），pH 在 8 左右。苯甲酸钠是酸性防腐剂，在碱性介质中无杀菌、抑菌作用；其防腐最佳 pH 是 2.5 ~ 4.0，在 pH 5.0 时 5%的溶液杀菌效果也不是很好。

苯甲酸钠也是重要的酸性食品防腐剂，其有效成分为苯甲酸，但由于其在水中有较大的溶解度，通常用得更多一些，但它的 pH 较高，杀菌和抑菌能力比苯甲酸弱得多。

第六节　辅　料

辅料并不是胶囊生产中必须的添加剂，而是由于产品设计的特性及其他要求，选择性添加的成分。

一、着色剂

目前通用的壁材和大部分芯材都是无色的,但为了烟用胶囊的美观及其他一些目的,如胶囊制成滤棒后,在滤棒成型机上定位的需要,有时需向制剂中加入一些物质进行调色,这些物质统称为着色剂。着色剂能改善烟用胶囊的外观颜色。目前常用的色素主要有两类。

1. 天然色素

常用的有植物性色素和矿物性色素。

(1)植物性色素:红色的有苏木、甜菜红、胭脂虫红等;黄色的有姜黄、胡萝卜素等;蓝色的有松叶蓝、乌饭树叶;绿色的有叶绿酸铜钠盐;棕色的有焦糖等。

(2)矿物性色素:如氧化铁(棕红色)等。

2. 合成色素

人工合成色素的特点是色泽鲜艳,价格低廉,多数有一定毒性,用量不宜过多。我国已批准的内服合成色素有苋菜红、柠檬黄、胭脂红、胭脂蓝和日落黄,通常配成1%储备液使用,用量不得超过万分之一。外用色素有伊红、品红、美蓝、苏丹黄G等。

此处仅对着色剂进行简单分类,烟用胶囊中着色剂的详细成分和分析方法请参见本书第五章第一节。

二、抗结剂

抗结剂的主要作用是避免或减少胶囊颗粒间的粘连,降低连体占比,提升流动性。

1. 滑石粉

滑石粉是一种工业产品,为硅酸镁盐类矿物滑石族滑石,主要成分为含水硅酸镁,经粉碎后,用盐酸处理,水洗,干燥而成。分子式为 $Mg_3[Si_4O_{10}](OH)_2$。滑石属单斜晶系。通常成致密的块状、叶片状、放射状、纤维状集合体,无色透明或白色。

具有润滑性、耐火性、抗酸性、绝缘性、熔点高、化学性不活泼、遮盖力良好、柔软、光泽好、吸附力强等优良物理、化学特性。由于滑石的结晶构造是呈层状的,所以具有易分裂成鳞片的趋向和特殊的润滑性[10]。

用作医药、食品行业的添加剂。

2. 亚铁氰化钾

亚铁氰化钾是一种无机物，又名六氰铁(Ⅱ)酸钾，分子式 $K_4Fe(CN)_6$，呈黄色结晶性粉末。

具有抗结性能，可用于防止细粉、结晶性食品板结。例如，食盐长久堆放易发生板结，加入亚铁氰化钾后食盐的正六面体结晶转变为星状结晶，从而不易发生结块。

毒性由于分子中氰离子与铁结合牢固，因此亚铁氰化钾毒性极低。

3. 磷酸三钙

磷酸钙（Calcium phosphate tribasic），化学式为 $Ca_3(PO_4)_2$，是一种白色晶体或无定形粉末，不溶于乙醇和丙酮，难溶于水，易溶于稀盐酸和硝酸。

我国规定可用于固体饮料，最大使用量为 8.0 g/kg；也可用于小麦粉，最大使用量 0.03 g/kg。还可作营养强化剂、pH 调节剂和缓冲剂。

在食品工业中用常作抗结剂、酸度调节剂、营养增补剂、增香剂、稳定剂、水分保持剂。

4. 二氧化硅

二氧化硅是一种无机物，化学式为 SiO_2。

化学性质比较稳定，不跟水反应。是酸性氧化物，不跟一般酸反应。氢氟酸跟二氧化硅反应生成气态四氟化硅。跟热的浓强碱溶液或熔化的碱反应生成硅酸盐和水。跟多种金属氧化物在高温下反应生成硅酸盐。二氧化硅的性质不活泼，它不与除氟、氟化氢以外的卤素、卤化氢以及硫酸、硝酸、高氯酸作用（热浓磷酸除外）。

我国规定磷酸三钙可以作为抗结剂，在乳粉和奶油粉中的最大使用量为 10.0 g/kg。

5. 微晶纤维素

微晶纤维素（Microcrystalline cellulose，MCC），主要成分为以 β-1, 4-葡萄糖苷键结合的直链式多糖类物质。

颗粒大小一般在 20～80 μm，极限聚合度（LODP）在 15～375，不具纤维性而流动性极强[11]。不溶于水、稀酸、有机溶剂和油脂，在稀碱溶液中部分溶解、润胀，在羧甲基化、乙酰化、酯化过程中具有较高的反应性能。

本品广泛用在口服制剂和食品中，是相对无毒和无刺激性的物质。口服不吸收，几乎无潜在毒性。

三、抗氧化剂

抗氧化剂主要作用是防止壁材料液被氧化变质,延长壁材料液的使用时间。

1. 维生素 C

维生素 C,又称维他命 C,是一种多羟基化合物,化学式为 $C_6H_8O_6$。结构类似葡萄糖,其分子中第 2 及第 3 位上两个相邻的烯醇式羟基极易解离而释出 H^+,故具有酸的性质,又称 L-抗坏血酸。

维生素 C 为白色结晶或结晶性粉末,无臭,味酸,久置色渐变微黄。在水中易溶,呈酸性,在乙醇中略溶,在三氯甲烷或乙醚中不溶;结构中具有烯二醇结构,C_2-OH 由于受共轭效应影响,酸性极弱($pK_2 = 11.57$),C_3-OH 酸性则较强($pK_1 = 4.17$),故维生素一般表现为一元酸,可与碳酸氢钠作用呈钠盐;分子结构中含有 2 个手性碳原子,因而具有旋光性;分子结构中的烯二醇基具有极强的还原性,易被氧化成二酮基而成为去氢抗坏血酸,去氢抗坏血酸在碱性溶液或强酸性溶液中可进一步水解生成二酮古洛糖酸而失去活性。

维生素 C 和碳酸钠作用可生成单钠盐,不致发生水解,因双键使内酯环变得稳定,但在强碱溶液中,内酯环可水解,生成酮酸盐;由于其结构与糖相似,因而具有糖类性质的反应。

2. 维生素 E

维生素 E(Vitamin E),是一类脂溶性维生素,包括了 4 种生育酚和 4 种生育三烯酚,即 α、β、γ、δ-生育酚和 α、β、γ、δ-三烯生育酚,α-生育酚是自然界中分布最广泛、含量最丰富、活性最高的维生素 E 形式。

维生素 E 具有抗氧化的作用,对酸、热都很稳定,对碱不稳定,若在铁盐、铅盐或油脂酸败的条件下,会加速其氧化。生育三烯酚在取代基不同时活性是一定的,但生育酚的活性会明显降低。

四、酸度调节剂

在包裹一些特殊芯材溶液时,普通的壁材胶液的包覆效果不理想,则需要使用酸度调节剂来调节壁材胶液的酸碱度,从而达提升成膜的效果和强度。正是由于酸碱度控制的需求,酸度调节剂一般都是弱酸或弱碱性物质。

1. 葡萄糖酸钠

葡萄糖酸钠是一种有机物，化学式为 $C_6H_{11}NaO_7$，白色结晶颗粒或粉末，极易溶于水，略溶于酒精，不溶于乙醚。

医药中用于调节人体内酸碱平衡，以恢复神经正常作用；亦可基于同样目的，用于食品添加剂。

2. 柠檬酸

柠檬酸（CA），又名枸橼酸，分子式为 $C_6H_8O_7$，是一种重要的有机酸，为无色晶体，无臭，有很强的酸味，易溶于水。

柠檬酸是世界上用生物化学方法生产的产量最大的有机酸，柠檬酸及盐类是发酵行业的支柱产品之一，主要用于食品工业，如酸味剂、增溶剂、缓冲剂、抗氧化剂、除腥脱臭剂、风味增进剂、胶凝剂、调色剂等[12]。

在食品添加剂方面主要用于碳酸饮料、果汁饮料、乳酸饮料等清凉饮料和腌制品。用柠檬酸作 pH 调整剂，不但可以起到调味作用，还可保持其品质。柠檬酸所具有螯合作用和调节 pH 的特性使其在速冻食品的加工中能增加抗氧剂的性能，抑制酶活性，延长食品保存期。

3. 柠檬酸钠

柠檬酸钠别名枸橼酸钠，是一种有机化合物，化学式为 $C_6H_5Na_3O_7$。

外观为白色到无色晶体。无臭，有清凉咸辣味。常温及空气中稳定，在湿空气中微有溶解性，在热空气中产生风化现象。加热至 150 ℃ 失去结晶水。易溶于水，可溶于甘油，难溶于醇类及其他有机溶剂，过热分解，在潮湿的环境中微有潮解，在热空气中微有风化，其溶液 pH 约为 8。

柠檬酸钠无毒性、具有 pH 调节性能及良好的稳定性，因此可用于食品工业。

4. 乳酸钠

乳酸钠分子式为 $C_3H_5O_3Na$，相对分子质量为 112.06。

乳酸钠为无色或微黄色透明糖浆状液体，有很强吸水能力。无臭或略有特殊气味，略有咸苦味。混溶于水、乙醇和甘油。一般商品浓度为 60%～80%（以重量计）。

在食品中一般用作为水分保持剂、酸度调节剂、抗氧化剂、膨松剂、增稠剂和稳定剂。ADI 值不作限制性规定（FAO/WHO，2001）。

第七节　烟用胶囊壁材设计[13-14]

壁材对胶囊的产品性能有决定性的影响，是目前胶囊制备研究中的热门领域。壁材除了起到密封的作用外，兼具硬、脆、响的使用效果，在爆破时有"啪"的脆响，增加了使用时的有趣体验。

一、常用胶囊壁材物理参数

在选择壁材材料前，要充分了解壁材的化学结构，考虑芯材及冷凝剂等对壁材的影响，要求其性能稳定、无毒、无刺激性，同时与芯材具有配伍性，不影响香精香料的增香作用。另外，在滴制时还要求壁材具有一定的黏度，与芯材的表面张力相吻合，能够包裹芯材，且冷却后具有适宜的硬度与脆度，既能保证在后续工艺以及贮藏过程中不易破裂，又能保证使用时在适当的作用力下能被轻松爆破，并伴有脆响。一般壁材配方选择时需要考虑以下几个因素：

1. 壁材的溶解性或熔点

在目前的双滴头工艺中，胶囊壁材需要先液化，后包覆，因此壁材基质必须要能够溶解在溶剂中，或直接通过加热，熔化成液态。所以，选择壁材基质时，首先要考虑壁材基质的在溶剂（一般为水）中的溶解性。有些基质（主要是非水溶性基质）无法正常溶解，但具有较低熔点，采用直接加热熔化的方式也能够用作胶囊的壁材。但用于熔化液化的基质熔点不能太高，否则会为芯材、制备仪器以及后续冷凝带来难题。

2. 壁材的性质

滴丸基质应有良好的化学惰性，与芯材不发生化学反应，也不能影响芯材中香精香料的释放，更不能对人体有危害。

3. 壁材的内聚力

胶囊能否成型的关键是需要壁材基质具有一定的内聚力（W_e）。壁材与冷凝液间的黏附力为 W_a，成型力 = $W_e - W_a$，当成型力为正值时，滴下的胶囊液滴才能成球形。因此需要选择表面张力小的冷凝液，以增大胶囊的成型力。

冷凝液本身的表面张力在固定条件下是不变的，但加入表面活性剂则可以降低其表面张力。冷凝剂的选择将在下一节中详细阐述。

二、壁材设计的原则

烟用胶囊最早的壁材是明胶，其在 35～40 ℃ 以下为凝胶状，但其吸水会膨胀软化，受热则变为胶体，因此不适用于高温高湿环境。同时明胶属于动物结缔组织的胶原降解产物，属于伊斯兰教、犹太教和素食协会的禁忌材料，且有疯牛病病原携带体的嫌疑，因而在市场上受到很大限制。

海藻酸钠属于食品级植物胶，可在温和条件下与钙离子快速形成凝胶，具有热不可逆性，在高温、冷冻和酸性介质中仍可维持原有形体，不会发生渗液或收缩，因此是明胶的理想替代物。普鲁兰多糖是国际穆斯林、犹太教和素食协会认可的明胶替代物，且可以有效解决改性淀粉吸湿问题，因此工业多采用海藻酸钠、普鲁兰多糖替代明胶和改性淀粉。

选择用什么壁材，就决定了用什么样的胶囊生产工艺。例如，选择卡拉胶为主体壁材原料，就用滴制法；选择海藻酸钠为主体壁材原料，就用界面聚合法。甚至有的壁材原料有特殊性，还需对现有工艺进行改进才能完成生产，保证质量。

根据香精的信息选择，香精是否能乳化和乳化效果、香精的密度、香精的沸点、香精的挥发性等。香精能乳化且效果好，壁材的选择侧重于海藻酸钠体系，反之，选择卡拉胶体系。香精对温度敏感、挥发速度快的，壁材的选择侧重于海藻酸钠体系。

根据胶囊试样情况和样品指标选择，在试样过程中，壁材对其的包埋效果、样品外观、粒径、破碎压力等关键性指标。

根据胶囊产品要求，需要胶囊防潮性能更好时，最好选择海藻酸钠体系；需要胶囊捏破声更加脆响时，一般会添加一定比例糊精；当胶囊需要具有一定的韧性，则会选择添加一定比例的塑化剂。

总体来说，胶囊的壁材需要根据实际的要求选择，有的胶囊设计者明确指定生产工艺，这在一定程度上等同于选择了胶囊的壁材原料；有的胶囊设计者则又会要求用两种工艺分别制作样品，根据样品的实际使用效果再行选择。

三、壁材与芯材的配伍性

壁材的选择与芯材密切相关，首先应选择与芯材互不相溶的材料，油溶性芯材选择亲水性的壁材，亲水性的芯材选择疏水性壁材；其次，同为油溶性或亲水性芯材，由于其密度、表面张力等不同常常需搭配不同的壁材。

但由于壁材除了要考虑与芯材的配伍性问题，同时还要考虑与冷凝剂的配伍性，以及成型、干燥等工艺需求，因此在优化壁材与芯材的配伍性时，往往更多的是对芯材的优化。

从目前技术的生产经验来看，有以下几个经验性结论值得重视：

（1）界面聚合法能包裹的香精范围比滴制法更广。

（2）胶囊的芯材溶剂优选辛癸酸甘油酯。

（3）无论是滴制法还是界面聚合法都无法包裹以水、丙二醇、酒精和三醋酸甘油酯为芯材溶剂的香精。

基于以上几点经验，并结合制备方法的特点，从壁材和芯材配伍性的角度又可以分别得到下面两组对芯材溶液的要求：

1. 滴制法对胶囊芯材的要求

（1）密度 0.91~0.95 g/mL，超过这个范围的很难实现量产。

（2）无分层，无固体杂质。

（3）黏度不能超过 30 mPa·s。

（4）不能含有水、丙二醇、酒精和三醋酸甘油酯。

2. 界面聚合法对胶囊芯材的要求

（1）密度 0.88~0.97 g/mL。

（2）无分层，无固体杂质。

（3）不能含有丙二醇、酒精和三醋酸甘油酯。

注：成功包埋过水、脂溶性香精比例 = 1∶9 的香精和沉香粉末香精。

但是，爆珠壁材与芯材适配性的确定，最终以试样调整的结果为准。因为爆珠壁材与芯材的适配性不仅仅表现在包裹效果，还体现在产品的外观、大小、破碎压力、产品得率等方面。

四、烟用胶囊中壁材材料的应用举例

（1）专利 105419349 中，以明胶、结冷胶、填充剂（糊精、麦芽糊精、环糊精、羧甲基纤维素或羟丙基纤维素等）、增塑剂（甘油、山梨糖醇、甘露醇、木糖醇）的混合物作为壁材，通过明胶与增塑剂、填充剂的复配，使胶囊的强度满足要求，同时加入结冷胶，使胶囊具有了一定的防潮功能[5]。

（2）专利 105400215A 公开了一种耐温耐湿的烟用胶囊囊材，该囊材由凝胶剂、填充剂、增塑剂构成，其中凝胶剂以明胶为主，与阿拉伯胶、壳聚糖、吉兰糖进行复配。以明胶为主要原材料，有效避免了植物胶化胶条件苛刻的缺点[6]。在另一专利中，将阿拉伯胶作为凝香剂使用，以减少香味物质的损失，同时对胶液的黏度进行测定，以黏度在 600~1200 mPa·s 为宜[7]。

（3）专利CN106666822A中制备的烟用胶囊以明胶、阿拉伯胶、变性淀粉、壳聚糖、海藻酸钠组成囊壁，变性淀粉与阿拉伯胶的配合改善了胶囊的脆性[8]。

（4）专利CN107802031A提供了一种壁材的材料组方，包括琼脂、褐藻胶、魔芋胶、爪尔胶、黄芪胶、甘油，其所有组分均为天然植物胶[9]。

（5）专利CN107713008A提供了一种非动物性烟用胶囊壁材的制备方法，囊壁分为内外两层，内层为热熔胶膜，可以阻隔水分，外层由速溶琼脂、刺槐豆角、变性淀粉、水组成，可赋予胶囊一定的强度和脆度[9]。

（6）专利CN104305521A提供了一种烟用水囊的制法，囊壁材料为长链脂质材料（固体石蜡、川蜡、蜂蜡等）和食品助凝剂（聚乙烯、聚丙烯、乙烯-醋酸乙烯酯共聚物等）的组合物，该水囊只有一层囊壁，无需多层包裹，制备方法简单易行[10]。

第八节　烟用胶囊生产中的冷凝剂

在烟用胶囊的制备过程中，冷凝剂决定着胶囊是否能够形成规则的球形。冷凝剂一般分水性冷凝剂和油性冷凝剂。水性冷凝剂有水、不同浓度的醇和稀酸等，油性冷凝剂有液体石蜡、二甲基硅油、植物油等。但由于目前烟草行业中的包水胶囊的技术难题仍没有完全被解决，所以在实际工业生产中，最常用的冷凝剂仍然是油性冷凝剂，一般为液体石蜡。

一、冷凝剂的选择原则

与其他原、辅料一样，冷凝剂必须安全无毒，且与壁材材料和添加剂不相混溶。除上述基本要求之外，由于冷凝剂要与壁材接触发生作用，因此选择冷凝剂首先要考虑的是冷凝剂与胶囊壁材的配伍性。冷凝剂的黏度和密度影响烟用胶囊的外观形态，要选择具有适宜相对密度（使胶囊能够下沉）、黏度和表面张力（使胶囊的成型力足够大）的冷凝液，使滴丸在其中缓慢上升或下沉，有足够的时间冷凝。当然，为了延长冷凝时间，目前也有很多厂商通过改进制备仪器的结构达到了这一目的。

水溶性胶囊壁材（如海藻酸钠、明胶等）对应的冷凝剂最为常用的是液体石蜡。但由于液体石蜡的表面张力较大，黏度较小，以S-40及Poloxamer作为壁材基质的胶囊在液体石蜡中往往成型不好。此外，还需要考虑芯材的密度，毕竟成型的胶囊密度由壁材和芯材两方面构成。

二甲基硅油表面张力小于液体石蜡，相对密度为0.97~0.98，当匹配密度相近的胶囊时，可减少黏滞力，有利于胶囊的成型，可显著改善胶囊的圆整度。另一种冷凝剂是玉米油，它的表面张力近似于二甲硅油，但其黏度较小，故作为冷凝剂时常与二甲基硅油合用，并且两者可以很好地混溶。其特点是表面张力变化不大，可以适度地减小冷凝液的黏度，在不影响胶囊外观的前提下，加快滴制速度。

当然，也可以将液体石蜡（在上层）和二甲基硅油（在下层）混合使用，这种组合可以解决一些特殊配方胶囊的滴制问题。如某些配方的胶囊在液体石蜡中胶囊成型较差；在二甲基硅油的上层降落过缓，致使不能收缩圆整。但在液体石蜡和二甲基硅油的混合冷凝液中则能够很好地解决这些难题；而且液体石蜡和二甲基硅油相对密度和黏度的差异较大，经多次同时使用后仅在接触界面略有混合，因此可以重复使用。

与上述同理，水不溶性壁材制备的胶囊一般采用水溶液、不同浓度的醇溶液或稀酸溶液作冷凝液。

二、水性冷凝剂

1. 水（Water）

分子式为 H_2O，为无色、无味、无臭的澄明液体。常压下，沸点为 100 ℃，解离常数 1.008×10^{-14}（25 ℃）。熔点 0 ℃，相对密度 0.9971（25 ℃）。水在所有物理状态（固体、液体和气体）下均保持化学稳定。

在烟用胶囊的生产过程中，水是最常用的辅料，用途也最为广泛，但却不是常见的冷凝剂。即使是在一些研究型制备过程中使用水作为冷凝剂，一般也采用的是水的盐溶液。

安全无毒。

2. 乙醇（Alcohol）

分子式 C_2H_5OH，为无色澄明易流动的液体，微具特臭，味灼烈。易挥发，易燃烧。沸点 78.3 ℃，与水、甘油、丙酮、氯仿和乙醚能完全混溶。相对密度大于 0.8129。

乙醇和乙醇水溶液广泛应用于各种药物处方和化妆品，也用于含醇的饮料中。在烟用胶囊的生产过程中，乙醇和乙醇水溶液可以作为密度较小的胶囊的冷凝剂。

乙醇是中枢神经系统的抑制剂，摄入过多乙醇能够导致醉酒症状与其他生理反应。但在烟用胶囊中，由于加入或残存量很少，一般认为是安全的。

三、油性冷凝液

1. 液体石蜡（Liquid paraffin）

液体石蜡为透明、无色、黏性油状液体，日光下不显荧光。冷却时几乎无味、无臭，加热时微有石油臭。沸程 300 ℃ 以上，相对密度为 0.845～0.890。不溶于水和乙醇；溶于丙酮、苯、氯仿、二氯化碳、乙醚和石油醚；除蓖麻油外，与挥发油和脂肪油互溶。

在医药和化妆品行业可以用于软膏剂基质、乳膏剂、霜剂、润滑剂和冷凝剂。由于目前产品化的烟用胶囊均为油性芯材胶囊，因此液体石蜡是一种最常用的冷凝剂，几乎所有产品化的烟用胶囊生产均采用液体石蜡作为冷凝剂。

长期口服液体石蜡可能会降低食欲，并影响对脂溶性维生素的吸收。但在烟用胶囊的制备工艺中，会在后续处理掉胶囊表面的残存石蜡，并且不存在直接接触，因此一般认为是安全的。

2. 二甲基硅油（dimethicone）

二甲基硅油又名甲基硅油、聚二甲基硅氧烷，结构式为 $CH_3[Si(CH_3)_2]_nSi(CH_3)_3$，平均相对分子质量为 5000～100 000。

二甲基硅油在常态下为无色透明的油状液体；无臭或几乎无臭；在三氯甲烷、乙醚、苯、甲苯或二甲苯中能任意混合，在水或乙醇中不溶。有多种不同的黏度，从极易流动的液体到稠厚的半固体。它具有优异的耐高低温性，闪点高、凝固点低，可在 -50～200 ℃ 下长期使用，黏湿系数小，压缩率大，表面张力低，增水防潮性好，比热容和热导率小，有化学惰性和生理惰性。黏度（25 ℃）500～100 mm^2/s（毛细管内径为 2 mm），折射率 1.40～1.41，相对密度 0.97～0.98。

二甲基硅油广泛用于护肤霜、护手霜、皮肤清洁剂、防晒用品、剃须膏、除臭剂、浴液、护发素等化妆品中。在烟用胶囊的生产过程中是一种常用的冷凝剂。

无论是口服、吸入或皮肤接触，对眼睛、皮肤没有明显的刺激或过敏反应，而且不为胃肠道及皮肤所吸收，被认为是相对无毒、无刺激性的材料。

3. 植物油（Vegetable oil）

植物油是由不饱和脂肪酸和甘油化合而成的化合物，广泛分布于自然界中，是从植物的果实、种子、胚芽中得到的油脂，如花生油、豆油、亚麻油、蓖麻油、菜籽油等。植物油的主要成分是直链高级脂肪酸和甘油生成的酯，脂肪酸除软脂酸、硬脂酸和油酸外，还含有多种不饱和酸，如芥酸、桐油酸、蓖麻油酸等。

植物油用途广泛，是肥皂、油漆、油墨、橡胶、制革、纺织、蜡烛、润滑油、合成树脂、化妆品及医药等工业品的主要原料。在烟用胶囊的生产过程中是一种常用的冷凝剂。常用作冷凝液的品种一般有芝麻油、玉米油、花生油、菜籽油、棉籽油和豆油等。

采用植物油作为冷凝剂的优点在于，一般不用考虑其安全性的问题，但缺点也很明显，一般价格会比较高；而且由于其是一种天然产物，不同品牌和产区的产品的成分也存在一定的差异，不利于工业生产要求的稳定性。

参考文献

[1] 谢明勇，李精，聂少平. 果胶研究与应用进展[J]. 中国食品学报，2013，13（08）：1-14.

[2] 贾洪锋. 凝结多糖的性质及其应用[J]. 食品科技，2009，34（01）：222-225.

[3] 高春梅，柳明珠，吕少瑜，等. 海藻酸钠水凝胶的制备及其在药物释放中的应用[J]. 化学进展，2013，25（06）：1012-1022.

[4] 陈鸿琪，袁兆岭. 生化分析中常用的惰性载体——琼脂糖[J]. 临沂师范学院学报，2000（06）：33-35.

[5] 张锐，孙美榕. 提取琼胶糖的树脂新方法[J]. 中国海洋药物，2006（03）：28-32.

[6] 刘艳，冯印，王丽. 普鲁兰多糖及应用进展研究[J]. 北京农业，2014（30）：19.

[7] 张莉，袁卫涛，薛雅莺，等. 聚葡萄糖的应用研究进展[J]. 精细与专用化学品，2012，20（09）：38-40.

[8] 朱洪法. 精细化工常用原材料手册[M]. 北京：金盾出版社，2003：346.

[9] 冼志锋. 山梨酸钾的合成及应用分析[J]. 企业科技与发展，2014（18）：21-22.

[10] 陈宇. 食品包装材料用添加剂使用手册[M]. 北京：中国轻工业出版社，2010：231.

[11] 何耀良，廖小新，黄科林，等. 微晶纤维素的研究进展[J]. 化工技术与开发，2010，39（01）：12-16.

[12] 汪多仁. 柠檬酸（钠）的开发与应用进展[J]. 化工中间体，2004（05）：30-36.

[13] 于浩，王艳梅，等. 基于植物胶的爆珠壁材配方设计及其工艺优化[J]. 中国烟草学报，2020，26（2）：24-29.

[14] 余振华，詹建波，等. 卷烟爆珠常用壁材原料与性能概述[J]. 新型工业化，2019，9（7）：100-106.

第四章

烟用胶囊的制备方法

目前较为流行的烟用胶囊的制备工艺分为滴制法和界面聚合法。滴制法即物理成膜法，该方法来源于滴丸的制备方法，芯材和壁材溶液通过一个同轴双层滴头滴制成液滴，在冷却液中不断冷凝收缩成胶囊。界面聚合法也称化学成膜法，其原理是将芯材通过滴头制成液滴，滴入不相溶的固化液中，在液滴接触到固化液的瞬间成膜，包裹芯材形成胶囊。

第一节 滴制法

一、滴制法的基本原理

滴制法，是将熔融状态的壁材与芯材通过同心滴头滴入不相溶的冷凝液中，由壁材包裹着芯材的液滴在冷凝液中通过重力作用不断下移，在此过程中液滴不断冷凝并在表面张力的作用下收缩成球形，得到中间品，中间品再经过清洗、干燥、包衣、整粒等过程，最终得到所需的烟用胶囊成品。

在制丸的过程中，通常采用有同轴双层滴头（图 4-1）的滴丸设备进行滴制，壁材在外侧，芯材在内侧，通过选择不同直径的滴头、调节冷却柱和出丸口的高度差，可得到不同大小的胶囊。壁材通常为水溶性凝胶剂，包裹的芯材通常为分散于油脂中的香精香料。

滴制法要求囊材与芯液互不相溶，囊材通过包裹的方式将芯液包于内部，故其多采用同轴双侧滴制设备，其设备特点为滴头分为内外两层，在压力或重力作用下将壁材胶液和芯液（烟用香精香料等）通过同轴双层滴头滴入冷凝介质中，壁材胶液走外层，芯液走内层，胶液与香精通过滴丸机的喷头使夹层内的两种液体按不同速度喷出，外层胶液将一定量的内层香精液包裹后，滴入另一种不相溶的冷却液中，液滴表层囊材遇冷凝固形成一种具有流体内芯和固体外壳的胶囊（图 4-2）：

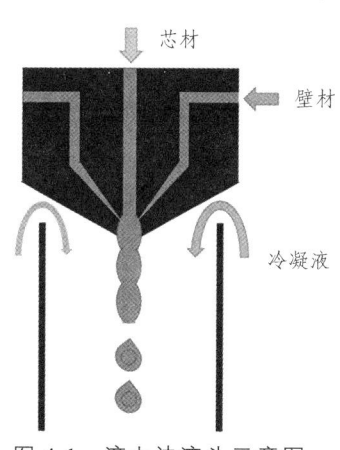
图 4-1 滴丸法滴头示意图

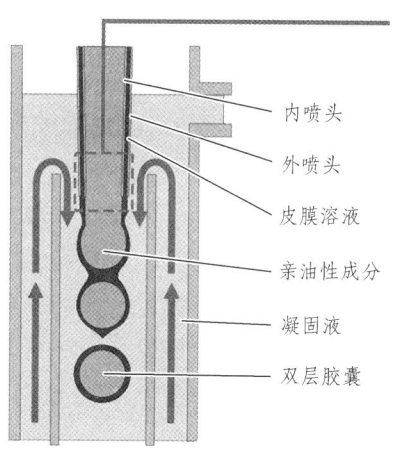
图 4-2 滴丸法制备示意图

二、工艺流程与设备

工艺流程如图 4-3 所示。

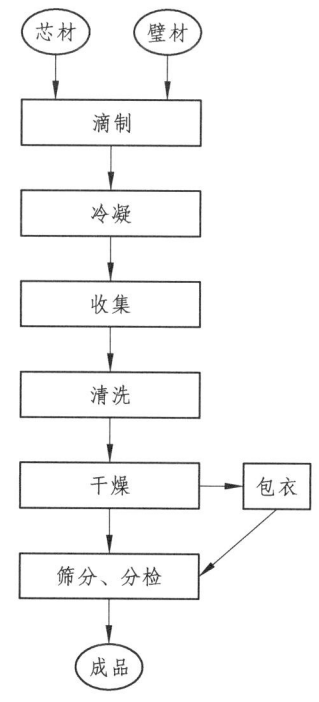
图 4-3 滴制法制备胶囊生产工艺流程

目前烟用胶囊的生产均以滴丸机作为核心的生产设备，滴丸制备设备主要由料液调剂供应系统、动态滴制收集系统、循环制冷系统、计算机触摸屏控制系统、在线清洗系统、集丸离心机、筛选干燥机等部分构成，其主要组成结构如下：

（一）料液调剂供应系统

料液调剂供应系统由加热层、保温层、配料罐、电动减速搅拌机、油浴循环加热泵（电机为调速电机，转速一般确保不高于 150 r/min）、料液输送开关、压缩空气输送装置等组成。其作用为将料液与基质输入调料罐内，通过加热搅拌制成用于制备滴丸的混合料液，然后通过压缩空气将其输送到滴液罐内。其主要设备如下：

1. 搅拌罐

搅拌罐即对物料进行搅拌、混配、混合均匀等，主要是用来搅拌滴制胶囊所需的各种料液。

搅拌罐由搅拌罐体、搅拌罐盖、搅拌器、支承、传动装置、轴封装置等组成（图4-4）。

搅拌罐的核心是搅拌器，选用高速分散盘（图4-5），高速运转时，分散盘上下方呈现旋转状态，同时会在边缘 2.5~5.0 mm 处形成湍流区。分散盘上下锯齿对物料进行高速的剪切、撞击、粉碎、分散，以便达到迅速混合、溶解、分散、细化的目的。

图 4-4　搅拌罐

图 4-5　分散盘

除了普通搅拌罐之外，在生产中常常还会用到真空搅拌罐（图4-6），其原理就是在搅拌罐的基础上安装一套真空装置，目的是更快更好地除去料液中的气泡。目前真空搅拌设备的真空度一般在 -0.01 MPa 左右，对于大部分黏度不是很高的物料来说能起到较好的除泡效果。

2. 化胶罐

化胶罐（图 4-7）主要是用于配制滴制法所需的壁材胶液，整体由不锈钢精制而成，罐体采用内胆、夹套层等封闭式结构，搅拌由活套连接型搅拌桨组成旋转，快开快装式入口孔（投料口），罐上部位装置有温度表。设备具有加热快，恒温性能强，运转平稳的优点。整体内外光亮平滑，拆装清洗维护方便，能加快胶液融化的速度，提高胶液液态均匀度，稳定胶液介质等。

图 4-6　真空搅拌罐

图 4-7　化胶罐

目前化胶罐主要采用电加热及蒸汽加热两种控温方式，均能实现 0～100 ℃ 的温度控制。两种加热方式特点如下：

（1）电加热：

① 加热速度快；

② 温度控制精确、快速。

（2）蒸汽加热：

① 采用罐体夹层中通蒸汽，使整个罐体加热均匀；

② 采用水蒸气加热，能防止物料过热。

（二）动态滴制收集系统

通过操作将滴液罐内的料液滴入冷却剂中，在温度梯度（温度由高到低）的作用下，液滴受表面张力作用充分收缩成丸。冷却油泵出口装有节流开关，通过调节冷却油泵节流开关的开启度控制油泵的流量，使冷却剂在收集过程中保持液面的平衡。该系统的主要设备是滴丸机（图 4-8）。

滴丸机是胶囊生产流程中最重要的组成部分，也广泛应用于药物制剂、保健品、食品及化工产品等行业。一台产业化的滴丸机涵盖了多学科专业的设计，制造工程、制冷工程、流体力学、电气自动化，机械设计及液压与传动等多学科技术。滴丸机主要部件有滴管系统（滴头和定量控制器）、控温设备（带加热恒温装置的贮液槽）、控制冷凝液温度的设备（冷凝柱）及滴丸收集器等。

按照滴丸的丸重，滴丸机通常可分为小滴丸机（0.5～7 mg）、滴丸机（7～70 mg）、大滴丸机（7～600 mg）。按照滴丸基质的状态，主要可分为实心滴丸机、胶丸滴丸机。按生产能力可分为小型滴丸生产线（1～12孔滴头）、中型滴丸生产线（24～36孔滴头）、大型滴丸生产线（100孔滴头）、组合式滴丸生产线（由若干100孔滴头大型生产单元组合而成）。按滴头的工作原理可分为自然重力滴制法、柱塞脉冲滴制法、脉冲切割法、震荡滴制法。按料液在冷却剂中的运行方向可分为自然坠落滴法（料液依靠自身重力，在冷却剂中自上而下坠落冷却成型）、浮力上行滴法（料液的密度小于冷却剂的密度，滴制时由于浮力作用，料液液滴在冷却剂中由下向上漂浮冷却成型）[1]。

滴制法所用的滴丸机一般采用双层滴头，由内滴头、外滴头和底座组成，内滴头和外滴头根据直径又有各种不同的型号，可供滴制不同规格的胶囊时选择。

随着技术的进步，目前已出现了很多种多滴头滴丸机（图 4-9），大大提升了生产效率。

图 4-8 单滴头滴丸机

图 4-9 多滴头滴丸机

(三）循环制冷系统

为了保证滴丸的圆度，避免滴制的热量及冷却柱加热盘的热量传递给冷却液，使其温度受到影响，采用了制冷机组。其通过钛合金制冷器控制制冷箱内冷却剂的温度，保证了滴丸的顺利成型。

（四）电气控制系统

设备面板上设有各参数显示器和电气操作盘，可以分别设置制冷温度、导热油温度、滴盘温度、管口温度、搅拌速度以及压力等参数[1]。

（五）在线清洗系统

洗丸机（图4-10）主要是用于胶囊生产过程中的清洗，通过射流旋洗、喷淋等方式将滴丸表面的冷却剂或交联剂洗去，一般由供水、排水或换水和传送带组成。

图4-10 洗丸机

（六）筛选干燥机

胶囊干燥设备是为了除去胶囊中的水分，达到风干的效果，主要由干燥转笼、风机和电机组成。

烟用胶囊可以采用滚筒干燥机或热泵烘干机进行干燥：

1. 滚筒干燥机

滚筒干燥机（又称转鼓干燥器、回转干燥机等）是一种接触式内加热传导型的干燥设备（图4-11、图4-12）。在干燥过程中，热量由滚筒的内壁传到其外壁，穿过附在滚筒外壁面上被干燥的食品物料,把物料上的水分蒸发,是一种连续式干燥的生产机械。

图 4-11　滚筒干燥机外形

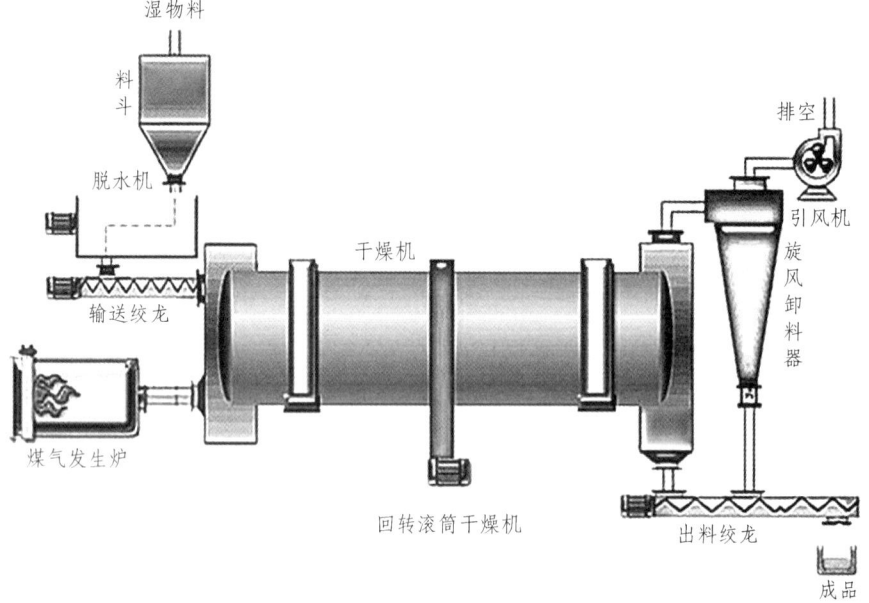

图 4-12　滚筒干燥机结构

滚筒干燥机的转筒是略带倾斜并能回转的圆筒体,湿物料从一端上部进入,从另一端下部收集干物料。热风从进料端或出料端进入,从另一端排出。筒内装有顺向抄板,使物料在筒体回转过程中不断抄起又洒下,使其充分与热气流接触,以提高干燥效率并使物料向前移动。干燥物料热源一般为热空气、高温烟道气、水蒸气等。

滚筒干燥机的工作过程为:需要干燥处理的料液由高位槽流入滚筒干燥器的受料槽内,由布膜装置使物料薄薄地(膜状)附在滚筒表面,滚筒内通有供热介质,食品工业多采用蒸汽,压力一般在 0.2~6 MPa,温度在 120~150 ℃,物料在滚筒转动中由筒壁传热使其水分汽化,滚筒在一个转动周期中完成布膜、汽化、脱水等过程,干燥后的物料由刮刀刮下,经螺旋输送至成品贮存槽,最后进行粉碎或直接包装。在传热中蒸发出的水分,视其性质可通过密闭罩,引入相应的处理装置内进行捕集粉尘或排放。

滚筒干燥机水分蒸发能力一般为 30~80 kg/m^2·h;随热风温度的提高而提高,并随物料的水分性质而变化。它比闪急干燥、喷雾干燥的蒸发强度高。热效率一般在 40%~70%。其具备以下特点:

(1)热效率高

由于干燥机为热传导,传热方向在整个传热周期中基本保持一致,所以,滚筒内供给的热量,大部分用于物料的湿分汽化,热效率达 80%~90%。

(2)干燥速率大

筒壁上湿料膜的传热和传质过程,由里至外,方向一致,温度梯度较大,使料膜表面保持较高的蒸发强度,一般可达 30~70 kg/(m^2·h)。

(3)干燥质量稳定

由于供热方式便于控制,筒内温度和间壁的传热速率能保持相对稳定,使料膜处于传热状态下干燥,产品的质量可以保证。但是,滚筒干燥机也有其缺点,主要有:由于滚筒的表面湿度较高,因而对一些制品会因过热而有损风味或呈不正常的颜色。另外,若使用真空干燥器,成本较高,仅适用于热敏性物料的处理。

滚筒式干燥机按滚筒的数量可分为单滚筒、双滚筒和多滚筒干燥机;按操作压力可分为常压式和真空式两种;按布膜形式可分为顶部进料、浸液式和喷溅式干燥机等。

(1)单滚筒干燥机

单滚筒干燥机(图 4-13)是指干燥机由一只滚筒完成干燥操作的机械,干燥机的重要组成部分是滚筒,滚筒为一中空的金属圆筒,滚筒筒体用铸铁或钢板焊制,滚筒直径在 0.6~1.6 m,长径比(L/D) = 0.8~2,转速一般在 4~10 r/min,加热的介质大部分采用蒸汽,蒸汽的压力为 200~600 kPa,滚筒外壁的温度为 120~150 ℃。

（2）双滚筒干燥机

双滚筒干燥机（图4-14）是指干燥机由两只滚筒同时完成干燥操作的机械，干燥机的两个滚筒由同一套减速传动装置，经相同模数和齿数的一对齿轮啮合，使两组相同直径的滚筒相对转动而操作的。双滚筒干燥机按布料位置的不同，可以分为对滚式和同槽式两类。

图4-13 单滚筒干燥机　　　　　　　图4-14 双滚筒干燥机

对滚式双滚筒干燥机，料液存在两滚筒中部的凹槽区域内，四周设有堰板挡料。两筒的间隙，由一对节圆直径与筒体外径一致或相近的啮合轮控制，一般在 0.5～1.0 mm，不允许料液泄漏。对滚的转动方向，可根据料液的情况和装置布置的要求确定。滚筒转动时咬入角位于料液端时，料膜的厚度由两筒之间的空隙控制。咬入角若处于反向时，两筒之间的料膜厚度则由设置在筒体长度方向上的堰板与筒体之间的间隙控制。该形式的干燥器，适用于有沉淀的浆状物料或高黏度物料的干燥。

同槽式双滚筒干燥机。它的两组滚筒之间的间隙较大，相对啮合的齿轮的节圆直径大于筒体外径。上料时，两筒在同一料槽中浸液布膜，相对转动，互不干扰。适用于溶液、乳浊液等物料的干燥。

双滚筒式干燥机的滚筒直径一般为 0.5～2 m，长径比（L/D）= 1.5～2。转速、滚筒内蒸汽压力等操作条件与单滚筒干燥机的设计相同，但传动功率为单滚筒的2倍左右。双滚筒式干燥机的进料方式与单滚筒干燥机有所不同，若为上部进料，由料堰控制料膜的厚度的两滚筒干燥器，可在干燥器底部的中间位置，设置一台螺旋输送器机，集中出料。下部进料的对滚式双滚筒干燥机，则分别在两组滚筒的侧面单独设置出料装置。

第四章　烟用胶囊的制备方法

（3）真空式滚筒干燥机

真空式滚筒干燥机（图4-15）是将滚筒全密封在真空室内，出料方式采取储斗料封的形式间隙出料。滚筒干燥机在真空状态下，可大大提高传热系数，例如在滚筒内温度为121 ℃，870 kPa（即0.2 MPa蒸汽压）的真空条件下操作，传热系数是在常压操作下的2~2.5倍。但由于真空式滚筒干燥机的结构较复杂，干燥成本高，故一般只限用于如果汁、酵母、婴幼儿食品等具有非常热敏性的物料的干燥。

图4-15　真空式滚筒干燥机

2. 热泵烘干机（图4-16、图4-17、图4-18）

高温热泵烘干机组利用逆卡诺原理，从周围环境中吸取热量，并把它传递给被加热的对象（温度较高的物体），其工作原理与制冷机原理相反，都是按照逆卡诺循环原理工作的。所不同的是，高温热泵烘干机升高温度，制冷剂降低温度。

高温热泵烘干机组，主要有翅片式蒸发器（外机）、压缩机、翅片冷凝器（内机）和膨胀阀四部分组成，通过让空气不断完成蒸发（吸取室外环境中的热量）→压缩→冷凝（在室内烘干房中放出热量）→节流→再蒸发的热力循环过程，从而将外部低温环境里的热量转移到烘干房中，冷媒在压缩机的作用下在系统内循环流动。它在压缩机内完成气态的升压升温过程（温度高达100 ℃），它进入内机释放出高温热量加热烘干房内空气，同时自己被冷却并转化为流液态，当它运行到外机后，液态迅速吸热蒸发再次转化为气态，同时温度可下降至-20~-30 ℃，这时吸热器周边的空气就会源源不断地将热量传递给冷媒。高温热泵烘干机组在工作时，与普通的空调以及热泵机组一样，在蒸发器中吸收低温环境介质中的能量（Q_a）：它本身消耗一部分能量，即压缩机耗电（Q_b）：通过工质循环系统在冷凝器中时行放热（Q_c，$Q_c = Q_a + Q_b$），因此高温热泵烘干机组的效率为$(Q_b + Q_c)/Q_b$，而其他加热设备的加热效率都小于1，因此高温热泵烘干机组加热效率远大于其他加热设备的效率，可以看出，采用高温热泵烘干机组作为烘干装置可以节省能源,同时还降低 CO_2 等污染物的排放量,实现节能减排的效果。

图 4-16　热泵烘干机外形

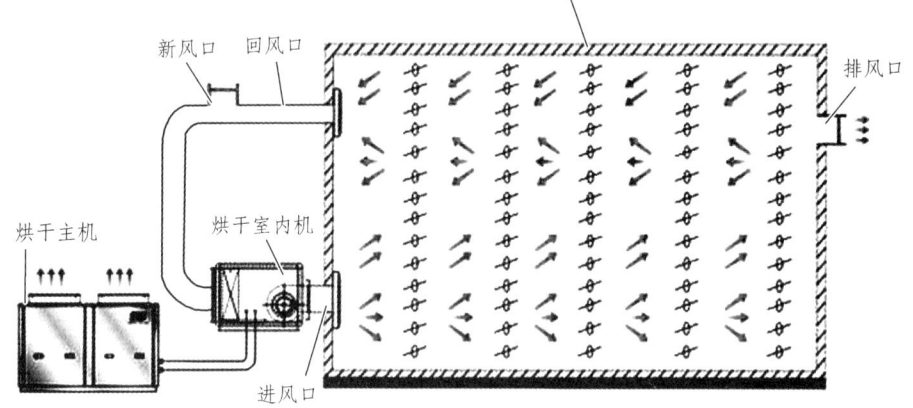

图 4-17　热泵烘干机结构

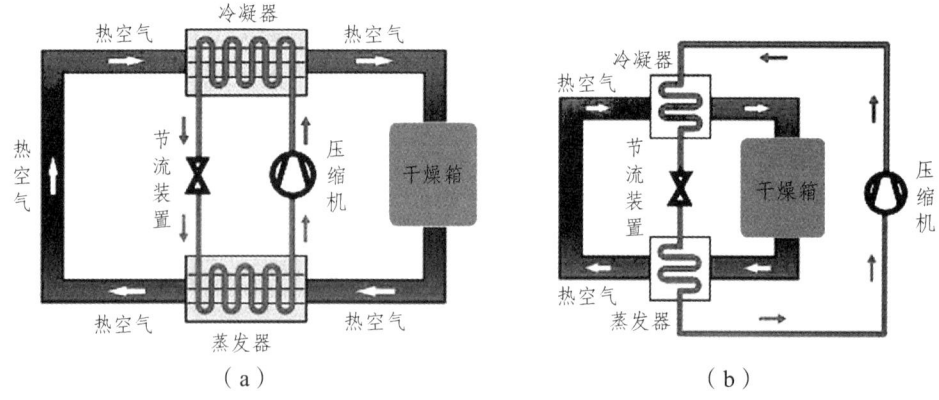

图 4-18　热泵烘干机原理

热泵烘干机具有以下特点：

（1）可实现低温空气封闭循环干燥，物料干燥质量好。

通过控制装置的工况，使干燥室的热干空气的温度在 20~80 ℃，可满足大多数热敏物料的高质量干燥要求；干燥介质的封闭循环，可避免与外界气体交换所可能对物料带来的杂质污染，这对食品、药品或生物制品尤为重要。此外，当物料对空气中的氧气敏感（易氧化或燃烧爆炸）时，还可采用惰性介质代替空气作为干燥介质，实现无氧干燥。

（2）高效节能。

热泵烘干机中加热空气的热量主要来自回收干燥室排出的温湿空气中所含的显热和潜热，需要输入的能量只有热泵压缩机的耗功，而热泵又有消耗少量功即可制取大量热量的优势，因此热泵干燥装置的 SMER（消耗单位能量所除去湿物料中的水分量）通常为 1.0~4.0 kg/(kW·h)，而传统对流干燥器的 SMER 值为 0.2~0.6 kg/(kW·h)。

（3）温度、湿度调控方便。

当物料对进干燥室空气的温度、湿度均有较高要求时（如木材等），可通过调整蒸发器、冷凝器中工质的蒸发温度、冷凝温度，满足物料对质构、外观等方面的要求。

（4）可回收物料中的有用易挥发成分。

某些物料含有用易挥发性成分（如香味及其他易挥发成分），利用热泵干燥时，在干燥室内，易挥发性成分和水分一同气化进入空气，含易挥发性成分的空气经过蒸发器被冷却时，其中的易挥发性成分也被液化，随凝结水一同排出，收集含易挥发性成分的凝结水，并用适当的方法将有用易挥发性成分分离出即可。

（5）环境友好。

热泵干燥装置中干燥介质在其中封闭循环，没有物料粉尘、挥发性物质及异味随干燥废气向环境排放而带来的污染；干燥室排气中的余热直接被热泵回收来加热冷干空气，没有机组对环境的热污染。

（6）可实现多功能。

热泵干燥装置中的热泵同时也具有制冷功能，可在干燥任务较少的季节，利用制冷功能实现多种物料的低温加工（如速冻、冷藏）或保鲜，也可拓展热泵的制热功能在寒冷季节为种植（如温室）或养殖场所供热。

（7）热泵烘干机的适用物料广泛。

适宜采用干燥的物料主要为干燥过程耐受温度在 20~80 ℃ 的一大类物料，或虽然物料可耐受温度较高、但利用热泵干燥较节能或安全的物料。已研究和应用较多的物料如木材（如橡木）、谷物、种子、食用菌（如蘑菇、木耳）、药材（如人参等）、海产品（如鲜蚝、扇贝等）、生物活性制品（如细胞、酶）、茶叶、纸张等。

(8) 具有明显的经济性。

热泵干燥装置的设备成本主要是热泵部分和干燥室部分,其中干燥室部分与普通对流干燥室要求相同,无特别的气密性和承压性要求。

(9) 初投资一般高于普通干燥装置。

(七) 包衣设备

胶囊包衣设备主要用于给胶囊上色,实验室一般用小型包衣锅(图 4-19),工业生产一般多采用高效包衣机(图 4-20)进行胶囊的包衣。

高效包衣机是一种可以对片剂、丸剂、糖果等进行有机薄膜包衣、水溶薄膜衣、缓控释性包衣的一种高效、节能、安全、洁净的机电一体化设备,其通过锅体顺时针旋转,使胶囊在锅内翻滚、滑移、摩擦、研磨,通过加入包衣粉末,使包衣粉末在全部胶囊上均匀分布。随机附带的电热式鼓风机出风管伸入包衣锅内可作加热,同时鼓风机向锅内层通以热风除去胶囊表层水分,从而得到合格的包衣胶囊。

包衣机适用于制药、化工、食品等行业。根据锅体材料可分为不锈钢、紫铜两种。根据热交换效率可分为有孔包衣机、无孔包衣机两种。按生产能力分实验型与生产型两种。最新技术的实验型高效包衣机已具备同一台机可包衣 0.2 kg、1 kg、3 kg、5 kg、8 kg、13 kg 的能力,大大提高包衣机应用于研究的实用性。

图 4-19 实验室小型包衣锅

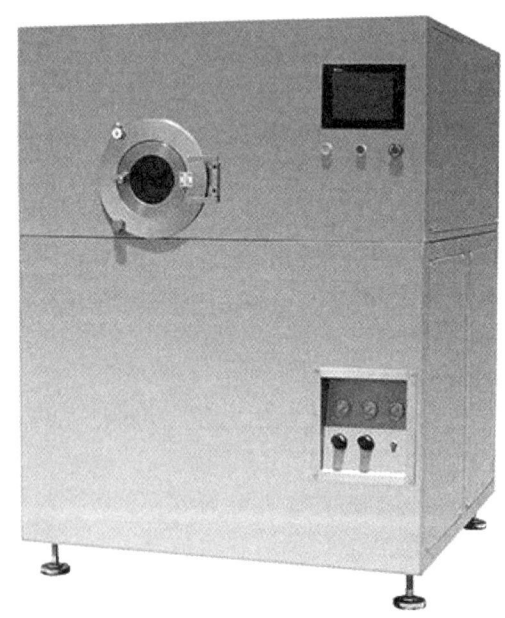

图 4-20 高效包衣机

高效包衣机一般具有以下特点：

（1）由可编程逻辑控制器 PLC 和人机交互界面 HMI 组成的控制系统设计合理，编程灵活，可适应各种不同的制药工艺需要，工作可靠，性能稳定，符合 GMP 要求。

（2）素片在流线型导流板搅拌器作用下，翻转流畅、交换频繁、避免了素片从高处落下和碰撞现象，杜绝了碎片和磕边，提高成品率。导流板上表面窄小，避免了包衣物料在其表面的黏附，节约了辅料，提高了药品质量。

（3）恒压变量蠕动泵，取消了回流管。滚轮的回转半径随压力变化而随时变动，输出浆料与喷浆量自动平衡，稳定了雾化效果，简化了喷雾系统，防止了喷枪堵塞，节约了包衣料，且清洗方便，无死角。

（4）专为包衣设计制造的喷枪，雾化均匀、喷雾面大，万向可调喷头不受装量多少影响；喷枪堵塞清洗机构，可使包衣连续进行，缩短包衣时间，节省包衣物料。

三、生产工艺及关键工艺参数

1. 芯材与壁材的制备

（1）芯材的制备是指将烟用香精香料充分溶解或均匀分散在适宜的载体中。在制备芯材的过程中应考虑香精香料与载体的比例，该配比应使香精香料能够在载体中完全溶解或均匀混悬于其中，同时在胶囊爆破后，其中所含的香精香料足够起到增香作用。

（2）壁材的制备是将各壁材材料与水加入反应罐中，在适当的温度下充分溶胀后，保持一定的温度搅拌均匀，静置或抽真空脱去气泡，得到清透无气泡的胶液。在溶胶的过程中要控制好胶液的固含量及黏度，两者成正比关系，固含量高、黏度大，胶液在滴制过程中不易断开，易出现大小丸；而固含量低，胶液黏度低，包裹能力差，制得的胶囊易破损。

该过程有两个关键点，一是溶胶温度，二是搅拌速度。溶胶温度需要根据壁材的性质进行选择，该温度应既能够较快充分溶胀，又不改变其物理性能。搅拌速度与胶液的流变性直接相关，需要根据胶液的性能对搅拌速度进行控制。

若需要对胶囊进行染色，可考虑制备壁材时加入色素，两者充分混合，得到带有目标颜色的胶液。

（3）制得的芯材与壁材过 80～100 目筛，保温备用，以避免滴制时堵塞滴头。

（4）芯材与壁材的比例及比重差是滴丸法制备过程中的关键参数。

芯液的占比决定了胶囊的大小，壁材占比决定爆破时的压力。芯材在胶囊中的占比过大，对壁材的韧性要求较高，若韧性不足则无法包裹芯材，而韧性过大，则在使用时增加了胶囊破裂的难度；若芯材占比过小，可能会造成胶囊尺寸较小，不符合预期目标。

芯材与壁材的比重差直接关系到包裹的成功率，两者应相近，或壁材略大于芯材，这样才能保证包裹成功率高、制得的胶囊形状圆整。

2. 制　丸

制丸的过程将制备好的芯材及壁材溶液加入有同轴双层滴头的滴丸机中，根据目标产品的规格选择合适的滴头，芯液在内，壁材在外，调节好滴制温度及滴制速度，使芯液能够包裹在壁材中形成液滴，滴制到与壁材不相溶的冷凝液中，液滴在重力作用下在冷凝液中缓缓下落，并在该过程中不断冷凝收缩成球状。

制丸过程中的关键参数有：滴头的选择、滴制温度，滴距、滴速、冷凝液的选择、冷凝距离、冷凝温度等。

（1）滴头的大小决定了胶囊的尺寸，可根据产品的规格选择适合的滴头，滴头的管壁越薄越好。为方便入卷烟滤棒中，胶囊的直径一般为 2.6～4.0 mm。

（2）滴制温度是指滴头的温度，直接关系到滴制时的供液量，需要根据目标胶囊的尺寸大小控制好供液量，以得到符合预期的胶囊。温度过低，胶液流动性差，容易堵口；温度过高，与冷凝液温差大，包裹圆整度不好。另外在控制滴制温度时，还需考虑不影响芯材中香精香料的性质，由于香精香料大多为易挥发的芳香化合物，温度过高可能会导致其变质或损失。所以需要根据供液量、壁材的性质、芯材的耐受性、冷凝液的温度等综合考虑，严格控制滴制温度。

（3）滴距是指滴头到冷凝液之间的距离。滴距过长，液滴在空气中时间长，易跌散，滴入冷凝液时易产生滴溅，形成子母丸，导致胶囊形状不圆整；滴距过短，液滴不易收缩，形状不规则、重量差异较大。

（4）滴速是指液滴从滴头下落的速度，滴速过快，液滴易产生粘连；滴速过慢，液滴变大，胶囊变重，重量差异大，且生产效率低。

（5）冷凝液的作用是使液滴在其中冷却收缩成形，常用的冷凝液有聚乙二醇、二甲基硅油等，是影响胶囊成形的重要因素之一，其表面张力、密度、黏度等与胶囊的沉降速度、圆整度、收率等直接相关。液滴在冷凝液中沉降过快，形成的胶囊易拖尾，沉降过慢，液滴之间易粘连。冷凝液应与胶囊的壁材应互不相溶，可根据胶囊的大小、性质选择相应密度、种类的冷凝液。液滴在冷凝液中应能缓慢下降，不产生粘连，形成的胶囊形状圆整、大小均一。

（6）冷凝距离是指液滴在冷凝液中经过的距离，冷凝距离对胶囊的成形有一定的影响，冷凝距离越长，胶囊在其中收缩冷却的时间越长，壁材收缩越完全，形状也越规则；冷凝距离越短，壁材收缩时间越短，形状越不规则。适宜的冷凝距离应为壁材刚好收缩完全的距离，既保证了成形性，也能节省资源，提高生产效率。不同的冷凝液、不同的壁材所需的冷凝距离不同，需要根据实际情况确定具体参数。

（7）冷凝温度是指冷凝时冷凝液的温度，适宜的冷凝温度使液滴在其中能够完全收缩，形成的胶囊形状规则。

3. 清　洗

清洗的目的是除去胶囊表面残留的冷凝液，通常采用的清洗剂为乙醇等有机溶剂。由于乙醇会造成环境的污染，涉及废液排放的问题，也有用擦油布对胶囊进行擦拭，除去表面的冷凝液。例如专利CN105400215A中，利用糖衣锅或包衣机等具有转速可调的圆筒装置，用擦油布对胶囊进行擦拭，省去了洗丸步骤，避免有机溶剂的使用[6]。

4. 干燥、平衡

经过清洗的胶囊需要进行干燥，以控制水分含量，提高其贮存的稳定性。该过程可在滚筒干燥机中进行，也可在适宜的环境中平衡24~48 h。干燥、平衡时需严格控制生产环境的温湿度，以免二次吸湿，通常控制温度为25~30 ℃，湿度为30%~60%。

5. 包　衣

包衣的目的主要有防潮、染色，可选择具有防潮性质的高分子材料（如乙基纤维素、聚维酮、聚丙烯酸树脂等）对胶囊进行包衣，也可将色素与包衣材料混合，对胶囊进行上色。也有研究者通过包衣的方法对胶囊包上脆性外壳，以增加使用时的脆度，如专利CN105105328A中制备了一种双层胶囊，用PEG聚合物作为球形软核，使水性香精、油性香精均能均匀分布其中，再通过包衣工艺在软核外表包裹脆性外壳材料，以实现香料珠爆破时的脆响[11]。

6. 筛分与分拣

（1）筛分是指根据规格要求筛分出合格的胶囊。

（2）分拣是指剔除破损、连体、粒径不合和色泽差异明显的不合格胶囊，包括初拣、分拣和复拣三道筛选环节。通过分拣可提升产品质量，避免不合格产品的遗留，在分拣过程中要严格控制筛选车间的温湿度，减少环境对产品的影响。

四、滴制法制备烟用胶囊的优缺点

1. 优　点

滴制法由滴丸的制备方法发展而来，技术成熟、方法简单易行、产量大、成品率高，成本低。由该方法制备的胶囊装量差异小，壁厚均匀，是目前应用最为广泛的胶囊制备方法。

2. 缺点与局限性

（1）滴制法的应用大多为水包油型胶囊，这一类胶囊的壁材由亲水性材料制成，易吸湿，造成胶囊之间的粘连以及壁材吸湿变软、失去脆性。目前解决该问题的主要方法为对胶囊进行防潮包衣，但是包衣增加了生产成本以及工艺难度，找到具有防潮功能的材料作为壁材也是现阶段的研究热点。

（2）对于水及亲水性物质为芯材的胶囊，用滴制法制备时多用蜡质作为壁材，其安全性、燃吸时产生的气味有待研究和评估，而且蜡质较脆，耐加工性差，对水及亲水性物质的包裹能力有限，制得的胶囊贮存稳定性差。有很多烟用香精香料为亲水性物质，滴制法在这方面的应用较为局限。

（3）滴制法对芯材与壁材的要求较高，两者必须有相吻合的表面张力，通常若芯材性质差异较大，则需要调整壁材的配比或更换所用的材料，这也是滴制法的局限性之一。

五、滴制法常见技术问题及解决办法

1. 滴制稳定性差，固体颗粒堵塞造成供液不稳

造成这一现象的原因有：

（1）壁材溶胀不充分：由于壁材的配方中一般含有胶质，这些天然植物胶或动物胶在常温下为固体粉末或颗粒状，通常需要浸泡一定的时间并加热，方能成为流动性较好的流体，若溶胀过程不充分，粉末或颗粒状的胶会结成流动性不好或不能流动的块状物堵塞滴头。

（2）芯材溶解不充分：因为滴头口径一般较小，如果香精香料不能充分溶解于基质中，也会堵塞滴头。

（3）混悬状态的芯材粒度大：有部分香精香料不能溶于基质中，而是以混悬状态参与后续的制备过程，若其中混悬的芯材粒度大，则会使滴头被堵塞，影响滴制的稳定性。

（4）胶箱温度低：胶箱的作用是加热使胶液保持在一定的温度，从而在滴制时具有较好的流动性，若胶箱温度低，胶液的流动性可能因此变差。

（5）滴制温度低：滴制过程同样需要保持一定的温度，使胶液能够保持较好的流动性，不适宜的滴制温度可能会使胶液流动性变差。

解决办法：

（1）根据壁材中不同材料的性质，确定壁材溶胀的时间、温度以及与水的配比，使其充分溶胀，避免其中固态胶体的存在堵塞滴头。

（2）在制备芯材前对固体状态的香精香料研磨、过 80~100 目筛，再进行溶解或混悬过程。

（3）制备得到的壁材、芯材过 80~100 目筛。

（4）适当提高胶箱或滴制的温度，使胶液有较好的流动性。

（5）清洗滴头和设备，防止因为之前残留的料液造成堵塞。

2. 胶囊大小不均一

胶囊粒度不均一主要与胶液的黏度有关，若胶液黏度大，在滴制时胶液不易断开，就会出现大小丸的情况。

解决办法：

（1）适当提高滴头或胶液的温度，改善胶液的流动性。

（2）调整壁材中各材料的配比，降低胶液的黏度。

3. 胶囊破碎压力过大或过小

破碎压力大，则在使用时不易爆破，而破碎压力小，则在后续的加工过程中容易破碎。胶囊的破碎压力主要由胶囊中壁材占比决定，且成正比关系。

解决办法：

根据胶囊破碎压力检测报告，调整滴制温度，对生产时的供胶量进行调整。提高供胶量，则增加壁材占比，增大破碎压力；减小供胶量，则减小壁材占比，减小破碎压力。

4. 胶囊粒径和重量与预期不符

在滴制过程中粒径与重量的影响因素主要有 2 个，需要根据粒径检测结果来调整工艺参数，以得到与目标粒径相符的胶囊：

（1）供液量：两者成正比关系，供液量大，粒径与重量大。

（2）冷凝距离：两者成反比关系，冷凝距离越长，胶囊收缩越完全，粒径越小。

解决办法：

（1）调整滴制温度、芯材与壁材的供液量，使供液量增大，胶囊粒径与重量增大。

（2）调整冷凝距离：若胶囊粒径偏小，可适当缩短冷凝距离，即可得到粒径符合预期的胶囊，还可以节约冷凝液的用量。

5. 胶囊成品率低

滴制成品率的影响因素较多，可能有以下几点：

（1）壁材与芯材的材料：壁材与芯材材料不适宜、不具有配伍性，或芯材与壁材占比不合适等均会导致胶囊无法成形。

（2）滴制时的工艺参数：影响胶囊成品率最重要的工艺参数是滴制温度，温度过低，会造成滴头堵塞，滴制温度过高，影响胶囊的成形。

另外滴距、冷凝温度、冷凝距离等也会影响胶囊的成形，进一步影响制备的成品率，这些工艺参数对制备的影响在前文"生产工艺及关键工艺参数部分"已有详细叙述，此处不再赘述。

解决办法：

当出现成品率低的情况时，可分析具体原因，先尝试调整滴制工序的工艺参数，若仍不能解决问题，则需要考虑芯材与壁材的选择是否适宜，或是芯材与壁材的比例是否合适等。

六、未来趋势

现阶段对滴制法制备烟用胶囊的研究，大多集中在壁材的材料研究上。因为滴制法工艺成熟、稳定，未来针对该工艺的研究应该仍会集中在开发新材料以改善胶囊的性能或赋予胶囊新的功能，可能会有以下几个方面的研究：

1. 胶囊耐加工性与爆破脆度之间的平衡

针对烟用胶囊的生产及使用，要求壁材可以使胶囊在后续加工、运输过程中稳定、不易碎，同时在使用时易爆破，且有脆感，如何找到这样的材料组合一直是现阶段的研究方向，也将是未来的研究热点。

2. 胶囊的贮藏稳定性

滴制法制备的胶囊大多为水包油型，以亲水性材料制得的壁材易吸湿、滋生细菌，是该类胶囊的缺点之一，目前的解决方案主要是进行防潮包衣或制备多层胶囊。防潮包衣需要将胶囊置于包衣锅中喷以包衣液，一是对胶囊的韧性有较高的要求，另外包衣液在燃吸时是否会影响香精香料的增香作用仍有待研究；而制备多层胶囊工艺复杂、繁琐，不易实现工业化。所以如何开发出防潮材料作为壁材将会是未来的研究方向之一。

3. 包裹水或亲水性物质胶囊的研究

目前用滴制法进行油包水型胶囊的研究较少，多用蜡质等材料作为壁材，而蜡质材料冷凝后变脆、耐加工性差，燃吸时产生的不良气味等限制了滴制法在油包水型胶囊中的应用，找到一些适合该类胶囊的壁材是目前亟须解决的问题。

七、应用实例

下面对滴制法在烟用胶囊制备时的应用进行举例，以下实例为实现壁材的耐温耐湿、耐加工、使用时捏破有脆响等特性，对壁材材料的组合或制备工艺有一些调整和创新，希望对读者能有所启发。

实例 1：可控释放型和耐温湿环境的植物胶复合型烟用胶囊的制备[12]

（1）取薄荷香类烟用香精 1 g，溶解于 100 g 玉米油中，得到具有薄荷香的芯材。

（2）取玉米淀粉 1 kg、卡拉胶 10 kg、瓜尔胶 10 kg、甲基纤维素 0.05 kg、去离子水 20 kg，在 80 ℃ 水浴加热并搅拌均匀，降温至 60 ℃ 并静置去除泡沫，过 80 目筛，得到壁材。

（3）在滴制设备中加入上述芯材与壁材，按包裹芯材 80 mg 进行滴制，滴入冷却液中，得到粗胶囊，干燥。

（4）以重量比 1∶1 将醋酸甘油酯和乙醇混合，作为清洗剂除去粗胶囊表面的冷却液。

（5）取棕榈蜡加热至熔融，置于包衣机中，涂覆在净胶囊外表面，干燥，即得。该胶囊在高温高湿的环境中有较好的耐受性。

实例 2：共混法制备烟用胶囊包裹材料[13]

（1）将乙烯-醋酸乙烯共聚热熔胶在温度为 70 ℃ 下加热 30 min，得液体溶胶。

（2）按质量比为 1∶5∶12 将聚乙烯吡咯烷酮、纳米二氧化硅粉末和液体溶胶混合，超声分散 20 min，并在搅拌速度为 100 r/min 下磁力搅拌 1 h，得混合溶胶。

（3）按重量份数计，分别称取 20 份明胶、10 份淀粉、1 份混合溶胶、3 份大豆蛋白、2 份硬脂酸、1 份甘油、30 份去离子水，将明胶和去离子水混合，在 50 ℃ 下加热搅拌 20 min，得明胶溶液，加入大豆蛋白，在 70 ℃ 下水浴加热搅拌 30 min，得混合液，加入淀粉，在转速为 200 r/min 下搅拌 20 min 后，调节转速为 1000 r/min 下继续搅拌 20 min，得共混液。

（4）依次加入混合溶胶、硬脂酸和甘油，在水浴温度为 70 ℃ 下磁力搅拌 30 min，静置 3 h，在保温状态下过 60 目筛网，所得滤液为烟用胶囊包裹材料。

共混法制备胶囊壁材能改善单一明胶膜的质软、热不稳定性、易吸水等特点。另外纳米粒子的淤渗作用使其能均匀镶嵌在壁材中，增强了壁材的致密性能与阻隔性能，且纳米二氧化硅具有一定的抑菌性能。纳米二氧化硅的加入增强了壁材的机械性能及阻湿、阻氧性能，使包裹材料更加致密。

实例 3：具有耐加工性能的卷烟胶囊的制备[14]

（1）将 6 重量份琼脂与结冷胶混合物（重量比 1∶1）、5 重量份淀粉黏合剂、0.12 重量份亮蓝色素与柠檬黄色素混合物（重量比 1∶1）、88 重量份水与 0.7 重量份山梨糖醇与甘油混合物（重量比 1∶3）均匀混合，然后在化胶罐中在温度 100 ℃、转速 170 r/min 的条件下搅拌溶解，得到胶囊壁材溶液，检测其黏度为 400 mPa·s。

（2）将壁材溶液加到滴丸机的胶箱中，让胶囊壁材溶液静置 32 min 去除气泡，调节滴丸机胶箱温度为 80 ℃、滴头温度为 78 ℃，通过滴丸机将其滴制成粗制胶囊产品。

（3）将粗制胶囊产品加到交联液中，在温度 10 ℃ 的条件下进行交联 80 min。交联液由 1.0 重量份氯化钙与氯化钠混合物（重量比 2∶1）、0.3 重量份亮蓝色素与柠檬黄色素（重量比 2∶1）、0.6 重量份山梨糖醇与甘油混合物（重量比 1∶4）与 98 重量份水配制而成。交联后用纯化水清洗除去附着在其粗制胶囊产品表面上的油渍，在摇摆式转笼中，调节转速为 20 r/min、在相对湿度 50% 与温度 22 ℃ 的条件下干燥，得到半成品胶囊。

（4）将半成品胶囊用醇溶液清洗，放置在平衡间里，在平衡温度 22 ℃，相对湿度 30% 的条件下平衡 16 h。然后在温度 16 ℃，相对湿度 30% 的条件下进行粒径筛分，得到粒径 3.3～3.6 mm 的胶囊，在灯选台日光灯下用肉眼挑选出外观不合格的产品。

该方法中交联时间短，且交联完成后得到的粗产品较硬，耐加工性能好。

第二节　界面聚合法

界面聚合法是以胶囊成分之间发生化学反应为前提，借鉴微胶囊制备技术成型的一种方法，其与微胶囊的区别在于烟用胶囊（爆珠）形成的颗粒较大，因此其制备过程也不能完全照搬微胶囊的制备工艺，需要进行一系列的优化调整。

烟用胶囊的界面聚合法是将壁材和芯材提前混合乳化后直接进行滴制，即将一定比例的水、香精、增稠剂、乳化剂、壁材混合搅拌成具有一定流动性的乳液，将乳液通过滴制设备按一定速率滴入多价离子溶液中，固化成型，经过水洗、干燥、筛分即得烟用胶囊。

一、界面聚合法的基本原理[15]

界面聚合法制备烟用胶囊，主要基于聚合反应原理，包括缩聚反应和加聚反应两类。其中，缩聚反应是主要的反应类型，成键方式主要是含不同官能团的分子间通过化学反应脱掉小分子而聚合形成高分子。缩聚反应中，反应单体分别溶于不同的溶剂中。溶于水相的反应单体主要是二（多）元胺、二（多）元醇或二（多）元酚类有机物，对于在水中溶解度有限的反应单体，为使其溶解度增大，有时需将其转变成盐的形式，如加入适量酸使胺转变成铵盐，加入适量碱使酚类转变成酚盐。溶于有机相的反应单体有酰氯、磺酰氯、异氰酸酯、二氯甲酸酯、环氧树脂、有机硅氧烷预聚体等。这些单体发生缩聚反应生成聚酰胺、聚氨酯、聚磺酰胺、聚脲、聚酯、环氧树脂等聚合物，而这些聚合物就是微胶囊的壁材。

常规应用上，首先，选用两种可发生聚合反应的活性单体（单体小分子或高分子或含有不同活性的多官能团单体）分别加入水溶性和油溶性溶剂中，形成两种互不相容的溶液或胶体；其次，作为芯材的香精原料根据其本身性质（水溶性和油溶性）加入上述两种溶液或胶体中；然后，选用一种或两种溶液或胶体加入适宜的乳化剂后，经高速搅拌形成油/水乳液或水/油乳液，主要目的是将香精材料乳化；最后，将香精材料的乳状液加入对应的溶液或胶体或乳液中，从而使活性单体从两相内部向液滴界面移动，并在液滴界面引发聚合反应，生成高分子膜将芯材包裹，即形成所需的微胶囊，并对壁材未反应单体进行表面处理等后续程序，实现稳定化。其制备原理如图 4-21 所示[2]。

界面聚合法制备烟用胶囊的工艺是通过对含香精材料的芯材运用高速均质搅拌机进行充分搅拌后，混合均匀后形成混合液，通过专用滴制机械的滴头制成液滴，按照一定的速度滴入不相溶的固化液中，在液滴接触到固化液的瞬间通过化

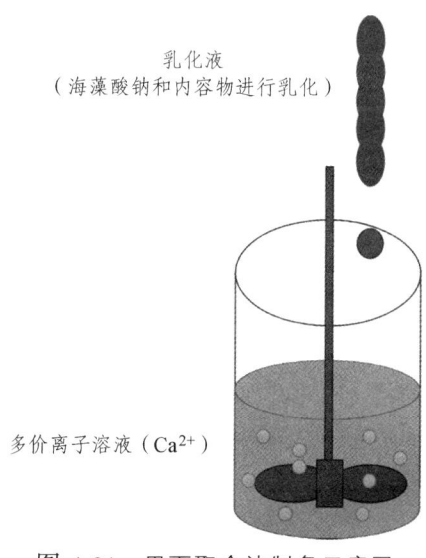

图 4-21 界面聚合法制备示意图

学反应形成壁材膜,把芯材包裹起来形成球状粒丸,然后将湿润状态的球状粒丸进行清洗、干燥等后续处理,最终形成稳固的胶囊。目前生产上主要采用将含有香精材料的油/水乳液逐滴加入水溶性高分子材料溶液中,促使发生界面聚合反应形成胶囊,该工艺具有较高的生产效率。

二、工艺流程与设备

工艺流程如图 4-22 所示。

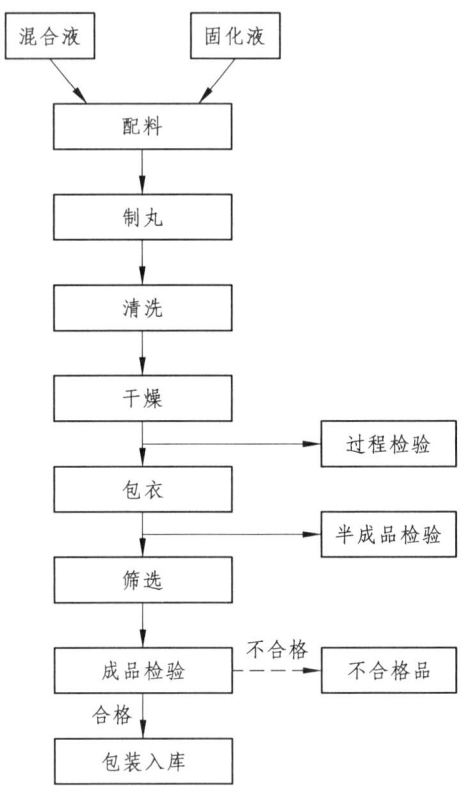

图 4-22 界面聚合法制备胶囊生产工艺流程

虽然界面聚合法与滴制法在制备原理上存在很大的差异,但两种生产工艺流程和使用的设备却有着高度的相似性,尤其是成丸后的清洗、干燥、包衣和筛选等过程和所用到的设备几乎完全相同;两种制备方法设备的区别主要体现在制备设备上,即滴丸机的构件上有所差异。主要差异如下:

1. 滴　头

由于烟用胶囊的界面聚合法是将囊材和芯材提前混合乳化后直接进行滴制,故可以采用普通滴头进行制备。

2. 储液槽

滴制法中,储液槽中盛放的是与囊材互不相溶的凝固液,目的是使滴丸在凝固液中凝固成球形成球状胶囊,由于囊材液及芯液具有一定的温度,在滴入凝固液的过程中会使得冷凝液温度升高,造成胶囊凝固不及时,容易造成拖尾等现象,因此滴丸法中储液槽需要有相应的冷却控温装置,保证凝固液温度的恒定。

而界面聚合法原理为将芯材的乳液滴入壁材胶液中,芯液与壁材发生交联反应后凝固成球。采用界面聚合法时,储液槽中为壁材溶液,且在成球过程中不需要进行乳液的冷却,故储液槽不需安装相应的控温装置。

三、生产工艺及关键工艺参数[15]

（一）配　料

1. 生产环节

配料主要分为混合液配制和固化液配制。

（1）混合液配制

混合液为胶囊的芯材成分,是决定产品指标的直接因素。混合液的物料一般包括香精香料、基质、乳化剂以及金属离子等。混合液的配制,首先准确称量原始物料,通过高速均质搅拌机进行充分搅拌,使物料完全溶解,混合均匀后获得具有良好流动性和合适黏度的液体。

（2）固化液配制

固化液是胶囊的壁材成分,也是决定产品指标的直接因素。固化液的物料一般包括高分子材料、增塑剂和水等,首先保证固化液物料配比准确,其次通过控制搅拌时间、搅拌转速和固化液温度等因素,搅拌使物料完全溶解,获得分散均匀、稳定性良好、澄清且无气泡的固化液,同时根据不同的混合液选择合适的固化液黏度。

2. 影响性能的因素

制备工艺中,香精材料和芯材的分散状态在很大程度上决定着烟用胶囊的性能,乳化剂的种类与用量、乳液的搅拌速度和搅拌时间、乳液黏度等多个因素共同对乳化过程产生较大影响,影响滴制工序和胶囊指标。

（1）乳化剂的种类与用量

乳化剂主要应用于配料工序阶段，烟用胶囊工艺所用芯材通常包含香精材料、聚合反应单体及相应的乳化剂。乳化剂的种类与用量是乳化过程的一个关键因素，会直接影响乳化液的稳定性和成囊性，从而影响表面形态及包埋率性能指标。

根据烟用胶囊芯材的性质不同，乳化剂的种类需要相应地调整。乳化剂的种类选择通常采用亲水亲油平衡值（HLB 值）来衡量，HLB 值越大，亲水性越好，一般来说，作为水包油型乳液的乳化剂，其 HLB 值常在 8~18，作为油包水型乳液的乳化剂，其 HLB 值常在 3~6。目前生产上大多采用水包油型乳液，因此选择亲水性大于亲油性的阴离子和非离子表面活性剂、天然高分子乳化剂作为乳化剂，主要包括聚氧乙烯失水山梨醇系列（吐温）、聚氧乙烯蓖麻油、聚氧乙烯单月桂酸酯、烷基芳基磺酸盐等。另外，单一乳化剂往往很难满足由多组分组成体系的乳化要求，通常会选择司盘系列、丙二醇脂肪酸酯、丙二醇单硬脂肪酸酯、二乙二醇脂肪酸酯等油包水型乳液的乳化剂作为助乳化剂，可以大大增进乳化效果。

乳化剂的用量对乳液稳定性也有一定的影响，主要通过乳化剂在油水界面形成膜而产生的界面张力作用。研究表明，当乳化剂用量较少时，乳化剂产生的界面张力不足以使其充分分散，导致烟用胶囊的粒径变大；当乳化剂用量增加到一定范围内，形成的烟用胶囊粒径逐渐减小，并且趋于均匀；当乳化剂用量超出有效范围后就会影响分散效果，发生絮聚现象，从而影响聚合反应。

目前烟用胶囊生产工艺中，常用的乳化剂和助乳化剂包括吐温系列、司盘系列、山梨酸醇、中链甘油三酸酯（MCT）、泊洛沙姆、卡波姆、改性大豆磷脂、琼脂、羟丙基淀粉、乳化硅油、单硬脂酸甘油酯、聚乙二醇（PEG）等。乳化剂的用量一般按照芯材质量的百分比计算，一般 3%~7%乳化效果较好。

（2）搅拌速度

搅拌速度主要应用于配料工序阶段，主要为烟用胶囊工艺所用芯材的乳化效果，搅拌速度会直接影响乳化液的分散性，从而影响粒径大小及均匀度性能指标。研究表明，搅拌速度过低，会导致乳化效果变差，油相和水相分散不均匀，形成的乳化液粒径大小不均且不稳定，停止搅拌后很快分层；而搅拌速度过高，会将气泡带入液相形成三相共存体系，使得乳化液不稳定。因此，生产上应控制在适当的搅拌速度范围内，才可以形成稳定的乳化液，且乳化液的粒径较为均匀。

（3）搅拌时间

搅拌时间主要是指，在配料工序阶段烟用胶囊工艺所用芯液的搅拌时间，有均质搅拌时间和搅拌时间两种。均质搅拌时间是为了保证将水相和油相的大分子颗粒破碎，成为稳定的分散体系，也就是乳化液。搅拌时间是为了保证乳化液的混合均匀性。均质搅拌时间会直接影响乳化液的稳定性、分散性和乳化液黏度，从而影响胶囊的滴制成型和物理指标。搅拌时间会直接影响乳化液的均匀性和黏度，从而影响胶囊的滴制成型和指标集中度。研究表明，均质搅拌时间过短，乳化液黏度偏低，乳化不够充分，会造成胶囊成形差，克重、粒径、破碎压力偏小；均质搅拌时间过长，乳化液黏度偏高、流动性差，长时间的均质搅拌会使乳化液温度过高，破坏乳化液体系，油相渗出，会造成滴制破损，成形差，克重增大。搅拌时间越短，乳化液均匀性越差，胶囊破碎压力集中度差；搅拌时间越长，乳化液均匀性越好，胶囊破碎压力集中度好。但是，搅拌时间过长会使乳化液黏度下降，严重的会出现油水分离，影响乳化液的稳定性，会造成胶囊滴制破损。均质搅拌时间和搅拌时间是乳化过程中关键影响因素，因此，在胶囊生产过程中要严格按照胶囊生产工艺标准控制。

（二）制　丸

1. 生产环节

制丸是胶囊生产的核心工序，包括滴丸、固化两个环节。

（1）滴丸

滴丸是通过选择合适的滴头设备，调节合适的滴速和滴距，将混合液滴制到固化液中，同时控制固化液的搅拌转速和搅拌时间，观察滴制效果，获得胶囊雏形。制丸过程中，可使用多管道进行滴制，滴管可为普通的塑料管，每个管道的滴头大小以及滴入速度相同。也可采用蠕动泵控制乳状液的流速，通过锐孔直接滴加。

（2）固化

固化是通过调节固化液的种类成分、用量配比、浓度和搅拌速度、固化时间、固化温度等因素，使胶囊雏形快速成膜，固化成型，达到良好的圆整度和包埋效果。也可通过在氧化剂水溶液和水溶性高分子溶液的二次浸泡，使水溶性高分子均匀分布，达到提高壁材气密性和强度的作用，形成致密复合膜，达到包合和阻止香精挥发的目的。

2. 影响性能的因素

在制丸阶段，壁材的选择、芯壁质量比、pH、聚合反应的时间和温度等都会影响烟用胶囊的强度性能。

（1）壁材的选择

由于烟用胶囊需特别考虑破碎压力的脆性指标，以有利于实际生活的使用和感官享受，因此需着重考虑外界压力改变时，壁材的破碎有效性和芯材的释放性。鉴于芯材所包含香精材料的特殊性，壁材的选择变得至关重要，为得到较优的性能，通常会采用若干种壁材的复配。

壁材主要应用于配料工序阶段和制丸阶段，以高分子材料、增塑剂和水等为原料，通过比例调控制得，其具有适宜的弹性和强度，主要起密封作用，兼具硬、脆、响等使用效果。高分子材料一般要求材料性能稳定、无毒、无副作用、无刺激性、有配伍性、不影响香精香料的作用，并且要有符合要求的黏度、渗透性、有一定强度和可塑性等。目前烟用胶囊生产工艺中，常用水溶性高分子材料，包括天然高分子材料，如明胶、海藻酸盐、壳聚糖、阿拉伯胶、蛋白类（白蛋白、玉米蛋白、鸡蛋白等）、淀粉等，以及半合成高分子材料，如羧甲基纤维素钠、乙基纤维素、甲基纤维素、羟丙基甲基纤维素等。其中，海藻酸盐是最常用的壁材高分子材料之一，通常会与其他高分子材料进行复配。

海藻酸是从褐藻中提取的一种多糖类化合物，不溶于水，但一价盐如海藻酸钠、海藻酸钾、海藻酸铵等溶于水，因具有很好的生物相容性，并可与多价金属离子发生不可逆性凝胶反应，广泛应用于食品、医药等领域。海藻酸钠属于食品级植物胶，来源丰富，生物安全性良好，可在温和条件下与钙离子快速形成凝胶，在高温、冷冻和酸性介质中仍可维持原有的形体，不会发生渗透或收缩。

为了增加稠度和稳定性，一般会加入增稠剂，包括阿拉伯胶、卡拉胶、瓜尔豆胶、田箐胶、刺槐豆胶、黄原胶、塔拉胶、魔芋胶、琼脂、聚乙烯醇、羧甲基纤维素钠等。另外，壁材中还要加入增塑剂，常用的增塑剂为甘油、山梨糖醇、甘露糖醇、丙二醇、丙三醇或聚乙二醇400等。

（2）芯壁质量比

胶囊由壁材和芯材两部分构成，芯壁质量比是指芯材与壁材的质量比例关系，主要应用于配料工序阶段和制丸阶段。芯材主要包括香精香料、基质、乳化剂以及金属离子等。香精香料种类繁多，分为油溶性香精和水溶性香精，常用香精包括薄荷香精、薄荷醇、金银花香精、菊花香精、银杏叶香精等。根据香精种类的不同，可选择不同的辅料和溶剂，比如油溶剂可选用玉米油、橄榄油、氢化棕榈油、辛癸酸甘油酯等，其中，辛癸酸甘油酯是无色、无味的透明液体，黏度低，不会干扰香精的香味，是绝佳的芯材基质。同时，根据香精主要提取物的不同，也需要采用相应的乳化剂。金属离子的选择与壁材相关，包括铝、钡、钙、铜、铁、铅、锌、镍等金属离子，其中最常用的是钙离子，成本低且安全性高，可选择氯化钙、硫酸钙、硝酸钙、醋酸钙、磷酸氢钙、乳酸钙、磷酸钙等。

芯壁质量比对微胶囊形成的影响较大，主要影响成品率和壁厚性能指标。一般情况下，芯材的质量都要大于壁材的质量，根据芯材和壁材的性质，以及烟用胶囊的性能，选取合适的芯壁最佳比。当芯壁质量比降低时，由于壁材质量增加，微胶囊壁厚增大，其对芯材的保护性能会相应增加，但是可能降低包埋率性能指标；当芯壁比质量增大时，由于芯材质量增加，微胶囊壁厚减少，容易导致破裂，稳定性差，甚至出现半包覆状态，也会降低芯材的包埋率性能指标。

（3）pH

pH控制主要应用于制丸阶段，对聚合反应过程有较大影响。一般情况下，聚合反应都需要在一定的pH下进行，pH能够影响聚合反应的速率，从而影响胶囊粒径大小和壁厚性能指标，以及芯材物质的稳定性。有些聚合反应产生的一些小分子具有酸碱性，会改变溶液的pH，不利于聚合反应的继续进行，从而导致在制备过程中出现芯材泄露、包埋率降低等现象，因此，将反应体系控制在适当的pH范围内是非常必要的。

（4）聚合反应时间和温度

聚合反应时间和温度主要应用于制丸阶段。聚合反应时间过短会影响包埋效果，表面形态不光滑，稳定性差；聚合反应时间过长则对胶囊的稳定性有一定的影响；聚合反应温度较低，反应速率缓慢，聚合时间长且会出现包覆效果不好的现象；聚合反应温度较高，反应速率加快，容易形成絮聚现象，使胶囊的包埋率下降。因此，控制适当的聚合反应时间和温度可以有效控制胶囊的包埋率和包埋效果。

（三）清　洗

清洗是采用氧化剂水溶液或清水进行多次浸泡、漂洗等洁净程序，将胶囊表面的残余固化液冲洗干净，确保胶囊洁净，避免粘连等负面影响。

（四）干　燥

胶囊清洗完成后，表面主要残余水分，通过选用合适的干燥设备，控制干燥方式、干燥温度、干燥湿度和干燥时间等因素，实现胶囊内外水分达到相对平衡的状态，从而进一步稳固胶囊的成型。

（五）包　衣

胶囊干燥成型后，通过包衣的形式对其进行上色，选择合适的色素种类，控制色素浓度、染色时间和染色用量等因素，确保在胶囊表面包裹一层色泽均匀的薄膜，增加胶囊色彩，提升审美高度，同时有助于提高胶囊的流动性和防潮性。

（六）筛　选

筛选一般包含初选、分选、一次复选和二次复选四个环节，通过剔除破损、连体、粒径不合和色泽差异明显的不合格胶囊，减少不合格品的掺杂和遗留，提高产品质量。可通过螺旋筛分器和平板筛分器，将连体、双胞、不规整、大小丸和部分破碎等不合格品筛分出去，在灯检台上进行人工挑选，在复检台上进行最终的人工复检，复检后为最终成品。

（七）检　　测

检测是产品正常生产和产品质量的保障，包括过程检测、半成品检验和成品全检。首先，干燥过程中需要对刚出笼的胶囊和上色前胶囊进行破碎压力、粒径和单颗克重等指标检测；其次是对包衣后的半成品进行抽检，指导工艺生产，减少废品率；最后对筛选后的成品进行全检，全面反映该批产品的指标，合格成品出具全检报告，不合格成品出具不合格品报告。

（八）包装入库

检测合格后，合格成品进行包装，包括定量装瓶装箱，准确称量，密封保存，贴好标签等工序。包装完成后入库，与仓储员做好交接。

四、界面聚合法制备烟用胶囊的优缺点

1. 方法的优点

（1）反应条件简便，可控性好

界面聚合法直接利用化学反应交联固化，无需添加固化剂，体系稳定，反应温度低（室温环境即可），反应速率快，包裹效率高，对单体的纯度和配比要求不严格，聚合物的相对分子质量较高。同时，其形成的壁材膜致密性好，具备不可逆性，干燥脱水后，油脂类或油溶性物质乃至水分子均难以通过。适合于大批量生产。

（2）适用性广泛

界面聚合法通过化学反应成膜方式实现对香精材料的包埋，鉴于化学反应对水相和油相的适应性，因此对香精本身的物理化学性质要求不高，对芯材的容纳能力强，无渗油现象，不仅可适用于薰衣草、橄榄油、维生素等强挥发性敏感油性物质，也可加入适量的草莓香精、菠萝香精、香草香精、生梨香精等水溶性香精。

（3）技术指标达标率高

界面聚合法制备烟用胶囊在硬度、脆性、水分、圆度、直径等指标方面均有优异表现，很少发现实心珠、异形珠、切口大、偏芯、渗油等现象，胶囊的成型率均在90%以上，形变率较小、防潮性较好，脆性保持较高水平。

2. 方法的局限性

（1）聚合反应单体要求高

界面聚合法以聚合反应为主要原理，为快速成膜，增加包埋率和包埋效果，需要反应单体具备较高的反应活性，从而限制了单体种类的选择性。

（2）辅料类型复杂

界面聚合法严重依赖于大量表面活性剂等乳化剂和稳定剂的强乳化作用，以实现水相和油相的接触，但是乳化剂和稳定剂的种类和用量在工艺生产中较难把握，容易造成壁厚不足、芯材泄露等现象。

五、界面聚合法常见技术问题及解决办法

1. 滴制破损

滴制破损常见于芯材（混合液）为油性溶液和壁材（固化液）为水性溶液时的滴制过程，当芯材（混合液）的乳化剂种类、乳化剂用量及乳化程度不足时，芯材表面充满油性溶液，导致在芯材（混合液）与壁材（固化液）之间形成隔层，反应单体无法迅速进行聚合反应，从而导致成膜失败。

解决办法：

（1）重新搅拌混合液，提高均质效果。

（2）调整芯材（混合液）配方，优化乳化剂和增稠剂的种类与用量。

（3）调整搅拌速度和搅拌时间，确保乳化程度。

2. 胶囊破碎压力指标不达标

胶囊破碎压力指标主要取决于壁材的材料性质以及壁材厚度。

（1）壁材（固化液）的材料配比是首要影响因素，包括高分子材料本身性质以及其与增塑剂等辅料比例，破碎压力随壁材（固化液）的胶体含量的增加而增加。

（2）其次，配料阶段的芯材（混合液）搅拌时间越短，形成的乳化液滴粒径较大，从而导致在滴丸阶段形成的壁材较厚，导致破碎压力较大，反之则破碎压力较小。

（3）芯壁质量比降低时，由于壁材质量增加，也会导致壁材厚度增大，导致破碎压力较大，反之则破碎压力较小。

解决办法：

（1）调整壁材（固化液）配方，根据破碎压力要求选择合适的高分子材料种类以及辅料的配比，尤其是胶体含量。

（2）调整搅拌时间，形成合适的乳化液滴。

（3）调整芯材（混合液）和壁材（固化液）的质量比例。

3. 胶囊粒径和克重指标不达标

胶囊粒径和克重在配料工序、制丸工序和干燥工序都有影响因素。

（1）芯材（混合液）自身材料性质较易凝聚，则粒径和克重较大，反之则粒径和克重较小。

（2）乳化剂用量较少时，乳化剂产生的界面张力不足以使芯材（混合液）充分分散，导致粒径变大，反之则粒径较小。

（3）芯材（混合液）搅拌时间较短时，乳化不充分，形成的乳化液滴粒径较大，反之则粒径较小。

（4）壁材（固化液）的pH通过影响聚合反应的速率，从而改变粒径大小，其改变方向取决于聚合反应的酸碱效应。

（5）干燥阶段若温度过高、湿度过小以及干燥时间过长，均会导致胶囊含水量降低，进而导致胶囊粒径缩小、克重降低；反之则粒径和克重较大。

解决办法：

（1）优选芯材（混合液），根据胶囊的使用需求和工艺需求，选择凝聚度合适的材料。

（2）调整乳化剂种类和用量，产生合适的表面张力。

（3）调整搅拌时间，产生合适的乳化液滴粒径。

（4）调整壁材（固化液）的pH，根据不同的反应单体在聚合反应时需要的pH，满足粒径对反应速率的要求。

（5）选择适宜的干燥方式，控制干燥温度湿度和干燥时间使胶囊的克重和粒径达标。

4. 胶囊均匀度和表面形态指标不达标

胶囊均匀度和表面形态主要取决于材料性质及反应条件。

（1）不同种类乳化剂在液体中的表面张力基本一致时，有利于胶囊的均匀度；乳化剂的用量增加时，有利于均匀度，但粒径较小。

（2）搅拌速度较低时，会导致乳化效果变差，影响均匀度和稳定性，导致表面形态不圆整。

（3）滴丸工序的聚合反应时间较短以及聚合反应温度较低时，反应不充分，导致胶囊表面形态不光滑，稳定性差；反之则容易形成絮聚现象，导致胶囊均匀度不足。

解决方法：
（1）优选乳化剂种类和用量，在确保粒径大小的基础上，满足均匀度指标。
（2）调整合适的搅拌速度，确保乳化充分。
（3）控制适当的聚合反应时间和温度。

六、未来趋势

1. 基础原理研究

目前，界面聚合法生产烟用胶囊的化学反应机理研究尚显薄弱。例如对各种香精胶囊体系的流体类型、流变性能、稳定性与流变性的关系以及不同香精体系的释放机理与方式等研究较为缺乏。

未来需着重探索聚合反应单体的种类，在具有较高活性的前提下能够方便制取，需着重研究聚合反应的化学机理，增加包埋率和包埋效果，针对不同芯材，需研究芯材是否会与形成壁材的单体进行反应、芯材物质的溶解性等。

2. 工艺参数优化

烟用胶囊产品性能的主要影响因素有乳化剂、稳定剂的种类与用量、搅拌速度、搅拌时间等。界面聚合法严重依赖于大量表面活性剂等乳化剂和稳定剂的强乳化作用，以实现水相和油相的接触，但是乳化剂和稳定剂的种类和用量在工艺生产中较难把握。

未来需根据香精材料和聚合反应单体的不同，着重研究对应的工艺参数优化，减少有机溶剂的用量，降低生产成本。同时，界面聚合法制备烟用胶囊不可避免地夹杂着未反应的单体，这些单体有的是无害的，有的则有毒，需要研究无毒性的单体种类，拓宽选择性。

3. 应用范围拓展

烟用胶囊生产工艺主要为滴丸法和界面聚合法，相比于滴丸法常常受限于油溶性香精，界面聚合法在水溶性香精材料的应用上具有显著优势，未来需拓展香精材料的种类，不仅在强挥发性敏感油性物质上发挥作用，还要不断开发界面聚合法对水溶性物质的应用范围。

七、应用实例

下面对界面聚合法制备烟用胶囊的应用进行举例。

实例1：一种乳化法制备烟用胶囊的方法[16]

（1）按照以下重量份数的配比将吐温5份、咖啡香精100份、羟丙基甲基纤维素0.5份、氯化钙3份、水50份进行配制，将上述原料加入高速乳化均质机中以15 000 r/min的转速剪切5 min配制成乳化液；

（2）将乳化液按照每秒5滴的速度滴入0.1%海藻酸钠水溶液中，待乳化液完全滴完后，在10 r/min的搅拌速度下搅拌2 h后，收集胶囊锥形；

（3）将胶囊锥形用蒸馏水洗涤，在30 ℃、湿度35%的转筒中干燥3 h，制备得到烟用咖啡香精胶囊。

该制备方法可以较好地包裹含有硫化物较多的咖啡香精，对芯液的容纳能力强，而且胶囊成型率高，在90%以上，没有发现实心珠、异形珠、切口大、偏芯、渗油等现象，胶囊成品各种指标良好，均在理想范围内。

实例2：一种可包埋油性香精的烟用胶囊壁材及制备方法[17]

（1）将5%份量的壳聚糖充分溶解于10%份量的1%醋酸水溶液中，制备得到壳聚糖稀酸液，按照10%份量的芯材与壁材3/1的比例准确称取5%份量的油性香精溶液，加入以上制备得到的壳聚糖稀酸中，然后加入6%份量的乳化剂，在一定转速下搅拌，于50 ℃下乳化30 min；

（2）准确称取10%份量的海藻酸钠充分溶解于30%份量的蒸馏水中，制备得到海藻酸钠水溶液，用5%份量的醋酸水溶液调节乳液体系pH为3~4，再在一定时间内加入海藻酸钠溶液并凝聚20 min；

（3）用等体积的蒸馏水稀释，同时使体系降温，调解pH为9~10，加入5%份量的固化剂戊二醛，在600 r/min的转速下固膜1 h，最后将体系升至室温，过滤洗涤得烟用胶囊。

该制备方法以天然高分子物质壳聚糖、海藻酸钠为壁材，油性香精物质为芯材，采用微胶囊技术制备烟用胶囊，该技术生产的胶囊皮厚度是普通胶囊皮的1/4~1/10，使用者易捏破胶囊，制备工艺没有高压高温过程，大大提高了烟用胶囊壁材的使用质量。

实例3：一种烟用薄荷香精油胶囊的制备[18]

（1）将吐温80溶于氯化钙水溶液中配成5%的水相溶液，再将薄荷香精油溶液（包括10%薄荷醇、80%辛葵酸甘油酯、5%柠檬酸乙醇溶液和5%酒石酸乙醇溶液）与水相溶液按质量比1:10混合，以15 000 r/min的转速高速均质乳化形成乳状液；

（2）采用蠕动泵控制乳液的流速为2 mL/min，将乳滴通过锐孔直接滴加到0.5%海藻酸钠水溶液中，搅拌40 min得到胶囊锥形；

（3）将胶囊锥形用蒸馏水洗涤，然后放入20%过硫酸钾水溶液中浸泡1 min，再次用蒸馏水洗涤后在10%明胶水溶液中浸泡5 min，取出用蒸馏水洗涤后自然晾干，制备得到烟用薄荷香精油胶囊。

该制备方法利用薄荷醇与有机酸形成配合作用，海藻酸钠被氧化剂过硫酸钾氧化后与明胶形成致密复合膜的双重作用，达到包合和阻止薄荷香精挥发的目的。

总体来说，烟用胶囊目前常见生产工艺主要为滴制法和界面聚合法，两者各有特点。滴制法操作简单，易实现产业化，但其能包裹的香精香料类型有限，目前生产中只限于对油溶性物质的包裹，对亲水性物质的包裹工艺有待研究；界面聚合法基于化学反应原理，操作复杂，其能包裹绝大部分的油溶性和水溶性香精香料，对辅料有较高的要求。

烟用胶囊的实际生产中，滴制法是应用最广泛的方法，该方法由制药行业滴丸的制备方法发展而来，其生产工艺与滴丸的制备相似，只需将滴丸机的单层滴头改为同轴双层滴头，即可实现滴制。在滴制法中，多采用天然植物或动物胶类作为壁材的主要材料，包裹油溶性的香精香料，这些胶类物质在各行业均有广泛的应用，对其物理化学性质有较为成熟的研究，将其制备成胶液的方法简单易行，滴制法对于壁材材料的要求不高。为了优化胶囊的性质，使其兼具耐加工性及爆破时的脆性，以及贮藏的稳定性，很多研究者将滴制法制备胶囊的工艺开发研究集中在对壁材的选择上，开发出了一些耐加工、耐温耐湿、爆破时有脆响的壁材材料组合，大大优化了胶囊的性质。但是由于胶类通常为亲水性物质，只能包裹油溶性物质，所以滴制法目前在胶囊的制备中只应用于油溶性的香精香料。

相对而言，烟用胶囊的界面聚合法目前只有少数厂家能够应用，主要是该方法的原料选择与配比以及工艺参数的优化较为复杂，限制了其推广程度。界面聚合法源于制药行业的微胶囊制备技术的化学法，烟草工业的技术创新主要体现在芯材通常选用香精、精油、单离香料等液体，以实现烟草的独特风味。界面聚合法的基本原理是选用两种反应活性单体在两种溶剂中发生聚合化学反应，形成壁材以包裹溶剂中的芯材。生产工艺流程重点在配料工序和制丸工序，首先配制含有香精材料的芯材混合液和含有壁材的固化液，其次将混合液滴入固化液中，瞬间反应形成壁材膜，把芯材包裹起来形成球状粒丸；设备上主要运用高速均质搅拌机、滴制机等。工艺参数控制上，主要关注乳化剂的种类和用量、芯材和壁材的材料选择和质量配比、混合液形成的搅拌速度和搅拌时间、制丸过程的pH、聚合反应时间和温度等。为推广该方法的应用，目前研究主要集中在基础化学反应机理，探索聚合反应单体的种类，工艺参数的规律化以及水溶性香精材料的进一步拓展。

也有研究者提出了除滴制法、界面聚合法外其他的烟用胶囊制备方法，如用非水溶性材料通过热塑法或吹塑法制备囊皮，在囊皮上开口，将其浸入芯材溶液中，排出空气，使芯材溶液充满微囊，最后封口形成胶囊[19]。

随着对烟用胶囊研究的不断深入，相信越来越多的研究者会提出更多的新方法，为胶囊的生产提供更多样化的选择。

参考文献

[1] 李鹏宴，洪学辉，等. 一种烟用防腐抗氧化胶囊的制备方法：CN109549249A[P]. 2019-04-02.

[2] 沈莉, 洪学晖, 等. 一种以水及亲水性物质为芯材的烟用水囊及其制备方法：CN104305521A[P]. 2015-01-28.

[3] 于浩，王艳梅，等. 基于植物胶的爆珠壁材配方设计及其工艺优化[J]. 中国烟草学报，2020，26（2）：24-29.

[4] 余振华，詹建波，等. 卷烟爆珠常用壁材原料与性能概述[J]. 新型工业化，2019，9（7）：100-106.

[5] 彭黔荣，徐龙泉，等. 一种具有防潮性能的烟用胶囊囊材及其应用：CN105419349A[P]. 2015-12-14.

[6] 彭黔荣，徐龙泉，等. 一种耐温耐湿的烟用胶囊囊材及其应用：CN105400215A[P]. 2016-03-16.

[7] 彭黔荣，罗光杰，等. 一种烟用脆性胶囊及其制备方法：CN105540073A[P]. 2016-05-04.

[8] 秦宁，谷欣，等. 一种烟用爆珠及其制备方法：CN106666822A[P]. 2017-05-17.

[9] 曾勇，易松山，等. 一种香烟爆珠：CN107802031A[P]. 2018-03-16.

[10] 陈宏，崔冰，等. 一种可包裹水溶香精的非动物性烟用爆珠壁材及制备方法：CN107713008A[P]. 2018-02-23.

[11] 沈莉，洪学晖，等. 一种以水及亲水性物质为芯材的烟用水囊及其制备方法：CN104305521A[P]. 2015-01-28.

[12] 刘冰，陈义坤，等. 一种用于卷烟铝棒的脆响固体香料珠及其制备方法：CN105105328A[P]. 2015-12-02.

[13] 杨涛，王磊，等. 可控释放型和耐温湿环境的植物胶复合型烟用胶囊的制备方法，所得产品及用途：CN103361173A[P]. 2013-10-23.

[14] 胡次兵,张鑫,史志新. 一种烟用爆珠包裹材料的制备方法: CN109161211A[P]. 2019-01-08.

[15] 洪学晖,李鹏宴,等. 一种具有耐加工性能的卷烟胶囊的制备方法: CN109393555A[P]. 2019-03-01.

[16] 冯喜庆,刘文波. 化学法制备微胶囊机理及过程控制[J]. 化学与粘合,2014,36(5): 378-383.

[17] 孙炜炜,陈胜,等. 一种乳化法制备烟用爆珠的方法: CN109480329A[P]. 2019-03-19.

[18] 李维佳,陈志民,等. 一种可包埋油性香精的烟用爆珠壁材及其制备方法: CN109123777A[P]. 2019-01-04.

[19] 杨光远,胡蓓,等. 一种烟用薄荷香精油爆珠的制备工艺: CN107723091A[P]. 2018-02-23.

[20] 黎洪利,朱立军. 一种烟用胶囊及其制备方法与滤嘴: CN109619672A[P]. 2019-04-16.

第五章

烟用胶囊的质量控制

产品质量控制是企业为生产合格产品和提供顾客满意的服务和减少无效劳动而进行的控制工作。我国国家标准 GB/T 19000—2000 对于质量控制的定义是："质量管理的一部分，致力于满足质量要求"。胶囊产品的质量及其稳定性直接影响到胶囊产品的可接受性及其应用前景。胶囊和滴丸剂及其他制剂一样，需要对原料、生产过程和成品进行质量控制。原材料的质量是产品质量的源头，生产过程的质量控制方法一般由生产企业根据实际确定，药用滴丸剂的成品质量一方面需要根据《中国药典》（2005年版）滴丸剂通则的要求鉴别含量、检查、溶出度等研究后确定，另一方面还需要根据不同药物滴丸剂的特殊性，设定质量控制指标。本章首先介绍烟用胶囊原材料的质量控制、胶囊的质量和稳定性研究的通常要求，供读者参考。

第一节 原材料的质量控制

原材料的质量是产品质量的源头，合格的原材料投入，是生产出合格产品的前提。产品质量不仅仅是靠工艺技术和生产过程控制，控制好原材料的质量是保证产品质量的根本。

众所周知胶囊产品的原料质量存在波动性，如果没有检验原材料的质量，就会直接影响生产的稳定性和产品的质量。一旦原料出现质量问题，工艺部、生产部、品控部甚至营运部门都会烦恼、困惑、愤怒、无奈，各部门、各板块都会为此增加沟通成本、控制成本、风险成本。如果原料质量问题导致产品生产出现问题、产品质量出现问题后才发现的，将会造成更多不必要的损失。所以原材料的质量控制是必需的、是首要的，在使用前必须确保其质量。

原材料的质量控制主要通过供货源的筛选，原材料的质量标准，原材料的检测报告和入厂检测，原材料的生产验证等四个方面来控制。

第五章　烟用胶囊的质量控制

一、供货源的筛选

掌握材料的质量、价格、供货能力的信息，选择好供货厂家、就可获得质量好、价格低的原材料资源，从而确保原材料质量，保证产品质量，这是企业获得良好社会效益、经济效益，提高市场竞争能力的重要因素。

原料的供应单位的资质齐全是先决条件，即供应商资质不齐全，可直接判定原料不合格，无需进行后续检验。

合格供货商的基本条件：

（1）具有有效的营业执照。

（2）具有企业法人资格证。

（3）具有安全生产许可证。

（4）具有 GB/T 19001 质量管理体系、GB/T 24001 环境管理体系和 GB/T28001 职业健康安全管理体系认证证书。

满足以上条件，才能保证原材料的合法性和安全性，才能放心购买及使用其产品。

二、原材料的质量标准

衡量原材料质量的尺度是原材料的质量标准，它也是作为验收、检验原材料质量的依据，不同的原材料有不同的质量标准，掌握原材料的质量标准便于可靠地控制原材料的质量。

每一种原料都有不同级别的标准，标准级别越高，原料质量越高，但选择原料的标准并不是级别越高越好，标准的制定，既要满足顾客满意度（从市场调查、市场后期反馈得以体现），又要确保企业赚取合理的利润。质量管理系统里有个术语——质量控制成本。对于原料质量控制而言，简单来讲，就是以合适的价格，购买到合适的原料。

原材料的质量标准主要包括以下几个方面：

（1）食品级及以上。

（2）安全性。

（3）水分含量。

（4）外观：颜色、状态。

（5）气味：无异味。

（6）理化指标：在生产中起关键作用的指标为主。

理化指标标准是通过工艺部进行大量的工艺实验验证，数据统计分析得出。通过实验验证得出什么样的标准范围内是工艺技术可控的，也就是，工艺技术允许范围内的原材料理化指标下限值和上限值。当然也要找出其最佳值，便于原料筛选，有利于产品生产稳定性的控制和保证产品质量。

原材料的水分含量关系到原材料有效成分的含量，会直接影响使用过程中的原料添加量，所以必须对原材料的水分含量进行检测对比，水分含量一般控制在15%以内。

其余几项都是为了保证原材料的安全性，初判原材料的一致性。

烟用胶囊的原材料主要由胶囊壁材和芯材两部分组成，胶囊壁材主要是成膜性物质，芯材主要是香精香料和溶剂。

在烟用胶囊生产过程中，芯材最关键的质量指标有气味、密度和溶水性三个，气味是核心，烟用胶囊的作用是增香补香，如果同一香精每个批次的香精气味不一样，就无法保证产品的一致性，所以使用前和生产过程中必须与标样对比评吸。密度和溶水性直接关系到芯材是否能包埋和产品的质量保证，所以使用前必须进行检测和实验，密度要求 0.90 ~ 0.97 g/mL，0.94 g/mL 为最佳，溶水成分不能超过总体积的 5%，没有溶水性物质和易挥发成分为最优。

在烟用胶囊生产过程中，壁材原料的主要监控点是原料 1%水溶液的黏度，黏度直接决定胶囊的滴制成形，影响产品的指标。原料的黏度会随时间的推移下降，且受温度影响很大，所以在使用前必须检测每一桶或者袋的黏度，必须严格控制好温度。黏度标准：20 ℃，设计值 ± 10 mPa·s。

三、原材料的检测报告和入厂检测

原材料的检测报告由供货单位提供，包括原材料理化指标的检测报告和原材料安全性的检测报告，每一个批次都必须附带，保证所采购的原料符合质量要求，所有报告由品管部门保存，便于追溯和查找。

每一批原材料到厂，接收人员必须通知品管部进行入厂抽检，外观一致性检测和影响生产关键指标检测，与原材料的检测报告对比，确保一致。抽样比例：

（1）5件以内逐一检验；

（2）5 ~ 50 件抽样 5 件；

（3）50 ~ 200 件抽样 10 件；

（4）200 件以上抽样 20 件。

抽检过程中发现一件不合格品，整个批次都必须进行逐一检验，因为壁材原料的黏度指标和芯材气味指标不合格是不能使用的，与供货厂家联系，将不合格的产品退回，如果连续三次出现不合格品，一旦检验出不合格品整批退回。

四、原材料的生产验证

原材料的生产验证是指新一批原材料到厂,通过入厂检验后,在生产中验证其适配性和稳定性。为了减少损失,又要保证其可信度,原材料的生产验证共分为小试、中试和量产试验三个步骤。

(1)小试一般是 100~250 g,根据检测结果调整和确定工艺方案。

(2)中试一般是 12 kg,通过增加生产量来排除偶然性。

(3)量产试验一般是 50~100 kg,验证原材料对生产的稳定性和产品指标稳定性。

三个步骤都通过,生产过程中没有出现大的波动,产品质量达到要求范围内,表明原材料的质量达标或在工艺技术可控范围内。

壁材原料的黏度和芯材气味两项指标是非常重要和特殊的,所以在生产过程中必须测量每一桶或袋的黏度,根据检测数据来调整工艺配方;每一桶芯材使用前必须与标样进行对标,与标样一致方可使用。

第二节 生产过程的质量控制

食品药品监督管理局(FDA)提出"药品的质量不能依靠检验来控制,而是要整合到生产过程的每个环节"。胶囊的质量控制有赖于整个生产的过程控制。概括起来可以分为两个方面:一方面需要严格按照药品生产质量管理规范(GMP)的要求进行生产;另一方面需要对关键中间体的质量进行控制。本节主要介绍生产过程中关键中间体的质量控制方法。

值得一提的是,生产过程质量控制的指标不完全等同于成品质量控制指标,主要是控制生产过程的稳定性和重现性,对于工艺及原料本身性质决定的指标主要通过成品质量指标来控制。通常胶囊的重量差异、溶散时限和圆整度是胶囊生产过程控制质量的最主要指标。

一、胶囊重量差异

胶囊重量差异是一项重要的指标,一方面标志着生产工艺的稳定性,另一方面良好的胶囊重量控制对于烟用胶囊的准确加香具有重要的意义。传统方法制备胶囊时芯材由管口自然滴出,液滴的重量即为胶囊的重量。胶囊与滴管的口径和芯材的表面张力有关。胶囊的重量可用以下公式计算:

$$\text{理论胶囊重量} = 2\pi r \gamma \tag{5-1}$$

式中　r——滴出口半径；

　　　γ——芯材的表面张力。

但是，实际的胶囊重量比理论值轻。根据式（5-1），r 小时胶囊重量小，r 大时胶囊重量大，但 r 过大则芯材不能充满管口，反而造成胶囊重量的差异。芯材黏度大的能充满较大的管口，滴出时温度低也会使黏度增大，则有利于选用较大的滴出口以增加胶囊的重量。一般胶囊重量多在 40 mg 以下。随温度上升 γ 几乎呈直线下降，当温度高时 γ 减小，胶囊重量也减小；温度低时 γ 增大，胶囊重量也增大，故操作时应保持恒温。滴管管壁过厚，滴出口边沿缺损及半径的差异都会影响圆周长度 $2\pi r$，造成胶囊重量的差异。

二、圆整度

通常圆整度检查采用肉眼观察外观或镜下观察，表面光滑，没有粗糙和污点，大小均匀。检查圆整度可以考察工艺的合理性，包括选择的基质和冷凝剂黏度、物料和冷凝剂的温度、滴距等是否合理。

胶囊能否形成圆整的丸型，主要在于香精在滴制时的成型力，当其为正值时，液滴才能成丸型。胶囊的内聚力 W_c 是将芯材分离成两部分所需的功，它是芯材表面张力 γ_A 的 2 倍。芯材与冷凝液间的黏附力 W_a 为分离这两种液体所需的功，即芯材表面张力 γ_A 与冷凝液表面张力 γ_B 的和，再减去所消失的芯材与冷凝液的界面张力 γ_{AB}。即

$$\text{成型力} = W_c - W_a = 2\gamma_A - (\gamma_A + \gamma_B - \gamma_{AB}) = \gamma_A + \gamma_{AB} - \gamma_B$$

表面张力、界面张力不是固定不变的，可用表面活性剂调节其 HLB 值，使成型力由负值变为正值，即可使液滴成型。液滴在冷凝液中凝缩成型，其圆整度主要受到以下因素的影响：

（1）液滴在冷凝液中移动的速度：液滴在冷凝液中下降或上升，是由重力或浮力而决定，这种力作用于液滴使其不能形成正球形，而形成扁球形，移动速度越快，受力越大，外形越扁。液滴与冷凝液的相对密度差大，冷凝液的黏度小，都能增加移动速度。可以用调整相对密度和温度的方法来调整液滴的移动速度。

（2）上部冷凝液的温度：液滴经空气滴至冷凝液面时被跌成扁块状，并带有空气，在下降时，逐渐收缩成球形并溢出气泡。如液滴冷凝过快，则胶囊不圆整，空气来不及逸出，以致产生空洞、拖尾等现象，通常将上部冷凝液温度调至 22～25 ℃，可使液滴有充分收缩与释放气泡的机会，则胶囊圆整。

（3）液滴的大小：液滴的大小不同，比表面积也不同。一般来说，小胶囊比表面积大于大胶囊，面积大者收缩成球体的力量强，因此小胶囊的圆整度比大胶囊好。

（4）芯材配方或冷凝液不当：液滴在冷凝液中部分混溶，也会影响胶囊的圆整度。

三、硬　度

通常硬度检查采用用手挤压的测定方法或利用硬度测定仪，硬度与胶囊的质量及烟用胶囊挤压时的脆响直接相关。硬度过小，不仅胶囊成型受到影响，而且不利于贮存，如在我国南方地区由于温度较高，胶囊可能会出现熔融成块的现象；硬度过大则会使胶囊在挤压时难以压碎。同时硬度也反映芯材使用基质的比例的合理性。

四、囊壁渗透性

胶囊囊壁的渗透性是其最重要的特性之一，对芯材的保留率影响很大，是评价胶囊囊壁缓释、控释性能的关键指标。在实际应用中，有时希望胶囊渗透性较低，以防止芯材的流出或外界环境的影响，有时希望胶囊有一定的渗透性，以便于芯材可控地释放出来。

影响胶囊渗透性的因素很多，如囊壁厚度、孔径、壁材种类、芯材物性、胶囊大小等。减小胶囊的粒径等效于延长扩散时间，而且粒径的减小还会增加胶囊的传质面积，因而减小胶囊粒径对提高渗透性有利。

芯材的扩散系数是一种重要的物性，对胶囊渗透性也有很大的影响。芯材扩散过程包括两部分：一是囊膜中的传递过程，有效扩散系数为 D_m（常数）；二是胶囊内的传递过程，有效扩散系数为 D_i（常数），两者都为非稳定扩散。D 是囊膜有效扩散系数 D_m 和膜内有效扩散系数 D_i 的比值，反映的是囊膜和膜内扩散阻力的大小。$D \gg 1$ 时，膜内扩散为控制扩散，膜厚对扩散没有影响；$D = 1$ 时，$D_m = D_i$，底物在囊膜与膜内具有相同的扩散能力；$D \ll 1$ 时，囊膜中的扩散为速率控制步骤，传质阻力主要在囊膜，此时膜越厚，扩散达到平衡越慢，平衡浓度也越低。

渗透性的测定一般是取一定的胶囊，分散在不同的溶剂中，在不同的温度、浓度、搅拌或场作用下对胶囊中的芯材进行溶出，隔一定时间取出一定量溶剂，测定其中芯材浓度，然后计算芯材的释放度，从而评价胶囊的渗透性。研究胶囊壁材的渗透性，可以借鉴聚合物膜材料的研究方法。通过建立平衡分配系数、截留率、截留相对分子质量、最大孔径、透过速率等特性表征参数来定量评价胶囊壁材的渗透性。然而对不同的胶囊具体地测定这些参数又是非常麻烦的，因而这些评价指标以及具体的测定方法还有待进一步研究。

胶囊渗透性对于胶囊的缓释和控释具有重要意义，可以通过控制胶囊的制备条件提高胶囊囊壁的通透性，以增大囊膜的扩散系数，或者在制备条件允许的情况下尽可能减小粒径，或者在保证膜强度的前提下尽量减小膜厚度。当然壁材的选择对于胶囊缓释性能的控制往往更加直接而富有成效。

五、热稳定性

香精芯材胶囊的热稳定性可以用下面的方法来测定，将芯材胶囊水溶液在 100 ℃水浴中加热 1 h，观察胶囊的囊形是否保持完整、胶囊之间是否聚结粘连。如果壁材经受不起高温，也可以在逐渐升高的温度下观察胶囊的形态变化情况。目前，差热分析（DTA）、差示扫描量热分析（DSC）和热重分析（TG）等热分析手段已经被普遍用于胶囊产品热稳定性的测定。

六、其　他

其他如含量、固体分散情况和杂质等比较复杂的指标，一般不在生产过程中测定，主要在成品中检验。

以上是对大生产过程中胶囊质量标准的内控，有些指标（囊壁渗透性、胶囊重量差异）在成品中需加以控制，有些（如硬度、拖尾）不一定需要。总之，这些指标是生产过程中必不可少的，对胶囊工艺的重复性和稳定性至关重要。下面就成品的质量控制进行详细说明。

第三节　成品的质量控制

成品的质量控制建立在通用原则的基础上，胶囊形成固体分散体的质量评价也是一个重要指标。

一、控制指标

通过滴制、干燥、包装制成的烟用胶囊，是指烟用滤棒中添加的一种带有香味，在外力作用下壁材破碎（裂）后其包裹的内容物（又称芯材）能够释放。烟用胶囊的控制指标主要是对烟用胶囊的技术要求、检验规则、包装、标志、运输和贮存进行质量控制。

1. 粒　径

烟用胶囊的直径。

2. 压破强度

在规定条件下进行挤压，胶囊被挤压爆裂（破碎）时承受的压力。

3. 内容物

卷烟胶囊破碎（裂）后释放出的液体物质。

4. 壁　材

用于包裹内容物的壳体。

5. 每千克粒数

每千克烟用胶囊的数量。

二、质量控制采用的标准

对卷烟胶囊的技术要求、检验规则、包装、标志、运输和贮存进行质量控制所参考的标准如下：

GB/T 191　包装储运图示标志

GB 2760　食品安全国家标准食品添加剂使用标准

GB 4789.2　食品安全国家标准食品卫生微生物学检验菌落总数测定

GB/T 5009.74　食品添加剂中重金属限量试验

GB/T 5009.76　食品添加剂中砷的测定

GB/T 8170　数值修约规则与极限数值的表示和判定

GB 9688　食品包装用聚丙烯成型品卫生标准

GB 14881　食品安全国家标准食品生产通用卫生规范

JJF1070　定量包装商品净含量计量检验规则

GB/T 16447　烟草及烟草制品调节和测试的大气环境

YQ-CL/T 1—2019　卷烟爆珠技术要求

国家质量检验检疫总局〔2005〕75号令《定量包装商品计量监督管理办法》

三、质量控制的技术要求

1. 检验环境要求

GB/T 16447　烟草及烟草制品调节和测试的大气环境

2. 原料及辅料要求

原料及辅料应符合 GB 2760《食品安全国家标准食品添加剂使用标准》及相应的卫生标准的要求和有关规定。

3. 感官要求

应符合表 5-1 的规定。

表 5-1 感官要求

项目	要求		检测方法
色泽	按标准样检验，色泽均匀		取 100 粒被测样品，在自然光线下观察其色泽，将胶囊挤破后鼻嗅
气味	按标准样检验，同批次产品保持一致		
外观	气泡、破碎合格率	合格率≥99.9%	随机抽取 200 g 被测样品，在带有背光的灯检台上平铺爆珠，目测观察
	拖尾、实心胶囊、空心胶囊、连体胶囊	不得检出	

4. 物理指标

应符合表 5-2 的规定。

表 5-2 物理指标

项目	要求	检测方法
粒径/mm	设计值±0.15（合格率≥95%）	见本章第四节
圆度/mm	≤0.2（合格率≥95%）	
耐压强度/kgf[①]	设计值±0.6（合格率≥85%）	
单粒胶囊重量/mg	设计值±1.5	
单粒胶囊芯材重量/mg	设计值±1.3	
单粒胶囊壁材重量/mg	设计值±0.15	
1 kg 胶囊数量/粒	设计值±5%	

5. 安全性指标

应符合表 5-3 的规定。

---

① 1 kgf=9.8 N。kgf 为非法定计量单位，但现阶段烟草行业实际生产、检测中一直沿用，为使读者了解、熟悉行业实际情况，本书予以保留。——编者注

表 5-3　安全性指标

项目	指标	检验方法
重金属（以 Pb 计）	≤10.0	GB/T 5009.74
砷（以 As 计）	≤3.0	GB/T 5009.76
菌落总数/CFU·g^{-1}	≤1000	GB 4789.2

6. 生产过程卫生要求

应符合 GB 14881《食品安全国家标准食品生产通用卫生规范》的要求。

四、质量控制的检验规则

1. 组　批

同一班次，同一次投料、生产的同一规格产品为一个检查批。

2. 抽　样

同一检查批中按表 5-4 随机抽取样本，从每个样本中各抽取 30～50 g 作为样品，所取样品总量不应少于 300 g。将样品混合均匀后分为三份，一份用于检测，一份用于复检，另一份留样备查。

表 5-4　卷烟胶囊抽样规则对应表

产品最小包装总数	应抽取的产品最小包装数
1～10	每个包装
>100	10

3. 出厂检验

成品出厂前必须经公司质量检验部门逐批检验合格，并签发合格证方可出厂。

出厂检验项目为：粒径、耐压强度、单粒胶囊重量、单粒胶囊芯材重量、单粒胶囊壁材重量、1 kg 胶囊数量。

4. 判定规则

在进行合格判定时，有效数字按 GB/T《数值修约规则与极限数值的表示和判定》进行修约。

质量判定：

若出现下列情况之一，则判定该批卷烟胶囊不合格：

（1）感官指标中任一项不符合要求；

（2）物理指标中粒径、耐压强度任一项不符合要求；

（3）物理指标中单粒胶囊重量、单粒胶囊芯材重量、单粒胶囊壁材重量、1 kg 胶囊数量两项及以上不符合要求；

（4）安全性指标中任一项不符合要求。

五、标志、包装、运输、贮存

1. 标　志

外包装贮运图标应符合 GB/T 191《包装储运图示标志》的规定。包装箱上应标明生产企业名称、地址、产品名称、产品规格、产品批号、产品净重、生产日期、合格证等便于追溯的信息，应有防潮、防倒置标识。

箱式包装内最小包装单元上应有规格、标称重量、产品批号等信息。

2. 包　装

包装材料和容器应符合 GB 9688《食品包装用聚丙烯成型品卫生标准》及有关规定，封口严密，包装牢固。胶囊包装方式为箱式（盒式、桶式、袋式及其他）包装，箱式（盒式、桶式、袋式及其他）包装内应进行防震处理，并在最小包装单元内放置干燥剂，箱内（盒式或桶式）包装不应倒置，应无破损、无污染。

3. 运　输

运输温湿度要求：首先保证温度 0～30 ℃，其次保证湿度为 40%～70%，极端天气下应采取相应的保温及防止温度骤变的措施，避免阳光直射。

运输中应防止雨淋、受潮、暴晒、挤压；运输工具应清洁、卫生，产品不得与有毒、有害、有腐蚀性、易挥发的物品混装运输；装卸时应轻拿轻放。

4. 贮　存

产品及加有产品的滤嘴棒的贮存温度为 10～30 ℃，贮存湿度为 40%～60% RH。

贮存产品的仓库应当保持清洁、阴凉、干燥、通风、恒温、恒湿，严防受热、暴晒、挤压。本产品应离地离墙摆放，不得与有毒、有害、有腐蚀性、易挥发性物品混贮。

第四节　卷烟胶囊物理检测方法

一、物理检测指标

物理检测指标主要对卷烟胶囊的粒径、耐压强度、单粒胶囊重量、单粒胶囊芯材重量、单粒胶囊壁材重量、1 kg 胶囊数量进行的检测，同时也适用于单粒胶囊的质量技术要求的检测。

二、卷烟胶囊的抽样方法

卷烟胶囊的抽样方法以同一名称、同一规格、同一生产批次的卷烟胶囊为一个检查批。

抽取 200 g 样品，分成两份，作为检测使用。

样品应密封、采取相应的防止温、湿度骤变的措施，在完成抽样后，应尽快检测。

抽样记录应记载下列信息：

（1）产品名称、规格、数量、生产批号、生产日期；
（2）抽样时间；
（3）抽样地点、抽样温、湿度；
（4）抽样人。

三、分析步骤

（一）检测环境要求

除外观、气味之外，其他项目应按照 GB/T 16447 规定的标准环境大气条件对试样进行调节和测试，调节大气温度(22 ± 1) °C、相对湿度$(60 \pm 5)\%$。

（二）外观视觉检测系统

烟用胶囊外观检测主要基于光学成像和图像处理算法的视觉检测系统，是用工业相机代替人眼睛去完成识别、测量、定位等功能。一般视觉检测系统由相机、镜头、光源组合而成，可以代替人工完成条码字符、裂痕、包装、表面图层是否完整、凹陷等检测，使用视觉检测系统能有效地提高生产流水线的检测速度和精度，大大提高产量和质量，降低人工成本，同时防止因为人眼疲劳而产生的误判。

视觉检测系统主要由工业相机、工业镜头、视觉检测光源、控制器等结构组成，系统通过以下方法对产品进行检测：

1. 灰阶画面检测

灰阶指显示画面从最亮到最暗不同亮度的层次等级，灰阶等级越多，所呈现的画面效果就越细腻（图5-1）。对该画面的判别要求是判断电子书是否正常显示该画面，而无需计算灰阶等级数。可截取部分画面分析处理。软件算法方面，可采用行扫和边界判别法，确定画面呈现直线型的边界。通过对行扫灰度值的计算，确定画面的灰度值呈现规律变化，从而迅速判断画面是否为灰阶画面。

2. 方格画面检测

黑白方格画面常用于MTF（调制传递函数，即以1 mm范围内所能呈现的线条数来测定光学频率的方式，其单位为 line/mm）的测试，用来计算显示黑白颜色的对比效果（图5-2）。对该画面的判别要求不要计算MTF，而只需要判别是否正常显示该画面。可截取某一部分画面做分析处理。软件计算方法，可通过边缘判定方法，确定画面是否呈现有规律的方形的边界。并通过对像素灰度值的计算，确定画面为黑白两色，从而确定画面为黑白方块画面。

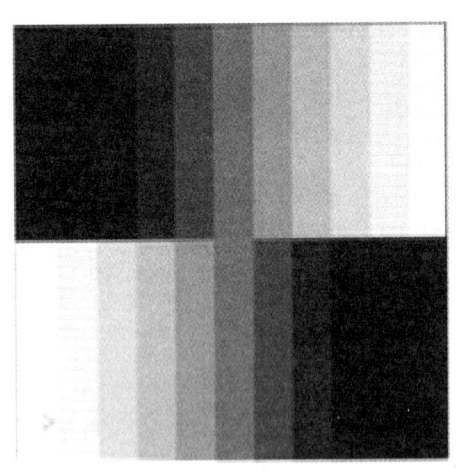

图5-1 灰阶画面检测

图5-2 方格画面检测

3. 纯白画面检测

纯白画面测试常用于污点测试，测试方法是逐个比较相邻像素点的灰度值，如果发生突变，则认为出现污点（图5-3）。该测试需注意的是外界光源效果对测试结果的影响，以及边缘部分光强较弱导致的误判。这都必须在设备开发和软件计算时考虑进去。如果被测体是一个 6~10 in（英寸，1 in = 2.54 cm）的 LCD 屏，现有 CCD 无法一次性测量这么大的全部画面，而测试需求为整个画面都要测试，所以必须让产品或 CCD 在测试过程中移动多次。

4. LED 灯颜色检测

LED 的颜色判定可通过直接计算画面指定位置的 RGB 值来判别（图 5-4）。

图 5-3 纯白画面检测

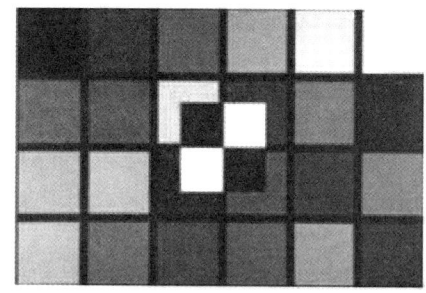

图 5-4 LED 灯颜色检测

5. 字符检测

字符检测是机器视觉检测中很常见的一种测试，通常的方法是对所有阿拉伯数字和英文字母建立模型，然后通过模型匹配的方法进行检测，对规则清晰的字符，识别率可达 99% 以上。

（三）烟用胶囊常用视觉检测系统分类

1. 烟用胶囊外观缺陷光学自动检测设备（图 5-5）

专用于胶囊外观缺陷检测，常见缺陷包括气泡、空丸、实心、斑点、偏大、偏小、混料、黑点、圆度不饱满、缺料、拖尾、混色等。

2. 烟用胶囊尺寸光学测量仪（图 5-6）

用于烟用胶囊的高精度直径测量，并依此计算烟用胶囊圆度，可同时兼容直径 2~5 mm 尺寸胶囊测量。

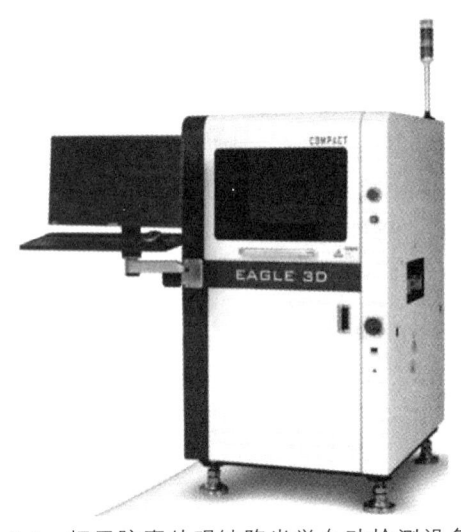

图 5-5　烟用胶囊外观缺陷光学自动检测设备

图 5-6　烟用胶囊尺寸光学测量仪

3. 烟用胶囊同心度光学测量仪（图 5-7）

适用于生产过程中干燥前的滴丸包衣和香精直径测量，并依此计算包衣与香精圆心及其同心度。

（四）外观检测方法

1. 实验仪器

灯检台。

2. 检测方法

取 100 粒胶囊平铺于灯检台上，观察其形态：将气泡、破碎、拖尾、连体胶囊、实心胶囊、空心胶囊分别拣出计数。

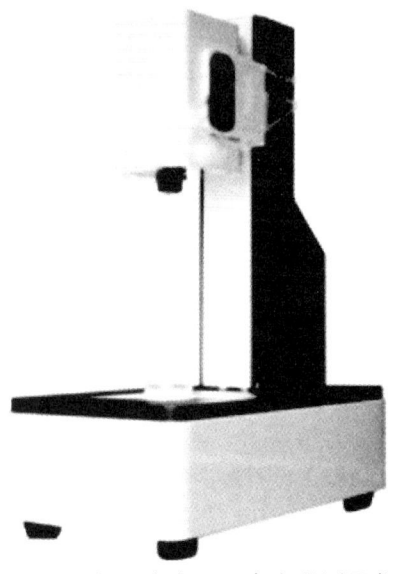

图 5-7　烟用胶囊同心度光学测量仪

3. 分析结果的计算

（1）气泡、破碎合格率

以无气泡、不破碎的胶囊的试样数量占全部样品的分数计，数值以%表示，按式（5-2）计算：

$$气泡、破碎合格率 = \frac{n_1}{n} \times 100 \tag{5-2}$$

式中　n_1——无气泡、不破碎的胶囊的试样数量，粒；
　　　n——试样的总数量，粒。

计算结果精确至 0.1%。

（2）拖尾、连体胶囊、实心胶囊、空心胶囊

不得检出。

（五）粒径检测方法

1. 原　理

采用游标卡尺测量胶囊的最大直径，计算技术要求范围分数。

2. 实验仪器

数显游标卡尺：0.01 mm。

3. 检测方法

从测试样品中随机抽取 100 粒胶囊，使用精度为 0.01 mm 的数显游标卡尺对胶囊逐粒测定，粒径以 100 粒胶囊测定结果的算术平均值表示，结果保留至小数点后两位，单位为毫米（mm）。

4. 分析结果的计算

以粒径在技术要求范围内的试样占全部样品的分数计，数值以%表示，按式（5-3）计算：

$$粒径合格率 = \frac{n_2}{n} \times 100 \tag{5-3}$$

式中　n_2——粒径技术要求范围内的试样数量，粒；
　　　n——试样的总数量，粒。

计算结果精确至 1%。

（六）圆度检测方法

1. 原　理

用游标卡尺变换角度，测量出胶囊的最大直径和最小直径，记录数值，计算圆度。

2. 实验仪器

数显游标卡尺：0.01 mm。

3. 检测方法

取 100 粒胶囊，分别用精度为 0.01 mm 的数显游标卡尺对胶囊逐粒通过旋转、变换角度测量方式，测量出胶囊的最大直径和最小直径，分别记录计算极差值。

4. 分析结果的计算

以极差值在技术要求范围内的试样占全部样品的分数计，数值以%表示，按式（5-4）计算：

$$圆度合格率 = \frac{n_3}{n} \times 100 \quad\quad\quad (5\text{-}4)$$

式中　n_3——极差值在技术要求范围内的试样数量，粒；
　　　n——试样的总数量，粒。

计算结果精确至 1%。

（七）耐压强度及耐压强度均值检测方法

1. 原　理

使用推拉力计（图 5-8）对胶囊进行下压测试，直至胶囊挤破，此时下压力达到峰值，读取此压力峰值，计算技术要求范围分数及均值。

2. 实验仪器

数显推拉力计：0.001 kg。

3. 检测方法

取一粒待检胶囊放置于光滑的放置台上，控制推拉力计以 1.4～1.6 mm/s 的速度下移至压头与胶囊碰触，持续

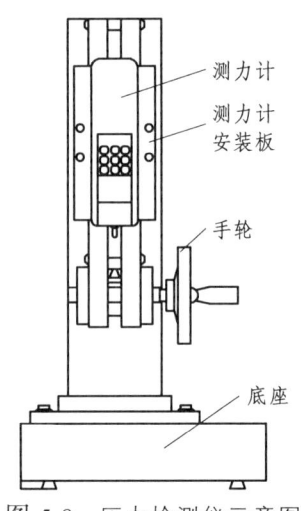

图 5-8　压力检测仪示意图

下压直至胶囊挤破，此时下压力达到峰值，读取此压力峰值即为此粒胶囊的耐压强度，每次检测 100 粒胶囊。

4. 分析结果的计算

（1）耐压强度合格率

以耐压强度在技术要求范围内的试样占全部样品的分数计，数值以%表示，按式（5-5）计算：

$$耐压强度合格率 = \frac{n_4}{n} \times 100 \qquad (5-5)$$

式中　n_4——耐压强度技术要求范围内的试样数量，粒；

　　　n——试样的总数量，粒。

计算结果精确至 1%。

（2）耐压强度均值

所测样品的耐压强度均值，按式（5-6）计算：

$$耐压强度均值 = \frac{p}{n} \qquad (5-6)$$

式中　p——所测样品的耐压强度总和，kgf；

　　　n——试样的总数量，粒。

计算结果精确至 0.001 kgf。

5. 综合检测仪

烟用胶囊综合检测仪（图 5-9）为新型研发的专门用于烟用胶囊检测的仪器，可进行烟用胶囊破碎压力、压陷量、强度（脆度）等常用烟用胶囊技术参数的检测。

目前市场上的检测仪主要分为三种：

（1）全手动，依靠手动旋转丝杆机构来完成加压，人工读取压力值，手动加料和清理残渣。

（2）半自动，自动加压和电脑读取测量数据，但是需要手动加料和清理残渣。

（3）全自动，自动加压和电脑读取测量数据，并且可以实现全自动进料、自动测量、自动清洁、无需人工值守。

烟用胶囊测定仪通常由多个可更换的模块组成，可以根据不同模块及组件实现模拟人手捏胶囊，测量烟用胶囊的破裂力、破裂距离、膜厚度及胶囊直径等进行测量，并通过仪器的感应装置将数据实时绘制成相应图表，为胶囊工艺开发及优化提供必要的数据。

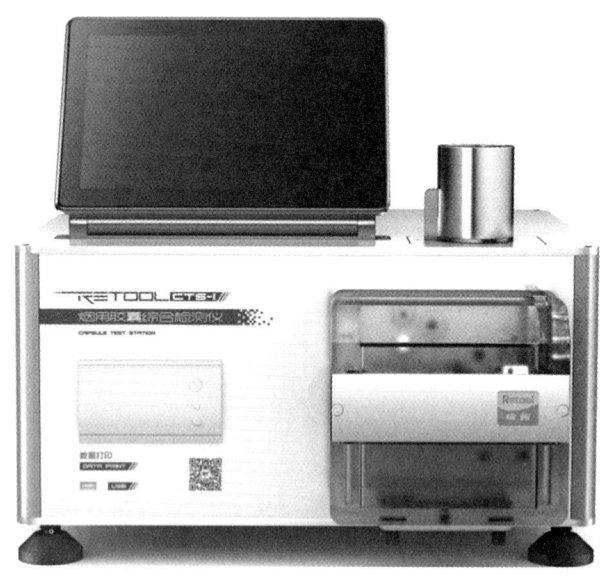

图 5-9 烟用胶囊综合检测仪

（八）单粒胶囊重量、单粒胶囊芯材重量、单粒胶囊壁材重量及 1 kg 胶囊数量检测方法

1. 原　理

分别称出胶囊的重量和壁材重量，计算出单粒胶囊重量、单粒胶囊芯材重量、单粒胶囊壁材重量及 1 kg 胶囊数量。

2. 实验仪器

分析天平：1/10 000；
吸油纸。

3. 检测方法

取 100 粒胶囊，分成 10 份每份 10 粒，分别装入称量瓶中称取重量（精确到 0.0001 g），将称量好的胶囊取出放入吸油纸中挤破，更换吸油纸对其挤压，并重复以上操作至吸油纸上无内容物为止，称取重量（精确到 0.0001 g）。

4. 分析结果的计算

（1）单粒胶囊重量

所测胶囊样品的重量均值即为单粒胶囊的重量，按式（5-7）计算：

$$Q = \frac{Q_1}{n} \qquad (5\text{-}7)$$

式中　Q——单粒胶囊的重量，mg；
　　　Q_1——样品的重量总和，mg；
　　　n——样品的数量，粒。

计算结果精确至 0.001 mg。

（2）单粒胶囊芯材重量

单粒胶囊芯材重量按式（5-8）计算：

$$Q = \frac{Q_1 - Q_2}{n} \qquad (5\text{-}8)$$

式中　Q——单粒胶囊芯材重量，mg；
　　　Q_1——样品的重量总和，mg；
　　　Q_2——样品的壁材重量总和，mg；
　　　n——样品的数量，粒；

计算结果精确至 0.001 mg。

（3）单粒胶囊壁材重量

单粒胶囊壁材重量按式（5-9）计算：

$$Q = \frac{Q_1}{n} \qquad (5\text{-}9)$$

式中　Q——单粒胶囊壁材重量，mg；
　　　Q_1——样品的壁材重量总和，mg；
　　　n——样品的数量，粒；

计算结果精确至 0.001 mg。

（4）1 kg 胶囊数量

1 kg 胶囊数量按式（5-10）计算：

$$n = \frac{1000}{\frac{Q_1}{n}} \times 1000 \qquad (5\text{-}10)$$

式中　n——1 kg 胶囊数量，粒；
　　　Q_1——样品的重量总和，mg；
　　　n——样品的数量，粒。

计算结果取整数。

（九）气　味

从外观检测样品中抽取 10 粒胶囊，逐粒捏破，采用鼻嗅方式与标准样进行比对。

第五节　成品的稳定性研究

胶囊稳定性研究的目的是考察成品在温度、湿度、光线等条件的影响下随时间变化的规律，为胶囊产品的生产、包装、贮存、运输条件和有效期的确定提供科学依据，以保障产品的稳定性。

一、稳定性研究的设计

稳定性研究的设计应根据不同的研究目的，结合芯材的理化性质的特点和具体的工艺条件进行。一般地，影响因素试验采用一批样品进行，加速试验和长期试验采用三批样品进行。稳定性研究应采用一定规模生产的样品，以能够代表规模生产条件下的产品质量。胶囊产品的制备工艺应与生产规模一致，应为 10 000 个胶囊单位左右，胶囊产品为 10 000 丸左右。稳定性研究中，稳定性试验要求在一定的温度、湿度、光照条件下进行，这些放置条件的设置应充分考虑到胶囊在贮存、运输及使用过程中可能遇到的环境因素影响。胶囊也应在影响因素试验结果基础上选择合适的包装，加速试验和长期试验中的包装应与拟上市包装一致。

稳定性研究中应对各项试验条件要求的环境参数进行控制和监测，样品的批次和规模、包装及放置条件、考察时间点、考察项目、分析方法都要求监控。影响因素试验是在剧烈条件下进行的，目的是了解影响稳定性的因素及可能的降解途径和降解产物，为胶囊工艺筛选、包装材料和容器的选择、贮存条件的确定等提供依据。同时为加速试验和长期试验应采用的温度和湿度等条件提供依据，还可为分析方法的选择提供依据。

通过对由影响因素试验、加速试验、长期试验获得的胶囊产品的稳定性信息进行系统的分析，确定胶囊的贮存条件、包装材料和容器、有效期。

根据胶囊产品的稳定性研究目的，结合芯材的理化性质、特点及具体处方条件进行，应从以下几个方面设计胶囊的试验：

（1）稳定性试验包括影响因素试验、加速试验与长期试验，一般地，影响因素试验用 1 批样品进行，加速试验与长期试验用 3 批供试品进行。

（2）胶囊应是一定规模生产的，为放大试验的产品，其处方与生产工艺应与大生产一致。

（3）胶囊的质量标准应与各项基础研究所使用的胶囊质量标准一致。

（4）考虑胶囊的包装及放置条件，胶囊的稳定性试验应在一定的温度、湿度、光照条件下进行，这些放置条件的设置应根据胶囊本身的特性，并充分考虑到产品在贮存、运输及使用过程中可能遇到的环境因素。胶囊应在影响因素试验结果基础上选择合适的包装，加速试验和长期试验中的包装应与拟上市包装一致。稳定性研究中应对各项试验条件要求的环境参数进行控制和监测。

（5）考察时间点由于稳定性研究目的是考察胶囊质量随时间变化的规律，因此研究中一般需要设置多个时间点考察样品的质量变化。考察时间点应基于对胶囊性质的认识、稳定性趋势评价的要求而设置。如长期试验中，总体考察时间应涵盖所预期的有效期，中间取样点的设置要考虑胶囊的稳定性特点。对某些环境因素敏感的胶囊，应适当增加考察时间点。

（6）考察项目稳定性研究的考察项目应选择在胶囊保存期间易于变化，并可能会影响到胶囊的质量、安全性和有效性的项目，以便客观、全面地反映胶囊的稳定性。根据胶囊特点和质量控制的要求，尽量选取能灵敏反映胶囊稳定性的指标。一般地，考察项目可分为物理、化学、生物学和微生物学等几个方面。

二、稳定性研究的试验方法

根据研究目的不同，稳定性研究内容可分为影响因素试验、加速试验、长期试验等。

1. 影响因素试验

影响因素试验一般包括高温、高湿、光照试验。一般采用除去内包装的最小制剂单位，分散为单层，置于适宜的条件下进行。如试验结果不明确，应加试两个批号的样品。

（1）高温试验一般采用的温度为 60 ℃、40 ℃；由于胶囊所采用的基质熔点较低，因此在稳定性研究时高温试验可适当降低温度，如采用 50 ℃、40 ℃ 进行。供试品置密封洁净容器中，在 50 ℃ 条件下放置 10 d。于第 5 天和第 10 天取样，检测有关指标。若供试品发生显著变化，则在 40 ℃ 下同法进行试验。若 50 ℃ 无显著变化，则不必进行 40 ℃ 试验。

（2）高湿试验取胶囊供试品置恒湿密闭容器中，于 25 ℃、RH（90% ± 5%）条件下放置 10 d，在第 5 天和第 10 天取样检测。检测项目应包括吸湿增重项。若吸湿增重 5% 以上，则应在 25 ℃、RH（75% ± 5%）下同法进行试验；若吸湿增重 5% 以下，且其他考察项目符合要求，则不再进行此项试验。恒湿条件可采用恒温恒湿箱或通过在密闭容器下部放置饱和盐溶液来实现。根据不同的湿度要求，选择 NaCl 饱和溶液 [15.5 ~ 60 ℃，RH（75% ± 1%）]或 KNO_3 饱和溶液（25 ℃，RH 92.5%）。

（3）光照试验 取胶囊供试品置光照箱或其他适宜的光照容器内，于照度(4500 ± 500) lx 条件下放置 10 d，在第 5 天和第 10 天取样检测。

2. 加速试验

加速试验是在超常条件下进行的，目的是通过加快市售包装中胶囊的化学变化或物理变化速度来考察胶囊的稳定性，对胶囊产品在运输、保存过程中可能会遇到的短暂的超常条件下的稳定性进行模拟考察，并初步预测样品在规定贮存条件下的长期稳定性。

加速试验一般取上市包装的三批样品进行，建议在比长期试验放置温度至少高 15 ℃ 的条件下进行。一般可选择(40 ± 2) ℃、RH（75% ± 5%）条件下进行 6 个月试验。在试验期间第 0、1、2、3、6 个月末取样检测考察指标。如在 6 个月内供试品经检测不符合质量标准要求或发生显著变化，则应在中间条件(30 ± 2) ℃、RH（65% ± 5%）同法进行 6 个月试验。

3. 长期试验

长期试验是在上市胶囊规定的贮存条件下进行，目的是考察胶囊在运输、保存、使用过程中的稳定性，能直接地反映胶囊稳定性特征，是确定有效期和贮存条件的最终依据。取三批样品在(25 ± 2) ℃、RH（60% ± 10%）条件进行试验，取样时间点一般为第一年每 3 个月末一次，第二年每 6 个月末一次，以后每年末一次。

4. 胶囊上市后的稳定性研究

胶囊在生产使用前的稳定性研究，一般并不是实际生产产品的稳定性，具有一定的局限性。采用实际条件下生产的产品进行的稳定性考察结果，是确认上市胶囊稳定性的最终依据。

在胶囊获准生产使用后，应采用实际生产规模的胶囊继续进行长期试验。根据继续进行的稳定性研究的结果，对包装、贮存条件和有效期进行进一步的确认。

胶囊在获得生产使用后，可能会因各种原因而申请对制备工艺、芯材组成、规格、包装材料等进行变更，一般应进行相应的稳定性研究，以考察变更后胶囊的稳定性趋势,并与变更前的稳定性研究资料进行对比,以评价变更的合理性。

通过对影响因素试验、加速试验、长期试验获得的胶囊稳定性信息进行系统的分析,确定胶囊的贮存条件、包装材料/容器和有效期。

三、包装材料和贮藏条件考察

1. 贮存条件的确定

应综合影响因素试验、加速试验和长期试验的结果,同时对胶囊在运输过程中可能遇到的情况进行综合分析。选定的贮存条件应按照规范术语描述。

2. 包装材料/容器的确定

一般先根据影响因素试验结果,初步确定包装材料和容器,结合加速试验和长期试验的稳定性研究的结果,进一步验证采用的包装材料和容器的合理性。

3. 有效期的确定

胶囊的有效期应综合加速试验和长期试验的结果,进行适当的统计分析得到,一般以长期试验的结果来确定最终有效期。

由于试验数据的分散性,一般应按95%可信限进行统计分析,得出合理的有效期。如三批统计分析结果差别较小,则取其平均值为有效期,如差别较大则取其最短的为有效期。若测定结果变化很小,提示药品是很稳定的,则可以不做统计分析。

参考文献

[1] GB/T 19000—2000 质量管理体系[S].

[2] GB/T 19001—2016 质量管理体系 要求[S].

[3] GB/T 28001—2011 职业健康安全管理体系要求[S].

[4] GB/T 191—2008 包装储运图示标志[S].

[5] GB 2760—2014 食品安全国家标准食品添加剂使用标准[S].

[6] GB 4789.2—2010 国家标准食品卫生微生物学检验菌落总数测定[S].

[7] GB/T 5009.74—2003 剂中重金属限量试验[S].

[8] GB/T 5009.76—2014 食品添加剂中砷的测定[S].

[9] GB/T 8170—2008 数值修约规则与极限数值的表示和判定[S].

[10] GB 9688—1988 食品包装用聚丙烯成型品卫生标准[S].

[11] GB 14881—2013 食品安全国家标准食品生产通用卫生规范[S].

[12] JJF1070—2005 定量包装商品净含量计量检验规则[S]. 中华人民共和国国家计量技术规范.

[13] GB/T 16447—2004 烟草及烟草制品调节和测试的大气环境[S].

[14] GB/T 8170—2008 数值修约规则与极限数值的表示和判定[S].

[15] 彭黔荣，周明珠，韩慧杰，等. 烟用胶囊颗粒强度检测装置的设计[J]. 烟草科技，2017，50（11）：93-98.

第六章

烟用胶囊化学成分分析技术

第一节　烟用胶囊壁材着色剂成分分析

一、烟用胶囊成分概述

（一）烟用胶囊壁材成分和原辅料性能及应用概述

目前烟用胶囊生产所用的主要原料大体类似，主要分为明胶体系及海藻酸钠体系两个体系。其中明胶体系，主要由明胶、阿拉伯胶、卡拉胶、普鲁兰多糖、淀粉、丙三醇、水、辛癸酸甘油酯或混合辛癸酸甘油单酯、氯化钙、石蜡油等组成；海藻酸钠体系，主要由海藻酸钠、卡拉胶、水、氯化钙、甘油、辛癸酸甘油酯等组成。除以上物质作为烟用胶囊生产中的原料主料外，各生产企业所用到的填充剂、功能助剂、着色剂、内容物香精及包衣材料则各有不同，由于各自配方、工艺、设备及产品风格特征需求不同而设计添加的物质，使得不同胶囊将存在了个性化差异。

国内烟用胶囊产品原辅料成分按使用功能可划分为壁材及内容物，其中壁材成分包括胶皮主料、辅料、添加剂、包衣材料及固化材料；内容物成分包括溶剂、卷烟胶囊香精等。物质分布与作用情况如下：

（1）胶皮主料为以明胶、海藻酸钠等为主的食用胶体材料作为增稠剂、成膜剂、填充剂；

（2）胶皮辅料以麦芽糊精、壳聚糖等为主的多糖材料作为填充剂；

（3）胶皮添加剂以食用色素、司班、柠檬酸等为主的助剂材料作为着色剂、表面活性剂及 pH 调节剂等功能性助剂；

（4）内容物溶剂以甘油酯、食用油等为主的酯类材料作为香精载体；

（5）内容物香精种类繁多，但油溶性香精居多；

（6）包衣材料以蜡质材料、纤维素材料为主，起到隔绝外界环境水分影响的作用；

（7）固化剂以多种钙盐为主，主要与胶皮主料中的物质发生配合反应或交联反应，起到固化胶皮、增加胶囊强度的作用；

（8）另外，还有多种储备材料及提高胶囊产品品质的功能增强材料。

天然海藻酸钙是一种从海带等褐藻植物中提取的天然多糖类物质，由 α-L-甘露糖醛酸（M 段）和 β-D-古罗糖醛酸（G 段），通过 1，4-糖苷键连接形成。烟用胶囊生产过程中，主要是通过海藻酸钠溶液和钙离子交联反应形成，是热不可逆凝胶，具有很好的保水性。海藻酸钙产品为白色至黄白色不定型或纤维状粉末，无臭无味无毒，不溶于水和有机溶剂，难溶于乙醇，但是可缓慢溶于碱性溶液或钙盐溶液。

食品级明胶，在水中久浸即吸水膨胀并软化，重量可增加 5~10 倍。不溶于有机溶剂，不溶于冷水，易溶于温水，熔点在 24~28 ℃，其溶解度与凝固温度相差很小，易受水分、温度、湿度的影响而变质。另外，明胶的熔点和凝固点均低于人体体温，明胶是亲水性胶体，具有很好的保护胶体的性质，可作为疏水胶体的稳定剂、乳化剂。明胶是一种重要的天然高分子材料，是由胶原蛋白水解产生的非均匀肽分子聚合物质，是胶原降解的产物，具有良好的生物相容性和生物可降解性。高温下的明胶液呈流体状，冷却形成凝胶，干燥后可形成一层明胶膜。

除海藻酸钙和明胶外，海藻酸钠、蜂蜡、麦芽糊精、羧甲基纤维素钠、壳聚糖、淀粉糖浆干粉、聚乙烯、聚酯、桃胶、果胶、魔芋胶、琼脂、山梨糖醇、甘油等也是作为胶囊壁材的辅料。

以上这些原料中麦芽糊精、羧甲基纤维素钠、壳聚糖、阿拉伯胶、海藻酸钠等在水中可以溶解，无凝胶特性，不适合物理成膜工艺，单一的使用无法实现对香精香料的包埋，只能作为辅料，或者是对已成型的胶囊进行一个加强和完善。

山梨糖醇和甘油不能直接成膜，但具有一定的保水增润作用，加入一定量的山梨糖醇和甘油，可以增加壁材的韧性，可以根据香精香料的包埋效果和产品指标需求选择性添加。

淀粉糖浆干粉没有成膜性能，具有一定的增稠效果，还可以作为填充剂。

桃胶、果胶、魔芋胶和琼脂这几个材料不会与金属离子产生交联反应，不适合界面成膜工艺，但都有凝胶特性，在香精香料包埋试验中，所形成的膜太薄，无法形成能够支撑香精香料的壁囊，滴制破损严重，也无法单独使用，可根据需要搭配其他材料复配使用。

明胶在冷水中长时间浸泡会膨胀，但无法溶解，也无法跟金属离子反应；在热水中能溶解，且溶液温度降低后会形成凝胶，适用物理成膜工艺。

（二）目前国内烟用胶囊生产原料及控制

烟用胶囊企业对于外观和物理性能指标的控制是目前烟用胶囊产品企业控制的普遍要求，对于安全性指标的要求，不同企业或有或无，存在差异。

生产原料方面，烟用胶囊芯材用香精由各卷烟工业企业直接提供，烟草行业对烟用添加剂有严格的安全管控。

YC/T 164—2012《烟用香精》[1]规定了烟用香精的术语和定义、技术要求、试验方法、检验规则、包装、标志、运输和贮存。

烟用胶囊产品生产原辅料均为食品级或医药级，且要求符合我国食品行业相关标准的规定，如 GB 2760—2014《食品安全国家标准食品添加剂使用标准》[2]、GB 28402—2012《食品安全国家标准食品添加剂普露兰多糖》[3]等。

烟草行业对卷烟胶囊壁材许可使用及临时许可使用的物质，包括溶剂、增稠剂、成膜剂、填充剂、水分保持剂、乳化剂、交联剂、酸度调节剂、抗氧化剂、防腐剂、稳定剂、凝固剂、抗结剂、被膜剂及着色剂等做了相关要求。

（三）烟用胶囊着色剂的使用及性质概述

着色剂又称为食品色素，是以食品的着色为主要目的，能赋予食品色泽和改善食品色泽的物质。目前世界上常用的食品着色剂有 60 余种，我国允许使用的有 46 种，按其来源和性质分为食品合成着色剂和食品天然着色剂两类。随着人们对食品添加剂安全意识的提高，大力发展天然、营养、多功能的天然着色剂已成为着色剂的发展方向[4]。

人工合成的着色剂主要是以苯、甲苯、萘等芳烃类化工产品为原料，经过磺化、硝化、卤化、偶氮化等一系列有机反应化合而成，本身无营养价值，但由于其成本低廉、色泽鲜艳、着色力强及配色方便，在食品生产加工行业中被广泛应用。研究表明，过量摄入人工合成着色剂，对肾脏、肝脏产生一定的伤害，对食用者健康危害极大。

在烟用胶囊的生产过程中，大多会添加着色剂，为了达到区分胶囊的香型、改善胶囊的外观等目的。天然着色剂由于稳定性较差、价格高、易褪色等缺陷，虽然其大多无毒副作用，但限制了天然着色剂应用范围[5]。合成着色剂为允许添加的化学成分，但其使用含量受到严格的控制，因此研究合成着色剂的检测方法有利于避免生产过程中超量使用的风险。

鉴于以上原因，众多国家对食品中的着色剂使用量制定了严格的限量标准。我国

GB 2760—2014[2]中规定了各类食品中68种着色剂的使用限量,其中合成色素共计28种,合成色素的分类为四类:有机合成色素(苋菜红、胭脂红、柠檬黄、新红、赤藓红、诱惑红、日落黄、亮蓝和靛蓝及其铝色淀、喹啉黄等);无机合成色素(二氧化钛和合成氧化铁等);天然等同合成色素(β-胡萝卜素、番茄红素等);其他合成色素(叶绿素铜钠盐、叶绿素铜钾盐等)。

有机合成色素的铝色淀是通过纯有机合成燃料与氧化铝反应后,经清洗和干燥等工序,使水溶性色素沉淀在不溶性基质上所制备的特殊着色剂,其不溶于任何介质,通过扩散在某种载体中(如砂糖、油、甘油、糖浆)进行着色。

有机合成色素从结构上分为偶氮色素类(苋菜红、胭脂红、日落黄、柠檬黄等)和非偶氮色素类(赤藓红、亮蓝、靛蓝等)。这些色素的相对分子质量在450~880,最大吸收波长在428~630 nm。其耐氧化还原性能均较差,耐热、耐光性能稳定,胭脂红、诱惑红、日落黄、靛蓝在碱性条件下不稳定,赤藓红、靛蓝在酸性条件下不稳定。

烟草行业对烟用胶囊壁材许可使用和临时许可使用的物质及使用做了要求,其中有21种着色剂,包括有机合成的(苋菜红、胭脂红、柠檬黄、赤藓红、诱惑红、日落黄、亮蓝、靛蓝、酸性红及其柠檬黄铝色淀、喹啉黄、叶黄素等)、无机合成的(氧化铁黑和二氧化钛)及天然或天然等同的着色剂(辣椒红、番茄红素、甜菜红、姜黄素等)。

烟用胶囊中所使用的着色剂多为水溶性着色剂,主要包含:亮蓝、靛蓝、胭脂红、赤藓红、诱惑红、苋菜红、酸性红、柠檬黄、日落黄、喹啉黄、甜菜红、焦糖色等。

1. 亮　蓝[6]

亮蓝(Brilliant blue),又名食用蓝色1号(日本)、食用蓝色2号,化学名称为双[4-(N-乙基-N-3-磺酸苯甲基)氨基苯基]-2-磺酸甲苯基二钠盐,结构如下所示,属水溶性非偶氮类着色剂。亮蓝为食用蓝色色素,属于人工合成色素,是由苯甲醛邻磺酸与N-乙基-N-(3-磺基苄基)-苯胺经缩合、氧化而制得,是带金属光泽的深紫至青铜色颗粒或粉末,无臭、耐光性及耐热性强。对柠檬酸、酒石酸、碱稳定,易溶于水(18.7 g/100 mL,21 ℃),0.05%中性水溶液呈清澈蓝色。弱酸时呈青色,强酸时呈黄色,仅在煮沸并加碱时呈紫色,溶于乙醇(1.5 g/100 mL,95%乙醇溶液,21 ℃),溶于甘油和丙二醇,与柠檬黄可配成绿色色素。可在食品、药品、化妆品等行业中作着色剂用。食品行业中适用于糕点、糖果、饮料等的着色。

2. 靛 蓝[7]

靛蓝（Indigotine），又名酸性蓝 74，为水溶性非偶氮类着色剂。化学名称 3,3'-二氧-2,2'-联吲哚基-5,5'-二磺酸二钠盐，结构如下所示。蓝色粉末（可能偏深蓝），无臭。溶于水，微溶于乙醇、甘油和丙二醇，不溶于油脂。0.05%的水溶液呈深绿色粉末或颗粒。耐热性、耐光性、耐碱性、耐氧化性、耐盐性和耐细菌性均较差。还原时褪色，如用次硫酸钠或葡萄糖等还原，则成为靛白，最大吸收波长(610 ± 2) nm，广泛用于食品、医药和印染工业。

3. 胭脂红[8]

胭脂红（Carmine），又名酸性红 18，结构如下所示，红色至深红色粉末，水溶液呈红色，无臭。易溶于水，能溶于甘油，微溶于乙醇，不溶于油脂。耐光性、耐酸性尚好，对柠檬酸、酒石酸稳定，耐细菌性差，耐热性、耐还原性相当差，在碱性溶液中变成褐色。最大吸收波长(508 ± 2) nm。

4. 赤藓红[9]

赤藓红（Erythrosin），结构如下所示，为红褐色颗粒或粉末状物质，无臭，易溶于水，水溶液为红色，溶于乙醇。对氧、热、氧化还原剂的耐受性好，染着力强，但耐酸及耐光性差，吸湿性差，在 pH<4.5 的条件下，形成不溶性的黄棕色沉淀，碱性时产生红色沉淀。在消化道中不易吸收，即使吸收也不参与代谢，故被认为是安全性较高的合成色素，主要用于饮料、配制酒和糖果、焙烤食品等。

5. 诱惑红[10]

诱惑红（Allura red）又名食品红 17，结构如下所示，暗红色粉末，无臭。溶于水、甘油和丙二醇，微溶于乙醇，不溶于油脂。中性和酸性水溶液中呈红色，碱性条件下则暗红色。耐光、耐热性好，耐碱、耐氧化还原性差。

6. 苋菜红[11]

苋菜红（Amaranth）又名酸性红 27，结构如下所示，红棕色至暗红棕色粉末或颗粒，无臭。易溶于水（17.2 g/100 mL，21 ℃）及甘油。水溶液带紫色。微溶于乙醇（0.5 g/100 mL 50%乙醇）。耐光、耐热性强（105 ℃），耐氧化、还原性差，不适用于发酵食品及含还原性物质的食品。对柠檬酸、酒石酸稳定，遇碱变为暗红色，遇铜、铁易褪色，染色力较弱。

7. 酸性红[12]

酸性红（Carmosine）又名偶氮玉红，4-羟基-3-(4-磺酸-1-萘偶氮)-1-萘磺酸二钠盐，结构如下所示，赤色粉末或颗粒，溶于水，微溶于乙醇。具有酸性染料的特性，能使动物纤维上色，多用于乳制食物、肉制食物、烘焙食物、面制食物、调味食物等。

8. 柠檬黄[13]

柠檬黄（Tartrazine），结构如下所示，橙黄色均匀粉末，0.1%的水溶液呈黄色，无臭。溶于水、甘油和丙二醇，微溶于乙醇，不溶于油脂。耐热性、耐酸性、耐光性和耐盐性均好，对柠檬酸和酒石酸稳定，但耐氧化性较差。遇碱变红，还原时褪色。最大吸收波长(428 ± 2) nm。

9. 日落黄[14]

日落黄（Sunset yellow），结构如下所示，又名食品黄 3，橙红色粉末或颗粒，无臭，吸湿性强。耐光、耐热性强。在柠檬酸、酒石酸中稳定，遇碱变为带褐的红色。易溶于水、甘油、丙二醇，微溶于乙醇，中性和酸性水溶液呈橙黄色，碱性时红棕色，溶于浓硫酸得橙色液，用水稀释后呈黄色。

10. 喹啉黄[15]

喹啉黄（Quinoline Yellow），结构如下所示，为水溶性偶氮类合成的食用黄色色素，黄色粉末或颗粒。溶于水，微溶于乙醇。在英国常用于雪糕、水果、蛋糕、巧克力、面包、奶酪酱、软饮料等食品的着色。由于该色素可能导致儿童多动症，日本、美国及挪威禁用于食品，而中国在食品中仅允许在预调酒中添加。

喹啉黄为 2-(2-喹啉基)-茚满基-1,3-二酮单磺酸钠盐（QYNa）和 2-(2-喹啉基)-茚满基-1,3-二酮二磺酸二钠盐（QYNa2）的混合物，相对分子质量分别为 375、477。QYNa、QYNa2 各存在两个同分异构体，按保留时间的前后分别定义为：QYNa2Ⅰ、QYNa2Ⅱ、QYNaⅠ、QYNaⅡ。

(—SO$_3$Na)$_n$
$n=2$

11. 甜菜红[16]

甜菜红结构如下所示，由食用红甜菜的根茎（俗称紫菜头），灭酶后用水萃取，提取液经浓缩得深红色浆料或红色粉末。可溶于水，不溶于乙醇，水溶液呈红色至紫红色。碱性溶液中变黄，pH为3~7比较稳定；染着性好，但耐热性较差；光和氧会促进其降解。最大吸收波长为537~538 nm。甜菜素是一种植物源的水溶性天然含氮色素，用于食品添加剂和化妆品等行业中，甜菜素兼具抗氧化、抗肿瘤、抗疟、保肝等药理作用。

12. 焦糖色[17]

焦糖色是食用色素中用量最大、使用范围最广的天然食品添加剂之一，它可以显著提升食品的色泽和风味等感官品质，主要应用于调味品、饮料、糖果中。其为黑褐色的胶状物或粉末，有特殊焦糖气味，易溶于水和稀乙醇溶液，不溶于油脂。粉状物吸湿性较强，过度暴露于空气中色调将受影响。

焦糖色是一种复杂的混合型化合物，以蔗糖、转化糖、乳糖、麦芽糖浆、糖蜜、淀粉的水解物和各水解组分为原料，将糖在高温下加热，使其焦糖化，用碱中和而得。由于所用催化剂的不同，分成四种不同类别的产品：Ⅰ类为普通法、Ⅱ类为加亚硫酸盐生产、Ⅲ类为加氨生产、Ⅳ类为亚硫酸铵法。

普通焦糖，是在碱或酸存在下和受控加热条件下制成，即由碳水化合物用或不用酸或碱加热制成者，但不用铵盐或亚硫酸盐。

碱性亚硫酸盐焦糖，是由碳水化合物在有亚硫酸盐而无铵盐存在下，用或不用酸或碱加热制成者。

氨法焦糖（亦称"焙烤用焦糖""糖果用焦糖""啤酒用焦糖"），由碳水化合物在有铵盐而无亚硫酸盐存在下，用或不用酸或碱加热制成者。

亚硫酸盐-铵法焦糖，由碳水化合物在铵盐和亚硫酸盐均存在下，用或不用酸或碱加热制成者。

各种焦糖所用的碳水化合物原料均为食用级的营养型甜味剂，包括葡萄糖、果糖和/或它们的聚合物如砂糖、淀粉水解液之类。酸和碱应是食用级的硫酸或柠檬酸、或氢氧化钠、钾、钙或它们的混合物。所用铵盐可用以下中的一种：氢氧化铵，碳酸铵和碳酸氢铵，磷酸铵，硫酸铵，亚硫酸铵和亚硫酸氢铵。所用亚硫酸盐可用以下中的一种：亚硫酸，亚硫酸和亚硫酸氢的钾、钠和铵盐。在生产过程中，可采用食用级的消泡剂，如脂肪酸的聚甘油酯。一般以砂糖为原料者，多采用酸作为催化剂，所得成品对酸、盐的稳定性好，红色色度高，但染色力低，适用于酱油和腌制品。用淀粉酸解液或葡萄糖为原料者，可用酸、碱或盐类为催化剂。凡用催化剂者，成品的耐碱性强，红色色度高，对酸和盐不稳定；而用酸做催化剂者，情况与蔗糖制品相似。

根据化学合成的结构不同，诱惑红、苋菜红、新红、日落黄、柠檬黄、胭脂红为偶氮类，亮蓝、赤藓红为三芳基甲烷类及其结构类似物，对光，氧气和 pH 稳定，颜色更均匀，偶氮类色素结构中存在偶氮基官能团（—N=N—），通常与两个芳香环相连接，根据分子结构中偶氮基数量的不同，被分为单、双、H、四或者多偶氮化合物。

（四）国内外着色剂相关标准及检测方法

1. 检测方法专利

李中皓[18]等公开了一种烟用胶囊中 8 种着色剂的测定方法，包括柠檬黄、苋菜红、胭脂红、日落黄、诱惑红、酸性红、亮蓝、赤藓红 8 种水溶性着色剂的高效液相色谱分析方法（图 6-1）。该方法用水对爆珠中 8 种水溶性着色剂进行震荡提取，过滤，得待测液；用高效液相色谱对待测液进行测定；流动相 A 为乙腈，流动相 B 为乙酸铵水溶液，采用梯度洗脱程序进行。流动相梯度洗脱程序为：初始 A 为 5%，B 为 95%；10 min 时 A 为 55%，B 为 45%；11 min 时 A 为 55%，B 为 45%；12 min 时 A 为 5%，B 为 95%；15 min 时 A 为 5%，B 为 95%。紫外检测的检测波长为：柠檬黄 427 nm；亮蓝 625 nm；苋菜红、胭脂红、日落黄、诱惑红、酸性红、赤藓红 511 nm。方法样品前处理过程简单、快速，大大节省了分析时间，便于批量样品分析。

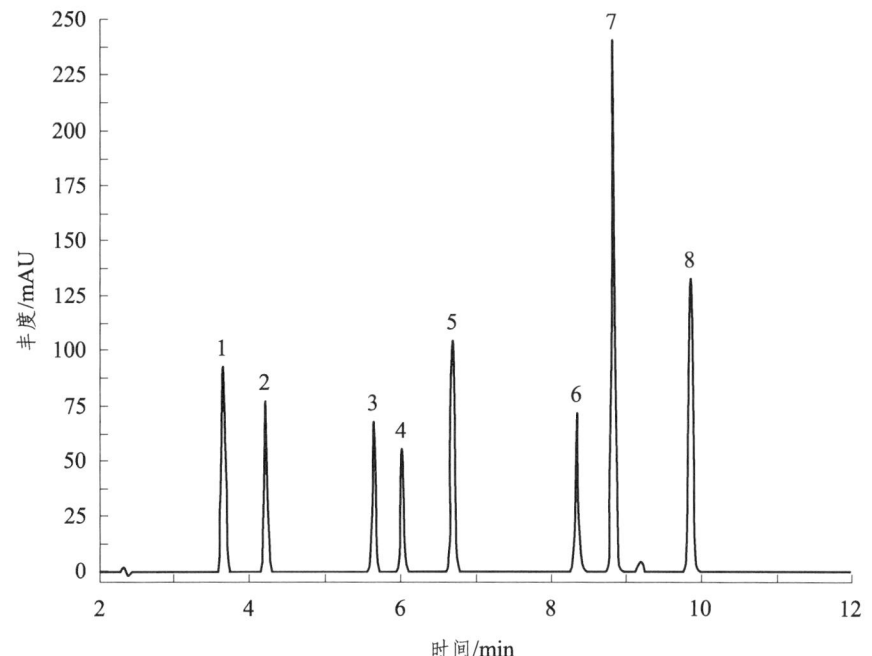

1—柠檬黄；2—苋菜红；3—胭脂红；4—日落黄；5—诱惑红；6—亮蓝；7—酸性红；8—赤藓红。

图6-1　8种着色剂色谱图

刘秀明[19]等公开了一种烟用胶囊中8种着色剂的液相色谱测定方法，包括柠檬黄、苋菜红、胭脂红、日落黄、诱惑红、亮蓝、酸性红、赤藓红的测定方法（图6-2）。

该方法从烟支滤嘴中取出胶囊，将胶囊挤破用吸油纸吸干香精，称取 0.1～0.2 g 爆珠壁材，加入 15 mL 70～80 ℃的热水，在恒温水浴中超声提取 10～20 min，取 2 mL 提取液置于离心机中，10 000 r/min 离心 5 min，用 0.45 μm 的水相滤膜过滤制得待测液；采用 HPLC 法对待测溶液进行分析，色谱柱为 C_{18}，采用二极管阵列检测器（PDA）进行检测，流动相为甲醇/乙酸铵水溶液，采用梯度洗脱程序；根据标准曲线计算烟用胶囊壁材中的着色剂含量。

方法色谱柱的规格为 150 mm×4.6 mm，5 μm，色谱柱温度为 30 ℃，进样量为 10 μL，流速为 1.0 mL/min。方法流动相为 A 为甲醇，流动相 B 为浓度 0.02 mol/L 的乙酸铵水溶液，梯度洗脱程序为：初始 A 为10%，B 为90%；1 min 时 A 为10%，B 为90%；9 min 时 A 为60%，B 为40%；10 min 时 A 为80%，B 为20%；12 min 时 A 为80%，B 为20%；14 min 时 A 为10%，B 为90%；20 min 时 A 为10%，B 为90%；总洗脱时间为 20 min。

方法中 PDA 检测的波长采用 3D 全扫描，分别选取各物质的最大吸收波长作为定性定量波长，分别为柠檬黄 429 nm、苋菜红 521 nm、胭脂红 512 nm、日落黄 487 nm、诱惑红 507 nm、亮蓝 630 nm、酸性红 561 nm、赤藓红 531 nm。该方法能将卷烟爆珠壁材中的 8 种着色剂快速、准确检测出来，回收率高，重现性好，为卷烟开发及安全评价提供参考。

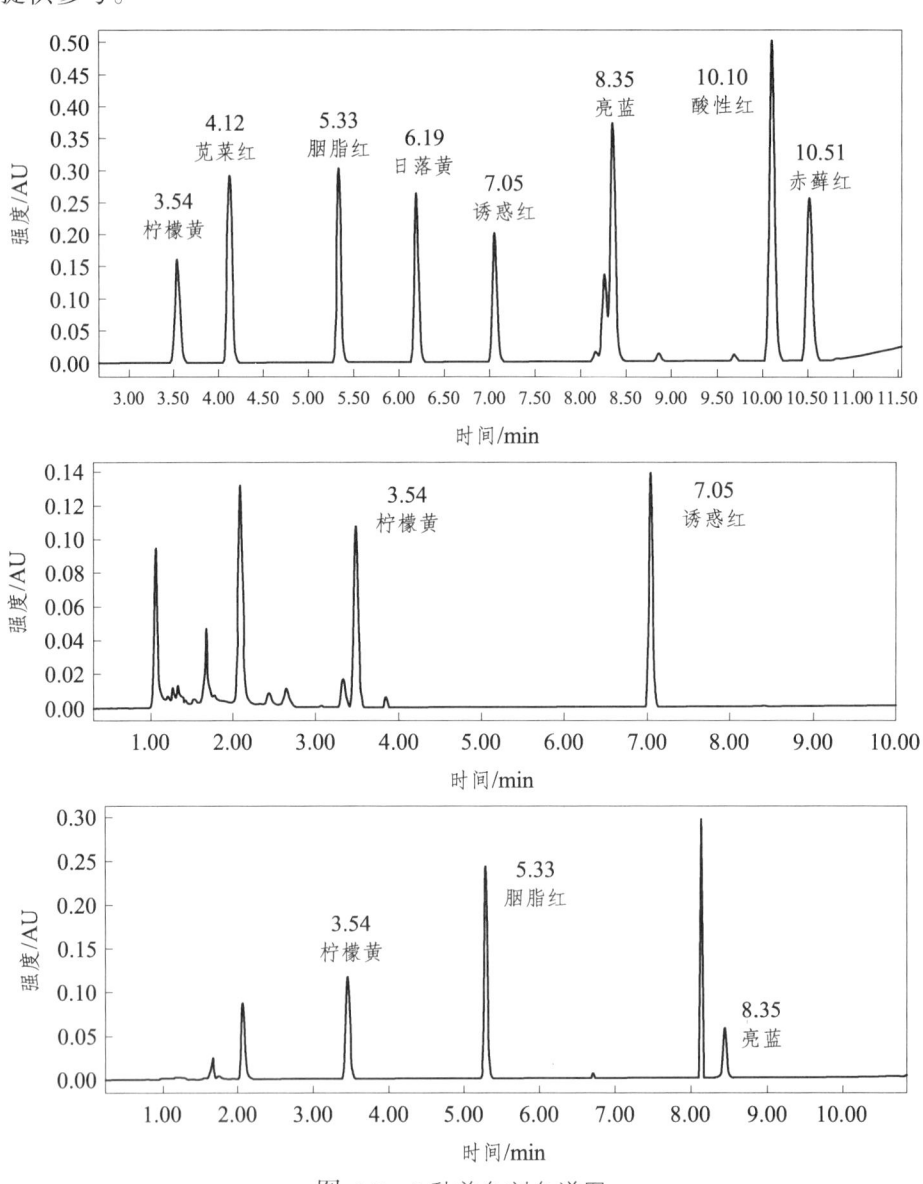

图 6-2　8 种着色剂色谱图

杨叶昆[20]等公开了一种测定烟用胶囊壁材中合成着色剂的方法，包括柠檬黄、亮蓝、苋菜红、胭脂红、日落黄、诱惑红、酸性红、赤藓红的测定方法（图6-3）。

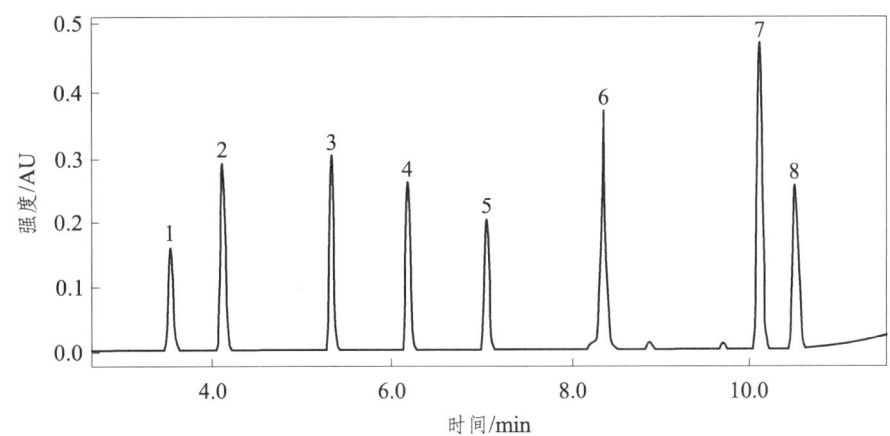

1—柠檬黄；2—苋菜红；3—胭脂红；4—日落黄；5—诱惑红；6—亮蓝；7—酸性红；8—赤藓红。

图6-3　8种着色剂色谱图

该方法使用以下装置：样品萃取瓶（图6-4），包括：外套管、内套管、导液管、筛板，位于所述内套管的下端开口内，为一个或多个外套管，其底部密封且为平底，其口部有一密封圈；内套管外径与所述外套管的内径相适配，其的长度大于所述外套管的长度；导液管位于所述内套管内，其下端有一扩张口与所述内套管的下端内壁密封固定连接，其与所述内套管上端口固定连接形成受压面，其上部伸出所述内套管外部，并回弯向下；筛板位于所述内套管的下端开口内，为一个或多个。

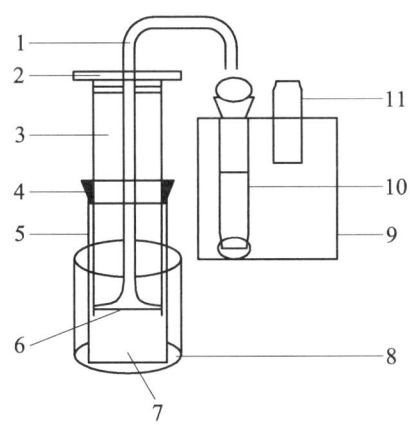

1—导液管；2—受压面；3—内套管；4—密封圈；5—外套管；6—筛板；7—样品；8—样品萃取架；9—样品收集架；10—废液收集瓶；11—样品收集瓶。

图6-4　萃取瓶结构

样品萃取瓶集萃取、过滤、转移为一体，样品在外套管中萃取结束后；在受压面处用力下压内套管，萃取液通过筛板过滤后进入导液管中，并从导液管的回弯向下口流出进入样品瓶中，得到样品滤液并进行色谱分析。此过程样品的萃取、过滤、转移为一体，避免了操作所带来的实验误差。

方法包括以下步骤：① 烟用胶囊壁材萃取；② 过滤和转移；③ 分析作出色谱图；④ 与标准色谱图的峰面积，即可得到烟用胶囊壁材中合成着色剂的含量。方法中色谱柱：Waters XBridge C_{18}（150 mm × 4.6 mm，5 μm）；流速：1.0 mL/min；柱温：30 ℃；进样量：50 μL；流动相：A 为 0.02 mol/L 乙酸铵水溶液，B 为 HPLC 级别甲醇，梯度洗脱分析；检测时间：20 min；检测波长：柠檬黄 427 nm，亮蓝 625 nm，苋菜红、胭脂红、日落黄、诱惑红、酸性红、赤藓红 511 nm。梯度洗脱分析条件为：0～1 min，保持 10% 有机相；1～9 min，10% 有机相等速递增为 40% 有机相；9～10 min，40% 有机相等速递增为 80% 有机相，之后保持 2 min；12～14 min，恢复条件 10% 有机相。

方法使用的装置具有处理简单、方便、效果好的优点。该测定方法具有定量准确、重复性好、检出限低等优点，适用于大批量样品的准确测试，为含烟用胶囊卷烟产品在使用过程中的安全性监管提供有效的技术支持。

李雪梅[21]等公开了一种测定爆珠中 7 种着色剂的方法，包括柠檬黄、日落黄、苋菜红、胭脂红、诱惑红、亮蓝和赤藓红的超高效液相色谱串联质谱检测方法（图 6-5）。

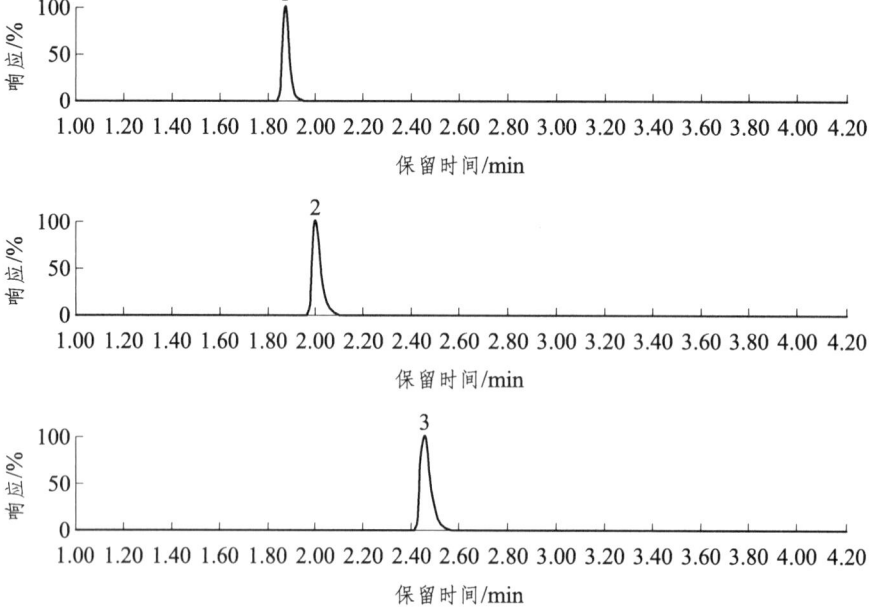

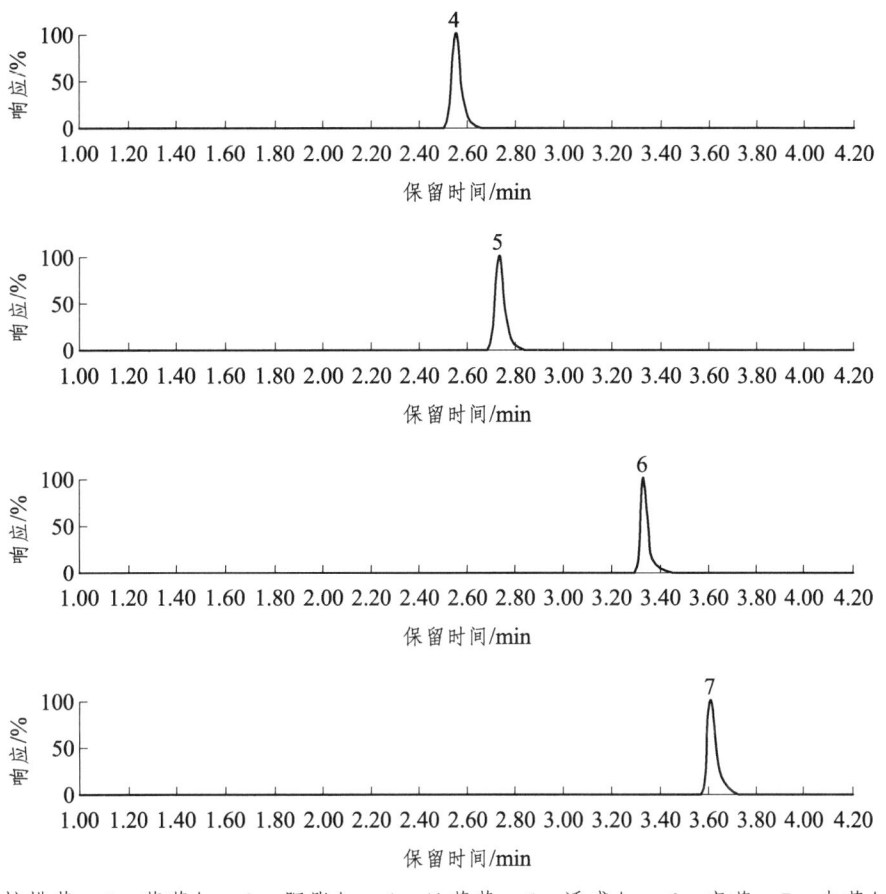

1—柠檬黄；2—苋菜红；3—胭脂红；4—日落黄；5—诱惑红；6—亮蓝；7—赤藓红。

图 6-5　7 种着色剂的 MRM 色谱图

该方法包括标准溶液配置、样品处理、超高效液相色谱串联质谱分析和计算。

称取烟用胶囊 0.2 g 于 50 mL 离心管中，加入 20 mL 水，用匀浆机 15 000 r/m 匀浆 2 min，再加 5 mL 正己烷涡旋振荡 2 min，4000 r/m 离心 5 min，取水相层用 0.22 μm 滤膜过滤后上机分析。

方法中色谱柱：Acquity BEH C_{18} 柱，2.1 mm × 100 mm，1.7 μm；流动相：A 为含 10 mmol/L 乙酸铵的纯水，B 为甲醇；洗脱程序：0 min 75% A，2 min 50% A，4 min 25% A，5 min 75% A，9 min 75%A；流速：0.3 mL/min；进样量：2 μL；柱温：30 ℃；质谱扫描方式：正、负离子两种模式；监测方式：多反应监测；喷雾电压：3000 V；雾化气压力：750 L/h；辅助气压力：50 L/h；离子源温度：120 ℃。

本方法检测得到 7 种着色剂的线性范围介于 0.02～5 μg/mL，3 个水平加标平均回收率为 85.2%～105%，相对标准偏差为 2.1%～4.6%，定量限在 0.4～5.0 μg/g。该方法灵敏、准确，适用于爆珠中 7 种着色剂的含量分析。

2. 检测方法标准

FAO/WHO 食品法典委员会（CAC）与食品添加剂相关的法典标准主要有 CODEX STAN 192—1995《食品添加剂通用标准》（修订至 2016 版），该标准第三部分食品添加剂的规定中添加剂质量规格给出相关信息和检测方法。

欧盟法规（EC）1333/2008 规定了除了酶制剂和香料以外的食品添加剂的管理，附录 II Part C 给出"允许按生产需要适量使用的食用着色剂"和"结合使用有最大限量的食用着色剂"，附录 V 给出相关评估报告，另外欧盟针对三类批准使用物质建立的相应添加剂的纯度指令，着色剂纯度标准为《Directive 95/45/EC》。

美国将着色剂和其他食品添加剂分开管理，进行不同规定，美国添加剂法规着色剂主要有 21CFR 70、71、80、81、82、73 PART A、74 PART A，相关分析方法有美国分析化学家协会（AOAC）的 930.38—1930 *Color additives (synthetic organic) in foods* 以及 FCC《食品化学法典》中标准各论（化学名称、常用名或者商品名、CAS 号或 FEMA 号、化学式和结构式、相对分子质量、感官性状、理化指标）及附录（检测方法），美国 FDA 以及许多国际食品检验权威机构依据 FCC 鉴定食品化学品等级。由于各国的文化背景、科技水平发展情况不同，对于食用色素的品种、适用范围、限量标准都有一定的差异。

目前各国都有一定程度的采取列表规定允许使用的食用色素种类，其中美国、日本除了对个别品种有限量使用的规定外，大多数食用色素都允许按生产需要适量使用，无具体的使用限量标准。

CAC、欧盟、中国对食用色素的使用范围非常具体详细，规定了色素的允许使用品种、使用范围以及最大使用量或残留量，同一色素在不同食品中使用限量的差别也比较大。比如喹啉黄在英国常用于冰糕、水果、蛋糕、巧克力、面包、奶酪酱、软饮料等食品的着色，由于该着色剂可能导致儿童多动症，日本、美国及挪威禁用于食品，而我国仅允许在预调酒中限量添加。另外以上检测方法大多是单独测定一两种物质，因此国外相关标准在多个着色剂同时分析时参考意义不大。

国内关于多个着色剂同时分析的方法在医药、化妆品、食品等方面都有相关的标准（表 6-1）和文献（表 6-2），标准的制定过程较为规范，测定方法都经过了多个单位的验证，特异性、精密度和重现性良好。

表 6-1 合成着色剂检测相关标准

标准编号	标准名称	前处理方法	流动相	检测物	目标物
GB 5009.35—2016	食品安全国家标准 食品中合成着色剂	(1) 聚酰胺吸附法；(2) 液-液分配法 (赤藓红)	甲醇/乙酸铵溶液 (0.02 mol/L)	饮料、配制酒、硬糖、软糖、巧克力豆糖衣	柠檬黄、日落黄、苋菜红、胭脂红、新红、赤藓红、亮蓝 (7种)
GB/T 21916—2008	水果罐头中合成着色剂的高效液相色谱测定	乙醇/氨水超声提取后过柱萃取	甲醇/乙酸铵溶液 (0.02 mol/L)	水果罐头	柠檬黄、苋菜红、胭脂红、日落黄、诱惑红、亮蓝、赤藓红 (8种)
SN/T 4457—2016	出口饮料、冰淇淋中11种合成着色剂的检测 液相色谱法	氨水调pH，乙腈/水超声提取	乙腈/乙酸铵溶液 (0.02 mol/L)	果汁、碳酸饮料、冰淇淋	柠檬黄、偶氮玉红、诱惑红、胭脂红、日落黄、专利蓝、喹啉黄、赤藓红、亮蓝 (11种)
SN/T 2105—2008	化妆品中柠檬黄等水溶性黄色素的测定方法	甲醇/水超声提取法	甲醇/乙酸铵溶液 (0.005 mol/L)	化妆品	樱桃红、食品红17、苋菜红、胭脂红、靛蓝、亮蓝 (8种)
SN/T 1743—2006	食品中的诱惑红、苋菜红、亮蓝、日落黄、柠檬黄、赤藓红、胭脂红高效液相色谱检测方法	液体样品加酸的的固体样品采用聚酰胺吸附萃取	甲醇/乙酸铵溶液 (0.02 mol/L)	糖果、饮料	诱惑红、酸性红、亮蓝、日落黄 (4种)
DBS52-023—2017	食品中13种水溶性合成着色剂的测定	乙醇-氨水超声提取	甲醇/乙酸铵溶液 (0.02 mol/L)	馒头、面条	喹啉黄、食用亮绿S、亮绿、亮蓝、苋菜红、胭脂红、日落黄、酸性红、柠檬黄、赤藓红、亮蓝、靛蓝专利蓝V (13种)
AOAC 930.38—1930	Color additives (synthetic organic) in foods	—	—	—	Amaranth (苋菜红3R), ponceau SX (胭脂红丽春红3R), ponceau 3R (丽春红3R), erythrosine (赤藓红), orange I (橙黄), light green SF yellowish (酸性绿5), fast green FCF (坚牢绿), guinea green B (基尼绿B), brilliant blue FCF (亮蓝), indigotine (靛蓝), naphtholyellow S (萘酚黄S), sunset yellow FCF (日落黄), Tartrazine (柠檬黄), yellow AB (荧光黄), yellow OB (油黄), orange SS (溶剂橙), oilred XO (赤丹Ⅱ) (17种)

表6-2 2013—2020年合成着色剂检测相关文献

论文名称	检测物	目标物	前处理方法	流动相	色谱柱类型
Determination of Seven Certified Color Additives in Food Products Using Liquid Chromatography[32]	（1）饮料、明胶产品；（2）糖果、酱汁、烘焙食品、孔制品	亮蓝、靛蓝、坚牢绿、赤藓红、诱惑红、柠檬黄、日落黄	（1）样品溶于甲醇或1:1甲醇/水；（2）与含有氢氧化铵的甲醇混合，用少量正己烷脱脂，用乙酸中和。	甲醇（0.1 mol/L）/乙酸铵溶液（0.1 mol/L）	Xterra RP18 column（250 mm×4.6 mm, 5 μm）
Quantitative determination of carmine in foods by high-performance liquid chromatography[33]	牛奶、糖果、加工水果蔬菜、茶叶、肉类产品、加工奶酪、酱、调味食品、发酵豆类、巧克力、咖啡	胭脂红	0.05 mol/L NaOH溶液，匀浆混合机械摇动后离心	甲醇-磷酸缓冲液（pH 6.0）	NovaPak C$_{18}$ column（150 mm×3.9 mm, 5 μm）
Julien Brazeau. Identification and Quantitation of Water-Soluble Synthetic Colors in Foods by Liquid Chromatography/Ultraviolet–Visible Method Development and Validation[34]	饮料、糖食品、焙烤食品、鱼饵料和鱼腥草、孔制品、早餐谷类食品、酱汁	（1）靛蓝、胭脂红、亮藓红、赤藓红、叶绿素铜钠盐（2）丽春红3R、藏红红17、酸性红14、酸性橙II；（3）酸性红14、酸性绿S、唑啉黄、食品橙2、四溴荧光黄、专利蓝V、专利蓝VF、碱性橙2、罗丹明B	甲酸乙铵超声提取后离心（含淀粉样品加α-淀粉酶溶液进行酶处理）	0.05 mol/L 乙酸铵溶液、甲醇和乙腈、加0.1%冰醋酸酸化（流动相A、B比例不同），C相为1 mol/L乙酸铵溶液、甲醇和丙酮	Poroshell SB-C$_{18}$ column（3.0 mm×100 mm, 2.7 μm）
高效液相色谱法同时测定果冻、口香糖和明胶囊壳中11种合成着色剂及其8种色素铝色淀[39]	果冻、口香糖、明胶囊壳	柠檬黄、新红、日落黄、靛蓝、诱惑红、亮藓红、酸性红、唑啉黄和8种合成着色剂铝色淀	乙酸铵水溶液、70 ℃水浴超声提取后固相萃取小柱净化	甲醇/乙酸铵溶液（0.02 mol/L）	Agilient SB-C$_{18}$（4.6 mm×250 mm, 5 μm）

续表

论文名称	检测物	目标物	前处理方法	流动相	色谱柱类型
高效液相色谱法测定保健食品硬胶囊硬胶囊中的合成着色剂[35]	保健食品硬胶囊壳	新红、柠檬黄、苋菜红、胭脂红、日落黄、靛蓝、亮蓝、赤藓红	60 ℃热水溶解，加入聚酰胺粉净化	甲醇/乙酸铵溶液（0.02 mol/L）	十八烷基硅烷键合硅胶为填充剂（4.6 mm×250 mm，5 μm）
基于液相色谱法-串联质谱法检测多种食品中的16种合成着色剂[36]	葡萄酒、汽水、黄酒、植物饮料、乳饮料、蛋白饮料、花生糕点、芝麻酱、糕点	赤藓红、亮蓝、柠檬黄、日落黄、靛蓝、诱惑红、苏丹红Ⅰ、苏丹红Ⅱ、苏丹红Ⅲ、苏丹红Ⅳ、酸性红1、酸性红4、酸性红8、酸性红14、酸性红88、酸性红97	脱气，甲醇/乙腈超声提取后固相萃取柱净化	甲醇/乙酸铵溶液（0.02 mol/L）	Kromasil 100-5（150 mm×2.1 mm，5 μm）
高效液相色谱法测定饮料中12种水溶性合成着色剂[37]	饮料	柠檬黄、喹啉黄、苋菜红、胭脂红、日落黄、靛蓝、酸性红、亮蓝、酸性绿S、诱惑红、专利蓝V	甲醇提取后离心	甲醇/乙酸铵溶液（0.02 mol/L）	CAPCELL PAK C₁₈（4.6 mm×250 mm，5 μm）
固相萃取-高效液相色谱法同时测定腌制蔬菜制品中11种合成着色剂[38]	腌制蔬菜、脱水蔬菜、膨化蔬菜	柠檬黄、新红、苋菜红、靛蓝、胭脂红、日落黄、诱惑红、亮蓝、酸性红、喹啉黄、赤藓红	氨水乙醇提取后固相萃取小柱净化，过PTFE滤膜	甲醇/乙腈（4:1）/乙酸铵	Agilent 5 TC-C₁₈（2）
HPLC同时测定熟肉制品中8种合成着色剂[40]	熟肉制品	柠檬黄、胭脂红、日落黄、诱惑红、亮蓝、靛蓝、喹啉黄、赤藓红	搅碎、加水、均质，亚铁氰化钾溶液、乙酸锌溶液除蛋白质，石油醚除脂肪；聚酰胺粉吸附纯化	甲醇/乙酸铵溶液（0.02 mol/L）	Agilent ZORBAX SB-C₁₈（4.6 mm×250 mm，5 μm）

续表

论文名称	检测物	目标物	前处理方法	流动相	色谱柱类型
固相萃取-高效液相色谱法测定饮料中的9种合成色素[41]	饮料	柠檬黄、日落黄、胭脂红、新红、苋菜红、诱惑红、酸性红、亮蓝、靛蓝	超声脱气后固相萃取柱净化	乙腈/乙酸铵溶液（0.02 mol/L）	STARLP RP-18 endcapped（4.6 mm×250 mm，5 μm）
高效液相色谱法测定食品中11种合成着色剂[42]	酒类、碳酸饮料、蜜饯	柠檬黄、新红、胭脂红、酸性红、日落黄、诱惑红、赤藓红、靛蓝、亮蓝、酸性橙	加水/乙醇超声，加酸或碱调节pH后，过固相萃取柱净化，过PTFE滤膜。	甲醇/乙腈（4:1）/乙酸铵溶液（0.02 mol/L）	Phenomenex C$_{18}$（250 mm×4.6 mm，5 mm）
食品中合成色素检测方法的改进研究与开发[45]	固体样品、液体样品	新红、柠檬黄、苋菜红、胭脂红、日落黄、诱惑红、亮蓝、赤藓红	水/氨水/甲醇超声溶解，甲醇/水pH后，过柱净化，过PTFE滤膜。	甲醇/乙腈/乙酸铵溶液（0.02 mol/L）	Thermo Hypersil GOLD C$_{18}$（4.6 mm×250 mm，5 μm）
UPLC法检测明胶空心胶囊中9种合成色素[46]	空心胶囊	柠檬黄、日落黄、苋菜红、胭脂红、诱惑红、偶氮玉红、亮蓝、靛蓝、赤藓红	加乙腈超声，甲醇沉淀后离心	甲醇/乙腈/乙酸铵溶液（0.02 mol/L）	BEH C$_{18}$（2.1 mm×50 mm，1.7 μm）
高效液相色谱法测定明胶胶囊中11种合成色素的方法研究[47]	空心胶囊	柠檬黄、喹啉黄、诱惑红、胭脂红、偶氮玉红、日落黄、亮蓝、靛蓝、赤藓红	加入木瓜蛋白酶60℃水解离心后过滤	甲醇/乙腈（1:1）/乙酸铵溶液（0.02 mol/L）	CAPCELL PAK C$_{18}$（4.6 mm×250 mm，5 μm）
喹啉黄中各组分的定性及定量研究[48]	—	喹啉黄	水溶解	甲醇/乙酸铵溶液（0.02 mol/L）	Agilent XDB-C$_{18}$（4.6 mm×150 mm，5 μm）

3. 检测方法

目前已有的对不同物质中合成着色剂的测定方法较多，如薄层色谱法[22]、极谱法[23]、分光光度法[24]、毛细管电泳法[25]、HPLC 法[26]、液相色谱-质谱法[27]等，其中 HPLC 对合成着色剂的检测简单快速，最小检出量可达纳克水平，并且当被测样品中含有两种或两种以上合成色素时，液相色谱法的优势更加突出，目前一些关于人工合成着色剂的检测方法，均采用高效液相色谱法进行分析，该方法已成为合成着色剂分析测定的主要方法[28-43]，样品经处理后经高效液相色谱分离，外标法进行定量。

常用的前处理方法有固相萃取小柱吸附法、聚酰胺吸附法和超声提取法等。

聚酰胺吸附法是目前国家标准方法 GB 5009.35—2016 推荐的着色剂前处理方法，超声提取法是 SN/T 4457—2016 所推荐的着色剂前处理方法，这两种前处理方法在饮料合成着色剂的液相色谱分析中被广泛应用，也各有其优缺点。

于辉[44]等人对 GB 5009.35—2016 和 SN/T 4457—2016 的样品前处理方法进行对比研究，分别采用聚酰胺吸附法和超声提取法对饮料中的着色剂进行提取，结合高效液相色谱分析，测定美年达饮料中柠檬黄、胭脂红、日落黄的含量，结果表明两种前处理方法的检测结果无显著差异。

通过聚酰胺吸附法处理的样品，杂质干扰峰少，色谱峰基质干净，但是操作较为复杂，适用于小批量样品的定量检测。但聚酰胺吸附法不适于赤藓红样品，赤藓红为苯甲酸钠结构，不同于其他苯磺酸钠结构的合成着色剂，聚酰胺吸附材料是一种强极性，利用分子间氢键吸附的填料，适用于水溶液中极性物质的提取或层析分离，也可用于非极性溶液中提取极性物质，因此采用聚酰胺吸附法时赤藓红损失较大，回收率低[45]。

超声提取法操作简单、成本低廉，大大缩短了分析时间，适用于大批量样品的定量检测，但也存在其他杂质峰的干扰。

烟用胶囊壁材为一些天然高分子材料或合成高分子材料，对于着色剂的液相色谱分析物无太多干扰物质，因此超声提取后不需要净化处理。

提取溶剂根据待测组分的溶解性将样品用水或有机溶剂（甲醇、乙醇、乙腈等）超声提取。色谱条件通常是以乙酸铵水/乙腈或甲醇为流动相，检测波长根据着色剂的不同一般选择 240～620 nm，以保留时间和二极管阵列检测器所获得的光谱波形同时进行定性，以峰面积进行定量。此外，检测时需要考虑滤膜材质对着色剂的吸附作用，例如尼龙分子结构中的氨基和亚氨基等亲水性基团可吸附酸性染料，而聚四氟乙烯和聚丙烯等有机膜对结果的影响不大。

二、烟用胶囊着色剂热性能分析

采用热重分析技术研究了诱惑红、苋菜红、酸性红、胭脂红、赤藓红、喹啉黄、靛蓝、亮蓝、柠檬黄、日落黄 10 种着色剂样品在空气氛围下随温度变化而发生的热失重过程（图 6-6）。

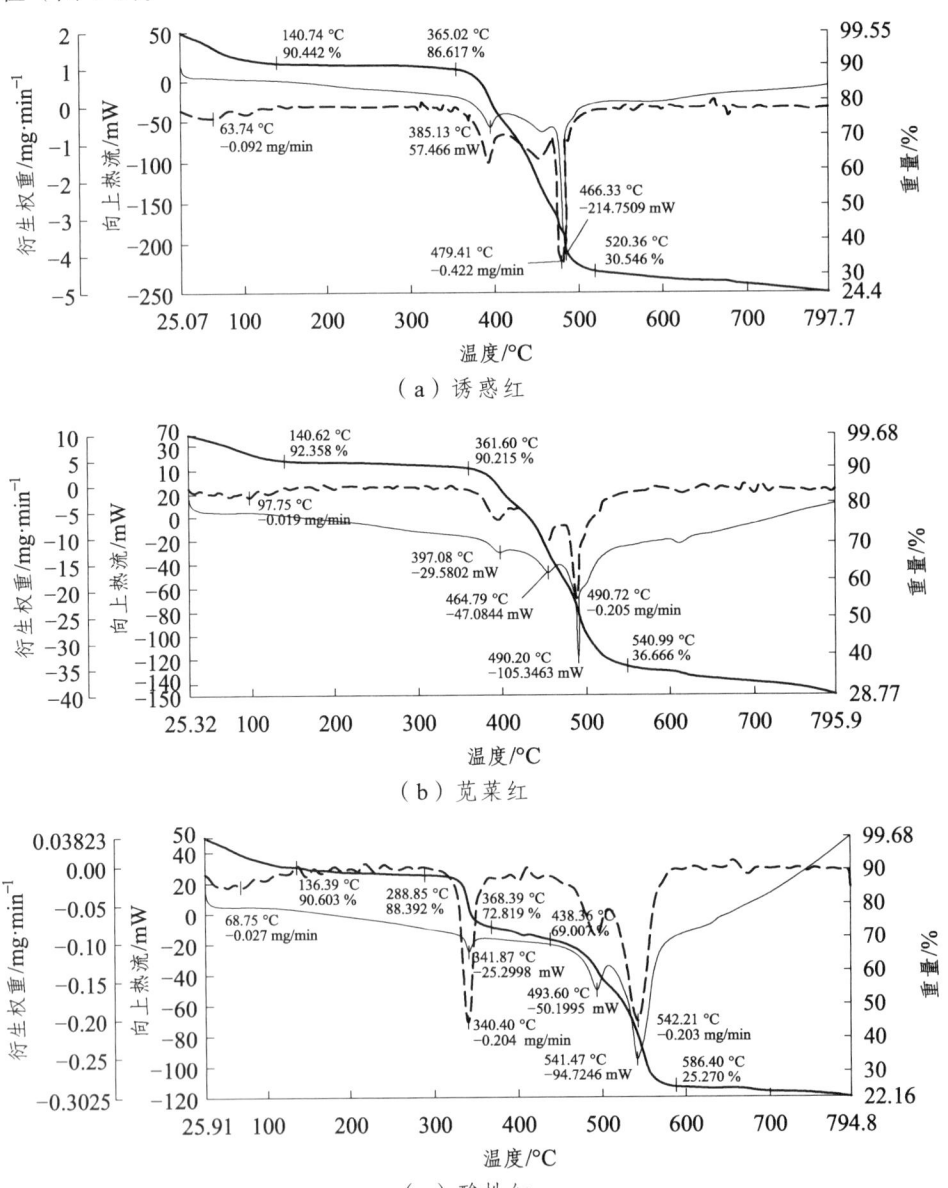

（a）诱惑红

（b）苋菜红

（c）酸性红

第六章 烟用胶囊化学成分分析技术

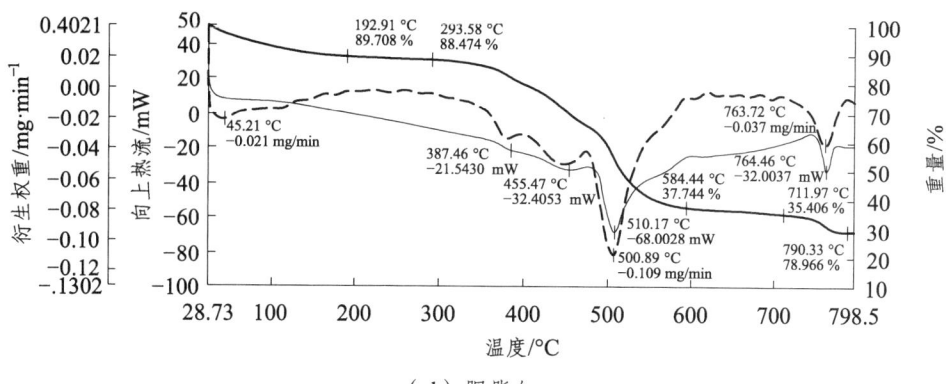

（d）胭脂红

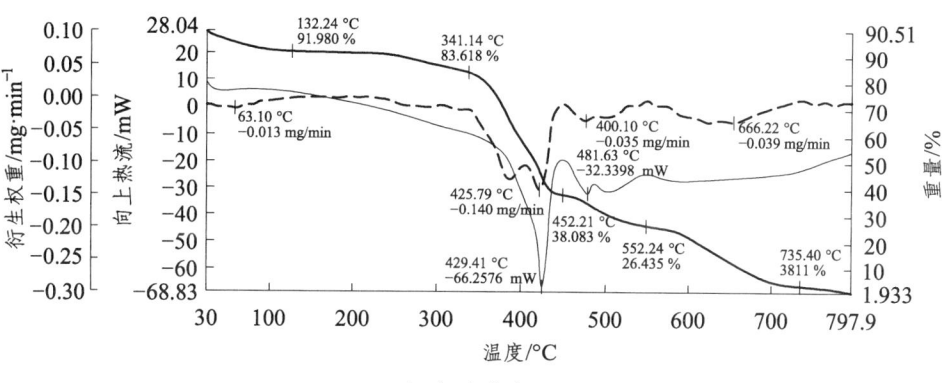

（e）赤藓红

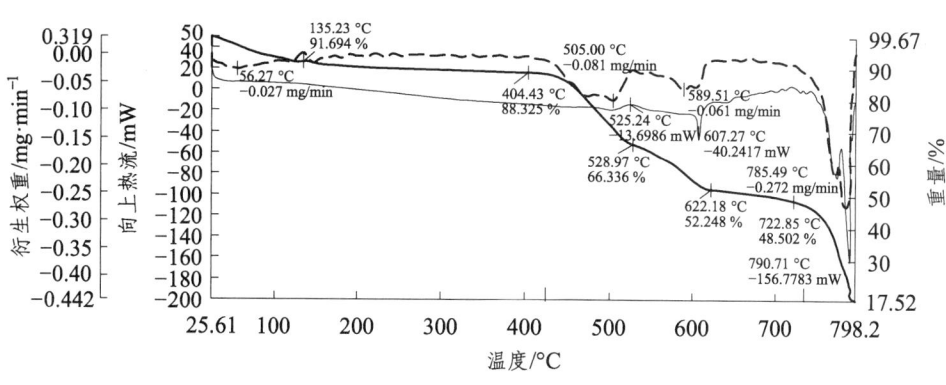

（f）喹啉黄

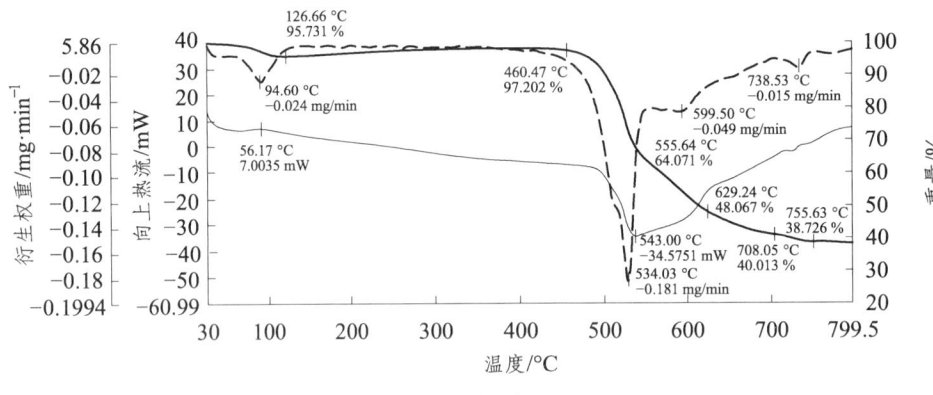

(g) 靛蓝

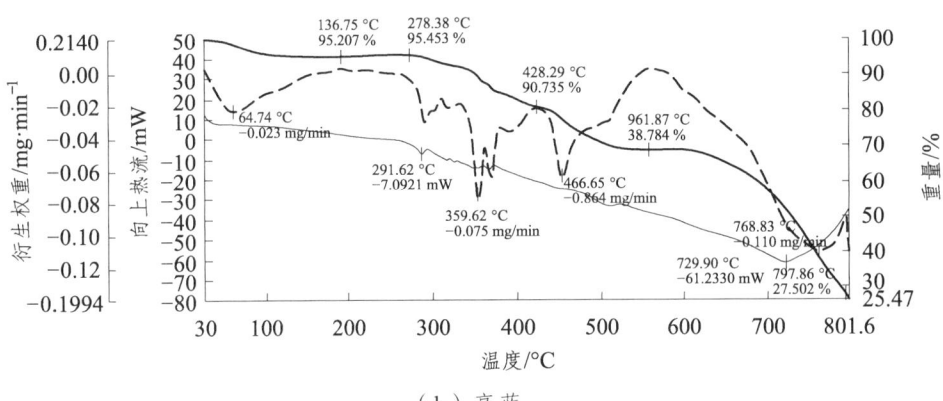

(h) 亮蓝

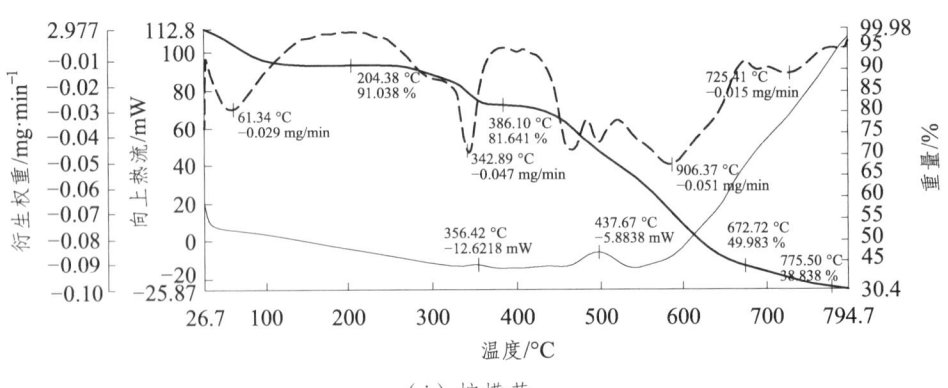

(i) 柠檬黄

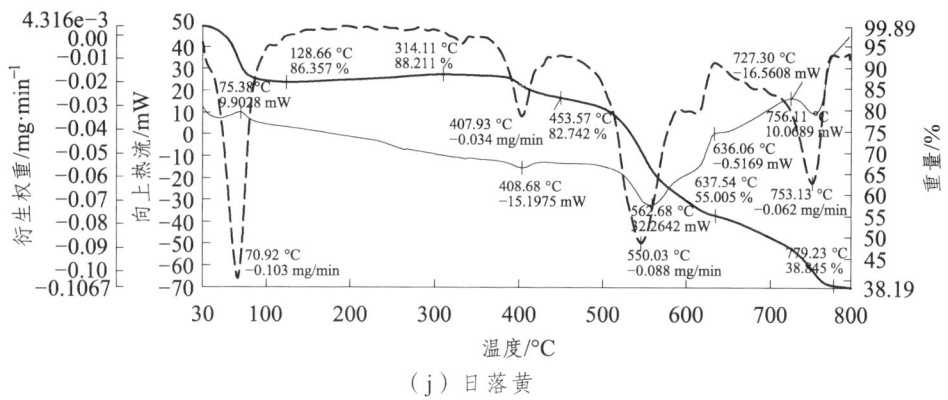

（j）日落黄

图 6-6　10 种目标物的热重曲线（TG，红色）、微分热重曲线（DTG，绿色）和热流曲线（DSC，紫色）

热重分析仪控制温度范围为 30~800 ℃，加热速率为 10 ℃/min，空气流速为 50 mL/min。10 种着色剂的热重分析曲线结果表明：不同样品的热失重过程有明显差异，诱惑红和苋菜红 TG 曲线分为 2 个失重阶段，主失重阶段分别发生在 355.02~520.36 ℃ 和 361.60~548.59 ℃；酸性红和胭脂红 TG 曲线分为 3 个失重阶段，主失重阶段发生在 438.36~586.40 ℃ 和 711.97~790.33 ℃；喹啉黄酸性黄、赤藓红、靛蓝、亮蓝、柠檬黄、日落黄样品 TG 曲线分为 4 个失重阶段，主失重阶段分别发生在 722.85~798 ℃、341.14~452.21 ℃、460.47~555.64 ℃、561.87~797.86 ℃、385.10~672.72 ℃ 和 453.57~637.54 ℃。从分析结果看出，温度在 300 ℃ 以下，10 种着色剂稳定。

三、烟用胶囊中着色剂含量分析

（一）液相色谱-串联质谱分析法

张建铎[49]等建立超高效液相色谱-串联质谱（UPLC-MS-MS）同时分析爆珠中柠檬黄、日落黄、胭脂红、苋菜红、赤藓红、诱惑红、亮蓝含量的检测方法（表 6-3）。

烟用胶囊样品用水匀浆提取，再用正己烷除去有机杂质，水相经 0.22 μm 滤膜过滤后进样分析。以 Waters BEH 色谱柱为分析柱，甲醇和 10 mmol/L 乙酸铵水溶液为流动相进行梯度洗脱。采用超高效液相色谱-串联质谱在正负两种电离模式下多反应监测模式（MRM）分析，外标法定量。

称取烟用胶囊 0.2 g 于 50 mL 离心管中，加入 10 mL 水，用匀浆机以 15 000 r/min 匀浆 2 min，再加 5 mL 正己烷涡旋振荡 2 min，4000 r/min 离心 5 min，取水相层用 0.22 μm 滤膜过滤后上机分析。

表 6-3 测定的着色剂种类及检测参数

着色剂	离子模式	定量离子对（m/z）	定性离子对（m/z）	碰撞能/eV
柠檬黄	ESI+	469.2/108.2	469.2/199.9	38, 38
	ESI-	467.2/171.9	467.2/198.0	18, 18
苋菜红	ESI+	539.2/223.1	539.2/348.1	36, 36
	ESI-	537.2/237.0	537.2/317.0	42, 30
胭脂红	ESI+	539.2/157.9	539.2/223.1	36, 38
	ESI-	537.2/302.0	537.2/509.0	22, 16
日落黄	ESI+	409.2/173.0	409.2/236.0	38, 28
	ESI-	407.2/207.0	407.2/327.0	30, 26
诱惑红	ESI+	453.1/202.1	453.1/217.0	38, 34
	ESI-	451.1/207.0	451.1/235.0	28, 28
亮蓝	ESI+	749.3/171.0	749.3/306.2	80, 50
	ESI-	747.3/260.3	747.3/481.1	48, 50
赤藓红	ESI+	836.9/328.9	836.9/582.9	64, 60
	ESI-	834.9/536.8	834.9/662.9	32, 30

色谱柱：Acquity BEH C_{18} 柱（2.1 mm × 100 mm, 1.7 μm）；流动相：A 为含 10 mmol/L 乙酸铵的纯水, B 为甲醇；洗脱程序：0 min 75% A, 2 min 50% A, 4 min 25% A, 5 min 75% A, 9 min 75% A。流量：0.3 mL/min；进样量：2 μL；柱温：30 ℃。质谱扫描方式：正、负离子两种模式；监测方式：多反应监测；喷雾电压：3000 V；雾化气压力：750 L/h；辅助气压力：50 L/h；离子源温度：120 ℃。

检测了不同厂家生产的 42 份烟用胶囊产品，结果显示柠檬黄检出率为 71.4%，含量范围在 8.7 ~ 318.2 μg/g；亮蓝检出率为 71.4%，含量范围在 10.1 ~ 382.4 μg/g；诱惑红检出率为 14.3%，含量范围在 72.3 ~ 468.6 μg/g；胭脂红检出率为 14.3%，含量范围在 120.6 ~ 218.7 μg/g；苋菜红检出率为 14.3%，含量范围在 2.1 ~ 7.6 μg/g，其他几种未检出。

抽取加有不同颜色烟用胶囊的卷烟，剪下滤嘴部分，用镊子剥开滤嘴，取出胶囊，按前述方法测定。结果显示所测卷烟样品中柠檬黄含量为 0.25 μg/支，诱惑红含量为 0.52 μg/支，亮蓝含量为 0.25 μg/支，胭脂红含量为 0.76 μg/支，其他几种未检出。

（二）高效液相色谱-二极管阵列法

1. 热水提取-高效液相色谱分析法

刘秀明[50]等建立了高效液相色谱-二极管阵列检测器（HPLC-PDA）同时快速测定烟用胶囊壁材中8种水溶性着色剂（柠檬黄、苋菜红、胭脂红、日落黄、诱惑红、亮蓝、酸性红、赤藓红）含量的方法（图6-7）。

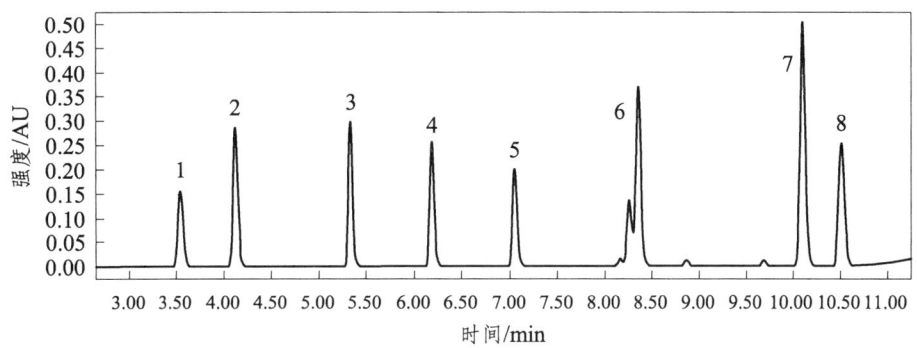

1—柠檬黄；2—苋菜红；3—胭脂红；4—日落黄；5—诱惑红；6—亮蓝；7—酸性红；8—赤藓红。

图6-7　8种水溶性着色剂标准工作溶液的色谱图

从烟支滤嘴中取出胶囊，将胶囊挤破用吸油纸吸干香精，称取0.15 g胶囊壁材壁材，加入20 mL 70～80 ℃的热水，在超声波水浴锅中恒温超声提取20 min，取2 mL提取液置于离心机中，5000 r/min离心5 min，用0.45 μm的水相滤膜过滤制得待测液。

采用HPLC-PDA对待测液进行分析，外标法进行定量。色谱柱为Zorbax SB-C_{18}色谱柱（150 mm×4.6 mm，5 μm），柱温30 ℃，进样量10 μL，流速为1.0 mL/min，甲醇（A）/乙酸铵水溶液（B，浓度为0.02 mol/L）为流动相进行梯度洗脱，12 min内即可完成检测，根据标准曲线即可计算爆珠壁材中着色剂的含量。梯度洗脱程序为：0 min，10% A；1 min，10% A；9 min，60% A；10 min，80% A；12 min，80% A；14 min，100% A；20 min，10% A。PDA检测的波长采用3D全扫描，分别选取各物质的最大吸收波长作为定性定量波长，分别为柠檬黄429 nm、苋菜红521 nm、胭脂红512 nm、日落黄487 nm、诱惑红507 nm、亮蓝630 nm、酸性红561 nm、赤藓红531 nm。

方法的平均回收率为（$n=5$）为82.8%～101.4%，平均相对标准偏差（RSDs）为0.4%～9.7%，检测限为4.0～41.0 mg/kg。方法简单，能同时、快速检测出烟用爆珠壁材中8种水溶性着色剂，该方法的建立为卷烟开发及安全评价提供参考。

以柠檬黄、苋菜红、胭脂红、日落黄、诱惑红、亮蓝、酸性红、赤藓红的浓度（范围 0.50～25.0 μg/mL）为横坐标，HPLC 分析的水溶性着色剂峰面积为纵坐标绘制标准曲线，将样品峰面积代入标准曲线计算得到水溶性着色剂浓度：

$$C = cV/m$$

式中　C——烟用爆珠壁材中水溶性着色剂的含量，μg/g；
　　　V——用来提取烟用爆珠壁材的溶剂的体积，mL；
　　　c——由标准曲线得到的待测溶液中被测水溶性着色剂的浓度，μg/mL；
　　　m——烟用爆珠壁材的质量，g。

对 8 个爆珠烟样品进行分析，其中样品 S1、S2、S3、S4 为明胶基质，样品 S5、S6、S7、S8 为海藻酸钠基质。所检测的 8 个样品爆珠壁材中均含有合成水溶性着色剂，有单个也有复配的水溶性着色剂，最低含量的诱惑红 0.51 mg/g，最高亮蓝达 4.40 mg/g（表 6-4）。

表 6-4　实际烟用爆珠壁材样品中水溶性着色剂含量分析结果

样品	爆珠颜色	检出色素及含量（单位：mg/g）
S1	黄色	柠檬黄（2.43）
S2	蓝色	亮蓝（2.31）
S3	红色	柠檬黄（2.32），诱惑红（2.85）
S4	墨绿	柠檬黄（1.13），诱惑红（0.51），亮蓝（4.06）
S5	黄色	柠檬黄（1.46）
S6	蓝色	亮蓝（4.40）
S7	棕色	柠檬黄（2.11），胭脂红（2.40），亮蓝（1.08）
S8	绿色	柠檬黄（1.90），亮蓝（2.66）

李响丽[51]等开发了一种高效液相色谱-二极管阵列检测器（HPLC-PDA）同时测定烟用胶囊中 10 种合成着色剂（柠檬黄、苋菜红、胭脂红、日落黄、诱惑红、亮蓝、酸性红、赤藓红、靛蓝、喹啉黄）含量的方法（图 6-8）。

样品经热水提取后通过高效液相色谱分析，以色谱峰保留时间和紫外可见光谱进行定性。

将胶囊从成品卷烟烟支嘴棒中剥离，用吸油纸包裹并挤破胶囊，将香精吸干，称取 0.2 g 壁材置于三角锥形瓶中，加入 70 ℃ 超纯热水 20 mL，进行超声提取 20 min（超声水浴锅设置超声温度 70 ℃，频率为 40 MHz），静置分层后，用 0.45 μm 水相滤膜过滤下层水相溶液，制得待测液。每个样品平行测定两次，取平均值得到所测样品含量。

色谱柱：Agilent SB-C$_{18}$（4.6 mm × 250 mm，3.5 μm）；流动相：A 相为 0.02 mol/L 乙酸铵溶液，B 相为乙腈，C 相为甲醇，梯度洗脱；柱温：30 ℃；进样量 10 μL；流量为 0.6 mL/min；运行时间 35 min。梯度洗脱程序为：0 min，90% A + 5% B；1 min，90% A + 5% B；25 min，20% A + 20% B；28 min，20% A + 20% B；30 min，90% A + 5% B；35 min，90% A + 5% B。检测波长分别为柠檬黄 427 nm、苋菜红 511 nm、胭脂红 511 nm、日落黄 511 nm、诱惑红 511 nm、亮蓝 625 nm、酸性红 511 nm、赤藓红 529 nm、靛蓝 625 nm、喹啉黄 427 nm。外标法定量。

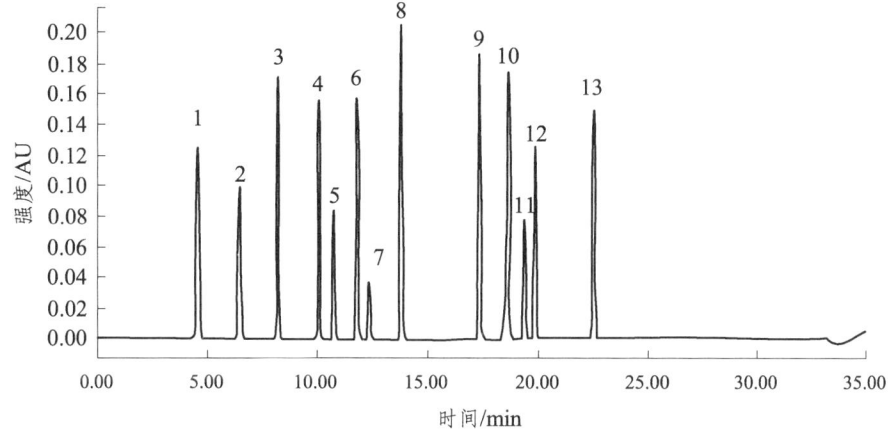

1—柠檬黄；2—苋菜红；3—靛蓝；4—胭脂红；5—喹啉黄 1；6—日落黄；7—喹啉黄 2；8—诱惑红；9—酸性红；10—亮蓝；11—喹啉黄 3；12—喹啉黄 4；13—赤藓红。

图 6-8　10 种水溶性着色剂标准工作溶液的色谱图

目标化合物在 0.2 ~ 25 mg/L 内线性关系良好，相关系数均大于 0.99，低、中、高 3 水平的加标回收率在 82.1% ~ 105.7%，相对标准偏差在 1.0% ~ 5.7%，检出限为 3.1 ~ 10.8 mg/kg。

对 16 个烟用胶囊样品进行分析（表 6-5）：1（深绿色）、2（棕色）、3（玫红色）、4（深蓝色）、5（绿色）、6（橙色）、7（褐色）、8（黄色）、9（橘红色）；10（深蓝色）、11（蓝色）、12（天蓝色）、13（绿色）、14（淡黄色）、15（深蓝色）、16（深蓝色），其中，1 ~ 9 号胶囊样品为海藻酸钠基质，10 ~ 16 号胶囊样品为明胶基质。结果显示，所检测的 10 个合成着色剂指标（柠檬黄、苋菜红、胭脂红、日落黄、诱惑红、酸性红、亮蓝、赤藓红、喹啉黄、靛蓝）中，苋菜红、诱惑红和靛蓝均未检出，柠檬黄、亮蓝检出率相对较高。

表 6-5 实际样品中着色剂的检测结果　　　　　单位：mg/kg

样品序号	柠檬黄	苋菜红	胭脂红	日落黄	诱惑红	酸性红	亮蓝	赤藓红	喹啉黄	靛蓝
1	5.25	—	—	—	—	41.98	56.53	24.95	35.64	—
2	—	—	16.88	12.19	—	—	—	—	—	—
3	—	—	34.15	—	—	—	—	—	—	—
4	—	—	—	—	—	—	22.41	—	—	—
5	27.69	—	20.11	—	—	—	35.64	—	—	—
6	89.17	—	—	24.82	—	—	13.58	—	—	—
7	—	—	—	28.89	—	—	—	—	—	—
8	47.75	—	—	—	—	—	13.61	—	—	—
9	52.30	—	29.37	—	—	—	—	—	—	—
10	—	—	—	—	—	—	30.88	—	—	—
11	—	—	—	—	—	—	8.04	—	—	—
12	—	—	—	—	—	—	8.00	—	—	—
13	9.68	—	—	—	—	—	19.09	—	—	—
14	—	—	—	—	—	—	—	—	—	—
15	—	—	—	—	—	—	9.91	—	23.63	—
16	—	—	—	—	—	—	48.27	7.46	22.03	—

该方法具有简单、快速、准确的特点，能同时检测出烟用胶囊壁材中 10 种水溶性着色剂，能够为卷烟产品开发和安全评价提供技术支撑。

2. 水提取-高效液相色谱分析法

顾健龙[52]等建立了测定卷烟滤嘴胶囊中柠檬黄、苋菜红、胭脂红、日落黄、诱惑红、酸性红、亮蓝、赤藓红 8 种着色剂的高效液相色谱法（HPLC），并对市场 27 种卷烟滤嘴胶囊实际样品进行了着色剂检测分析（图 6-9、表 6-6）。

准确称取试样 0.2 g（精确至 0.1 mg），于 40 mL 三角瓶中，加入 10 mL 水，超声波提取 30 min，取出后静置至室温，取适量提取液经 0.45 μm 水相滤头过滤后得到合成着色剂分析待测液。

色谱柱：C_{18} 柱（150 mm × 4.6 mm（id），5 μm）；流动相 A 为乙腈，流动相 B 为 0.02 mol/L 乙酸铵水溶液；流动相 C 为甲醇；流速：1.0 mL/min；进样量：10 μL；柱温：30 ℃；梯度洗脱；检测时间：20 min；检测波长：柠檬黄 427 nm，亮蓝 625 nm，

苋菜红、胭脂红、日落黄、诱惑红、酸性红、赤藓红 511 nm。梯度洗脱程序为：0 min，5% A；10 min，55% A；11 min，55% A；12 min，5% A；15 min，5% A。

建立的方法简单快速，8 种着色剂的检出限为 0.02～0.07 mg/kg，定量限为 0.05～0.20 mg/kg，具有较好线性（R^2>0.99）。

经检测，酸性红和赤藓红均未检出，其他着色剂检测率在 6%～71%，检出含量均未超过 GB 2760—2014《食品安全国家标准》规定的最大使用量，不存在安全风险。

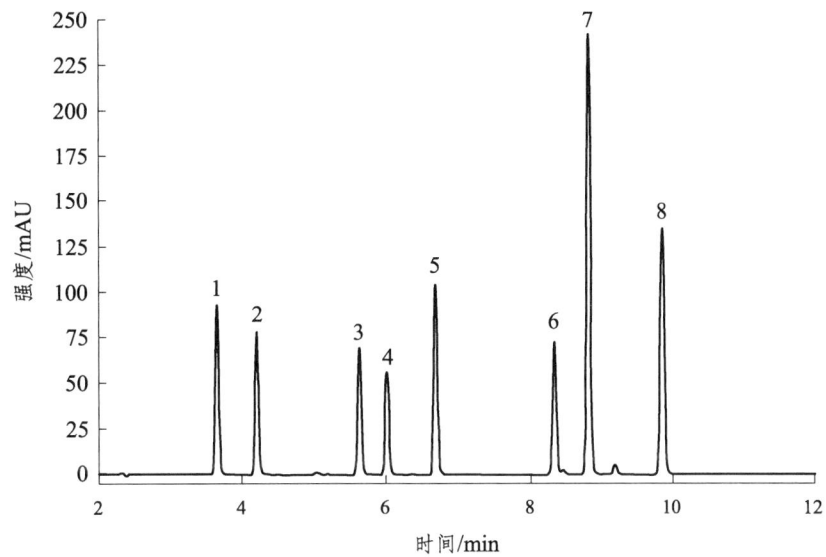

1—柠檬黄；2—苋菜红；3—胭脂红；4—日落黄；5—诱惑红；6—酸性红；7—亮蓝；8—赤藓红。

图 6-9 8 种合成着色剂标准色谱图

表 6-6 27 种烟用胶囊实际样品检测结果　　　　单位：mg/kg

样品编号	柠檬黄	苋菜红	胭脂红	落日黄	诱惑红	酸性红	亮蓝	赤藓红
1#	—	—	—	—	—	—	324.7	—
2#	118	—	—	—	—	—	—	—
3#	—	—	—	256	—	—	4	—
4#	—	—	—	—	—	—	—	—
5#	48.4	—	—	—	34	—	41.9	—
6#	74	—	—	—	—	—	—	—
7#	149.4	—	—	—	—	—	—	—
8#	166.2	—	—	—	—	—	229.7	—

续表

样品编号	柠檬黄	苋菜红	胭脂红	落日黄	诱惑红	酸性红	亮蓝	赤藓红
9#	202.6	—	—	—	—	—	116.3	—
10#	50.1	—	65.8	—	—	—	—	—
11#	287	—	—	—	—	—	124.9	—
12#	—	—	—	—	—	—	243.9	—
13#	236.2	—	—	—	—	—	—	—
14#	112.6	—	—	—	—	—	60.3	—
15#	—	—	131.9	—	—	—	—	—
16#	162.2	—	—	—	—	—	215.5	—
17#	147.8	—	—	—	—	—	216.2	—
18#	—	—	—	—	—	—	178.7	—
19#	—	—	—	—	60.4	—	—	—
20#	76.6	—	13.4	—	—	—	7.2	—
21#	155.2	6.7	174.7	—	—	—	17	—
22#	—	—	—	—	—	—	—	—
23#	132.7	—	—	—	—	—	175.3	—
24#	198.8	—	—	—	—	—	—	—
25#	79.1	—	—	—	—	—	68.9	—
26#	129.6	—	—	—	—	—	111.5	—
27#	—	—	—	—	—	—	—	—

3. 水-甲醇-乙腈提取-高效液相色谱分析

用水-甲醇-乙腈超声提取烟用胶囊壁材中的着色剂，水相滤膜过滤后采用高效液相色谱法测定提取液中着色剂的浓度，从而计算出试样中各着色剂（柠檬黄、苋菜红、胭脂红、日落黄、诱惑红、亮蓝、酸性红、赤藓红、靛蓝、喹啉黄）的含量（图6-10）。

从烟支嘴棒中剥取胶囊适量放置于吸油纸上，用玻棒压破后吸油纸按压壁材至无油印备用。准确称取胶囊壁材 0.1 g（精确至 0.1 mg）置于 50 mL 离心管中，加入 20 mL 水-甲醇-乙腈（体积比 8∶1∶1）溶液后加盖密封，在功率不低于 400 W 的超声波水浴锅中超声提取 20 min，水浴初始温度为 50 ℃，提取液 10 000 r/min 离心 10 min，取上清液经 0.45 μm 水相滤膜过滤，制得待测液。

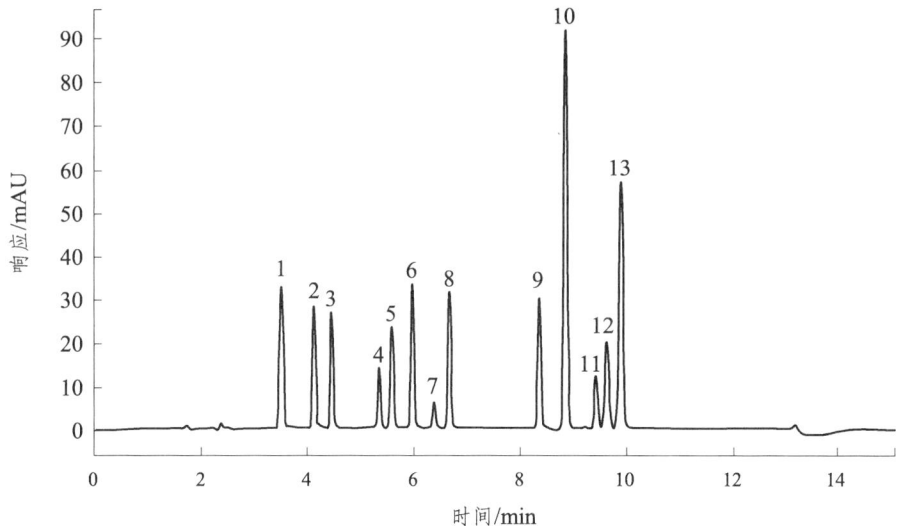

1—柠檬黄；2—苋菜红；3—靛蓝；4—QYNa2Ⅰ；5—胭脂红；6—日落黄；7—QYNa2Ⅱ；8—诱惑红；9—酸性红；10—亮蓝；11—QYNaⅠ；12—QYNaⅡ；13—赤藓红。

图 6-10　10 种着色剂标准工作溶液的色谱图

采用 HPLC-PDA 对待测液进行分析，外标法进行定量。色谱柱为 Agilent 色谱柱 [HC-C$_{18}$(2)　4.6 mm × 150 mm，5 μm]，柱温箱 30 ℃，进样量 10.0 μL，流动相总流速为 1.0 mL/min。在 420 nm 下检测柠檬黄、喹啉黄，在 510 nm 下检测苋菜红、胭脂红、日落黄、诱惑红、酸性红、赤藓红，在 620 nm 下检测靛蓝和亮蓝。0.02 mol/L 乙酸铵水溶液（A）-乙腈（B）为流动相进行梯度洗脱，梯度洗脱程序如表 6-7 所示。

表 6-7　梯度洗脱程序

时间/min	A 的体积分数/%	B 的体积分数/%
0.0	95	5
10.0	55	45
11.0	55	45
11.1	5	95
13.0	5	95
13.1	95	5
16.0	95	5

以柠檬黄、苋菜红、胭脂红、日落黄、诱惑红、亮蓝、酸性红、赤藓红、喹啉黄、靛蓝的浓度（0.5～20.0 μg/mL）为横坐标，HPLC 分析的合成着色剂峰面积为纵坐标

绘制标准曲线，样品中合成着色剂的含量按下式进行计算：

$$X = \frac{C \times V}{m} \times N$$

式中　X——试样中合成着色剂的含量，µg/g；
　　　C——由标准工作曲线得出的合成着色剂浓度，µg/mL；
　　　V——萃取液体积，mL；
　　　m——试料质量，g；
　　　N——稀释倍数。

以两次平行测定结果的算术平均值为最终测定结果，精确至 0.1 mg/g。

方法的相关系数平方 R^2 均高于 0.999，线性范围为 0.5 ~ 20.0 µg/mL，检出限在 0.95 ~ 3.21 µg/g，定量限在 3.16 ~ 10.72 µg/g，精密度在 1.0% ~ 1.7%，回收率在 92.6% ~ 100.3%。

对国内外在用的烟用胶囊样品进行分析，检测结果（表 6-8）显示，71 个样品中除 3 个白色样品未检出着色剂，其余样品检出率为 100%。所检测的 10 个着色剂中，酸性红、苋菜红、喹啉黄未检出，柠檬黄、亮蓝、胭脂红检出率较高，分别为 64.8%、59.2%、16.9%。

从检出的含量来看，不同样品着色剂所使用的量差异较大，如柠檬黄和亮蓝检出的最大值分别是最小值的 160 倍和 139 倍。

表 6-8　检测实例样品数据　　　单位：µg/g

编号	胶囊颜色	柠檬黄	苋菜红	靛蓝	胭脂红	日落黄	诱惑红	酸性红	赤藓红	亮蓝	喹啉黄	壁材中含量合计	胶囊中含量合计（按照壁材平均占比10%换算）
S1	红	587.30	—	—	—	—	906.70	—	—	—	—	1494.00	149.40
S2	淡绿	680.20	—	—	—	—	—	—	—	200.20	—	880.40	88.04
S3	暗绿	1015.00	—	—	163.40	—	—	—	—	97.00	—	1275.40	127.54
S4	绿	254.41	—	—	—	—	—	—	—	660.70	—	915.11	91.51
S5	草绿	353.50	—	—	—	—	—	—	—	102.60	—	456.10	45.61
S6	绿	1450.60	—	—	—	—	—	—	—	365.20	—	1815.80	181.58
S7	绿	2016.90	—	—	37.50	—	—	—	—	2366.10	—	4420.50	442.05
S8	绿	2161.27	—	—	—	—	—	—	—	1452.00	—	3613.27	361.33
S9	绿	2248.50	—	—	—	—	—	—	—	877.60	—	3126.10	312.61
S10	暗绿	596.40	—	—	—	—	—	—	—	1981.20	—	2577.60	257.76
S11	淡蓝	—	—	—	—	—	—	—	—	541.00	—	541.00	54.10

续表

编号	胶囊颜色	柠檬黄	苋菜红	靛蓝	胭脂红	日落黄	诱惑红	酸性红	赤藓红	亮蓝	喹啉黄	壁材中含量合计	胶囊中含量合计(按照壁材平均占比10%换算)
S12	蓝	—	—	—	—	—	—	—	—	2099.50	—	2099.50	209.95
S13	蓝	—	—	—	—	—	—	—	—	2917.20	—	2917.20	291.72
S14	蓝	—	—	—	—	—	—	—	—	1664.60	—	1664.60	166.46
S15*	蓝	—	—	—	—	—	—	—	—	4164.80	—	4164.80	416.48
S16	蓝	—	—	—	—	—	—	—	—	536.13	—	536.13	53.61
S17	蓝	—	—	—	—	—	—	—	—	389.36	—	389.36	38.94
S18	蓝	—	—	—	—	—	—	—	—	126.89	—	126.89	12.69
S19	黄	896.36	—	—	—	—	—	—	—	—	—	896.36	89.64
S20	黄	568.96	—	—	—	—	—	—	—	—	—	568.96	56.90
S21	黄	485.26	—	—	—	—	—	—	—	—	—	485.26	48.53
S22	黄	337.65	—	—	—	—	—	—	—	—	—	337.65	33.77
S23	黄	456.36	—	—	—	—	—	—	—	—	—	456.36	45.64
S24	黄	125.36	—	—	—	—	—	—	—	—	—	125.36	12.54
S25	黄	2157.30	—	—	—	—	—	—	—	—	—	2157.30	215.73
S26*	黄	10 691.10	—	—	—	—	—	—	—	—	—	10 691.10	1069.11
S27	橘黄	846.40	—	—	—	—	241.20	—	—	34.90	—	1122.50	112.25
S28	橘黄	2166.40	—	—	—	—	—	—	—	—	—	2166.40	216.64
S29	橙	20 098.80	—	—	—	321.30	—	—	—	—	—	20 420.10	2042.01
S30	棕	1366.60	—	1370.20	47.80	—	—	—	—	156.20	—	3014.60	294.08
S31	深棕	—	—	1022.00	1413.50	—	—	—	—	153.70	—	2589.20	258.92
S32	棕	2825.90	—	1424.50	—	—	—	—	—	165.80	—	4416.20	441.62
S33	棕	806.20	—	983.40	—	—	—	—	—	153.40	—	1943.00	194.30
S34	棕	479.85	—	775.30	—	—	—	—	—	145.30	—	1400.45	140.04
S35	白	—	—	—	—	—	—	—	—	—	—	0	0
S36	白	—	—	—	—	—	—	—	—	—	—	0	0
C1	红	—	—	—	454.50	361.95	—	—	—	70.95	—	887.40	88.74
C2	黄	365.25	—	—	—	—	—	—	—	—	—	365.25	36.53
C3	绿	885.00	—	—	—	—	—	—	—	763.35	—	1648.35	164.84
C4	青	—	—	—	—	—	—	—	—	395.70	—	395.70	39.57
C5	青	—	—	—	—	—	—	—	—	482.10	—	482.10	48.21
C6	砖红	—	—	—	228.75	1401.45	—	—	—	52.95	—	1683.15	168.32

续表

编号	胶囊颜色	柠檬黄	苋菜红	靛蓝	胭脂红	日落黄	诱惑红	酸性红	赤藓红	亮蓝	喹啉黄	壁材中含量合计	胶囊中含量合计（按照壁材平均占比10%换算）
C7*	黄	4903.65	—	—	—	—	—	—	—	—	—	4903.65	490.37
C8	浅蓝绿	—	—	—	—	—	—	—	643.65	—	—	643.65	64.37
C9	黄红	923.10	—	—	—	—	276.75	—	—	48.90	—	1248.75	124.88
C10	红	—	—	—	—	—	1652.25	—	—	—	—	1652.25	165.23
C11	黄红	823.20	—	—	—	—	267.90	—	—	48.90	—	1140.00	114.00
C12	亮黄	225.63	—	—	—	—	—	—	—	—	—	225.63	22.56
C13	绿	1538.70	—	—	—	—	—	—	—	1570.65	—	3109.35	310.94
C14	亮黄	149.10	—	—	—	—	—	—	—	—	—	149.10	14.91
C15	黄	445.36	—	—	—	—	—	—	—	—	—	445.36	44.54
C16	黄	368.59	—	—	—	—	—	—	—	—	—	368.59	36.86
C17	黄	475.32	—	—	—	—	—	—	—	—	—	475.32	47.53
C18	黄	225.68	—	—	—	—	—	—	—	—	—	225.68	22.57
C19	蓝色	—	—	—	—	—	—	—	—	856.32	—	856.32	85.63
C20	亮绿	1992.90	—	—	—	—	—	—	—	163.65	—	2156.55	215.66
C21	白色	—	—	—	—	—	—	—	—	—	—	—	0.00
C22	红	—	—	—	1047.30	—	—	—	—	—	—	1047.30	104.73
C23	蓝色*	—	—	—	—	—	—	—	—	4852.65	—	4852.65	485.27
C24	绿	307.65	—	—	—	—	—	—	—	2053.80	—	2361.45	236.15
C25	蓝色	—	—	—	—	—	—	—	—	3316.65	—	3316.65	331.67
C26	红	812.85	—	—	3538.50	—	—	—	—	—	—	4351.35	435.14
C27	橘黄	656.50	—	—	—	—	292.10	—	—	—	—	948.60	94.86
C28	亮黄	1838.55	—	—	—	—	—	—	—	—	—	1838.55	183.86
C29	棕	1596.09	—	—	2845.40	46.50	—	—	—	256.30	—	4744.29	474.43
C30	亮蓝	—	—	—	—	—	—	—	—	2061.45	—	2061.45	206.15
C31	浅蓝	—	—	—	—	—	—	—	—	1137.75	—	1137.75	113.78
C32	蓝	—	—	—	—	—	—	—	—	709.95	—	709.95	71.00
C33	绿	820.10	—	—	—	—	—	—	—	576.90	—	1397.00	139.70
C34	亮绿	1395.30	—	—	—	—	—	—	—	1825.95	—	3221.25	322.13
C35	暗绿	673.65	—	1422.15	—	—	—	—	—	—	—	2095.80	209.58

备注：带*样品需稀释后检测。

第二节　烟用胶囊辛癸酸甘油酯成分分析

一、辛癸酸甘油酯概述[53]

烟用胶囊加香是一种重要的卷烟加香方式[54]，借助密封的胶囊，可以避免香料直接与外界接触，保持香味物质的稳定；同时避免香料因燃烧而导致的香味改变，可保证卷烟吸食风格的稳定[55-56]。胶囊溶剂作为胶囊的组成部分之一，在烟用胶囊调香和生产中占有非常重要的地位。辛癸酸甘油酯，又称中链甘油三酯（Medium-chain triglycerides，MCT），是无色、无味且沸点较高的液体[57]，也是一种比较理想的胶囊溶剂，目前在市售胶囊型卷烟中应用广泛。关于甘油酸酯的检测方法国内外已有一些研究[58-61]，但现有研究通常以高压液相色谱或气相色谱为分析手段进行分离，通过质谱信息推测化合物结构，而化合物的分离制备方法以及确切的表征数据鲜见报道[62-65]。

事实上，MCT是一种混合物，其化合物组成以及结构信息的不确定会造成对MCT的安全性评估以及绝对定量方法建立的困难。而且，由于缺少MCT相关标准和定量方法的报道，目前尚不能对添加胶囊可能引起的产品质量安全风险进行评估，由此也引发部分消费者对胶囊型卷烟健康风险的担忧[66]。为此，使用以反相硅胶为填料的制备柱，通过中压制备液相色谱分离制备MCT各主要组分，并实现分离组分化合物的化学表征和化学组成的确定，为针对MCT的质量控制以及定量方法的建立提供支持。

二、辛癸酸甘油酯分析技术

（一）气相色谱-质谱法

1. 材料、试剂和仪器

7种规格的胶囊型卷烟（A～G），产地为中国、美国、韩国，包括了细支卷烟和唱过卷烟，焦油含量为4～10 mg/支，烟气烟碱量为0.3～1.0 mg/支，烟气CO量为2～12 mg/支。

3种市售MCT产品［EA，>90%，道勤生物科技（上海）有限公司；EB，>90%，杭州恒诺科技有限公司；EC，>90%，阿胡卡斯尔斯油脂（上海）有限公司］；ODS层析用反相硅胶（硅胶粒径50 μm，硅胶孔径12 nm，日本YMC公司）；乙腈、甲醇、乙醇、二氯甲烷（色谱纯，德国CNW Technologies公司）。

1200高效液相色谱仪、7895A/5975C气相色谱/质谱联用仪（美国Agilent公司）；

Q-Exactive 高分辨质谱仪（美国 Thermo Fisher 公司）；CP224S 电子天平（感量 0.0001 g，德国 Sartorius 公司）；R-210 旋转蒸发仪（瑞士 Büchi 公司）；中压制备液相色谱、中压制备层析柱（15 mm×920 mm）[伯乐生命医学产品（上海）有限公司]；AV400 型傅里叶变换核磁共振波谱仪（德国 Bruker 公司）。

2. 分析方法

烟用胶囊溶剂及商品化 MCT 的定性分析。卷烟烟用胶囊前处理方法：取 5 颗烟用胶囊样品，置于 10 mL 离心管中，加入 10 mL 二氯甲烷。用玻璃棒将烟用胶囊压破后，将离心管置于涡旋仪中振荡 5 min，取 1 mL 上清液，经 0.45 μm 有机相超滤膜过滤，进行 GC/MS 分析。商品化的 MCT 经配制成 10 mg/mL 的二氯甲烷溶液后进行 GC/MS 分析。

GC/MS 分析条件：色谱柱：DB-5MS（60 m×0.25 mm×0.25 μm）；载气：He；柱流量：1 mL/min；进样量：1 μL；进样口温度：280 ℃；升温程序：50 ℃（1 min）20 ℃/min →310 ℃（30 min），后运行 10 min（300 ℃）；分流比：100∶1；传输线温度：250 ℃；电离方式：EI；离子源温度：280 ℃；四极杆温度：150 ℃；电子能量：70 eV；扫描模式：全扫描。

高效液相色谱分离。样品预处理方法：将 MCT 样品溶解在二氯甲烷中，配制成质量分数为 10%～50%的 MCT 二氯甲烷溶液，然后进行 HPLC 分析。HPLC 分析条件：色谱柱：安捷伦 ZORBAX RX-C$_8$ 柱（250 mm×9.4 mm，5 μm）；流动相：乙腈；流速：2 mL/min；紫外检测器：紫外波长 210 nm；进样量：50 μL。

中压制备液相色谱分离制备。制备层析柱预处理方法：将柱层析反相硅胶干法装入制备柱，加入溶剂润洗吸附，并洗脱柱子至柱层析反相硅胶均匀无气泡。将 MCT 样品加入层析柱，采用乙腈等度洗脱的方式分离，按 10 mL/份收集洗脱液。

制备柱：Büchi 中高压制备色谱柱（15 mm×920 mm）；流动相：乙腈；流速：5 mL/min；检测器：紫外波长 210 nm；进样量：1 mL。

分离组分纯度鉴定和化学表征。采用 GC/MS 法对流出液进行纯度鉴定。将浓缩分离得到的组分，通过高分辨质谱获得各个组分的分子离子峰，用氘代氯仿溶解后分别进行核磁共振氢谱和核磁共振碳谱表征。

3. 分析结果

MCT 的 GC/MS 定性分析结果表明，市售 MCT 样品 EA 中各组分的色谱峰分离良好，且出现 4 个面积较大的色谱峰（图 6-11）。经 NIST 谱库检索以及标准物质比对后分别确定为三辛酸甘油酯[67-68]和三癸酸甘油酯[69]。2号峰与3号峰中均含有特征离子 m/z 127、155 和 355，经过质谱分析及文献检索分析，初步判断2号峰和3号峰可能为含有辛酸和癸酸基团的甘油酯类化合物[70]。

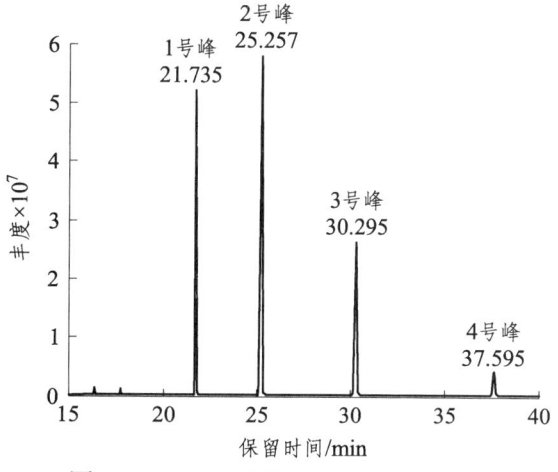

图 6-11　MCT 样品 EA 的气相色谱图

以 ODS 反相硅胶为填料装填中压制备柱，对商品化的 MCT 进行分离得到 4 个组分，并且实现了 4 个组分的完全分离，收集的 4 个组分（Ⅰ、Ⅱ、Ⅲ、Ⅳ）的质量总和占 MCT 产品的 92%。通过 GC/MS 初步分析表明，组分Ⅰ、Ⅱ、Ⅲ、Ⅳ分别对应于图 6-12 中色谱峰 1、2、3、4。同时，通过气相色谱/质谱测器测定，收集的每个组分相对于其他组分的纯度均大于 99%。

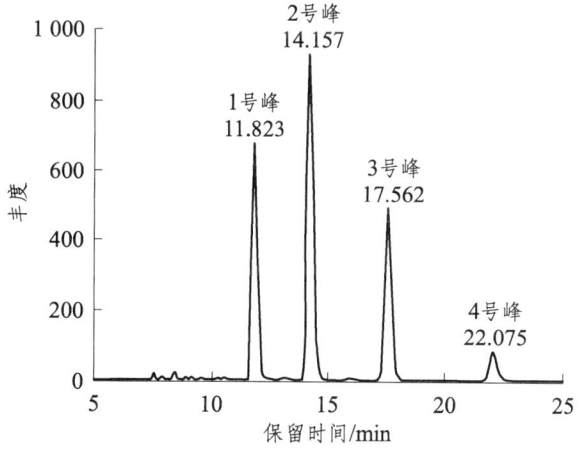

图 6-12　MCT 样品的高效液相色谱图

分别对组分Ⅱ和组分Ⅲ进行高分辨质谱分析（图 6-13）。结果表明，组分Ⅱ为二辛酸一癸酸甘油酯，组分Ⅲ为一辛酸二癸酸甘油酯。

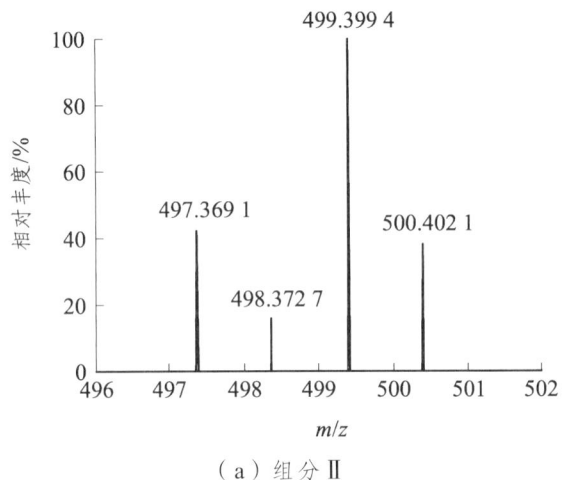

（a）组分Ⅱ

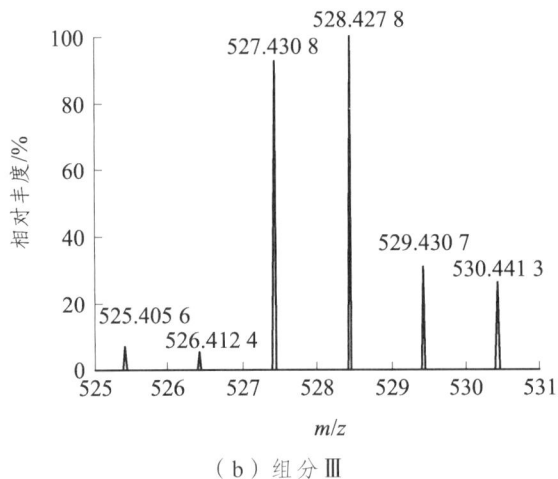

（b）组分Ⅲ

图 6-13　组分Ⅱ和Ⅲ的质谱图

将分离得到的 4 个组分按等比质量分数配成混合标准溶液，同时配制相同浓度的商品化 MCT 和烟用胶囊溶剂，GC/MS 分析结果可知，3 个色谱图中 4 个组分的保留时间一致，质谱数据显示特征离子的种类相同，离子丰度比<18%，符合定性要求的离子丰度波动范围。

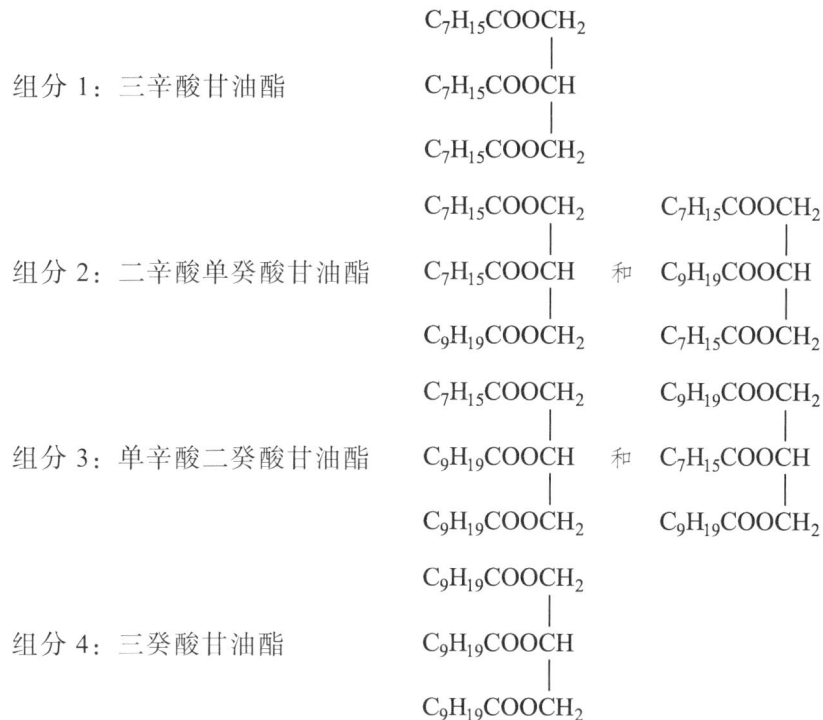

4. 小 结

利用 GC/MS 法对 3 种市售 MCT 和 7 种胶囊型卷烟的胶囊溶剂进行了定性分析，利用中压制备液相色谱-紫外检测技术分离制备了 MCT 中极性相近的 4 个组分，并通过对各个组分的化学表征确定了其成分信息。结果表明：① 烟用胶囊溶剂与市售 MCT 的主要化学成分一致。② 收集的 4 个组分的质量总和占 MCT 产品的 92%。③ 通过核磁共振与质谱比对，4 个组分及其占 MCT 产品的质量分数分别为三辛酸甘油酯 22.8%、二辛酸一癸酸甘油酯 37.9%、一辛酸二癸酸甘油酯 25.5% 和三癸酸甘油酯 5.8%。

（二）气相色谱-氢火焰检测法

刘珊珊[71]等为实现对混合物辛、癸酸甘油酯（ODO）的定量检测，建立了基于相对响应因子（RRF）的气相色谱-氢火焰离子化检测器（GC-FID），测定卷烟滤嘴爆珠中 ODO 含量（质量分数）的方法（图 6-14）。

爆珠样品：取 1 粒爆珠样品称量，精确至 0.1 mg，置于剪裁过的 3 mL 塑料吸管中，挤破爆珠后，将含有挤破爆珠的塑料吸管一并放入 50 mL 离心管中，加入 10 mL

正己烷和 100 μL 内标储备液，于 1000 r/min 的转速下涡旋振荡 5 min，取约 2 mL 上清液进行 GC 分析。

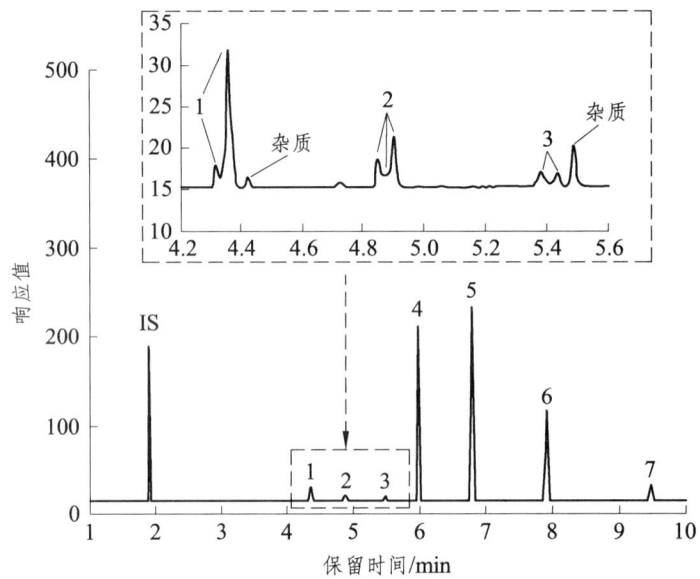

IS—正十六烷；1—二辛酸甘油酯；2—单辛酸癸酸甘油酯；3—二癸酸甘油酯；4—三辛酸甘油酯；5—单癸酸二辛酸甘油酯；6—单辛酸二癸酸甘油酯；7—三癸酸甘油酯。

图 6-14　辛、癸酸甘油酯气相色谱图

含爆珠的滤嘴样品：将卷烟滤嘴拆下后，捏破滤嘴中的爆珠，将滤嘴置于 50 mL 离心管中，加入 10 mL 正己烷和 100 μL 内标储备液，超声萃取 60 min，取约 2 mL 上清液进行 GC 分析。

色谱柱：DB-5MS UI 柱；进样口温度：325 ℃；载气：氦气（99.999%）；恒流模式；柱流速：1.0 mL/min；进样体积：1.0 μL；分流比：25∶1；程序升温：180 ℃ 保持 1 min，以 30 ℃/min 升温至 300 ℃，保持 15 min；总运行时间：20 min；检测器温度：300 ℃；尾吹气：氮气（99.999%），30 mL/min；空气：400 mL/min；氢气：40 mL/min。

采用 GC-FID 检测，通过有效碳数（ECN）预测 RRF，用内标法定量。

结果表明：① 采用该方法，ODO 各组分分离效果良好，分析时间为 20 min。② 以三辛酸甘油酯或三癸酸甘油酯作为参考物质，在 0～0.5 mg/mL 内工作曲线的线性关系良好（R^2>0.997），基于 ODO 总含量的加标回收率为 98.0%～108.0%，相对标准偏差（RSD）≤2.0%，ODO 各组分的定量限（LOQ）为 0.05 mg/mL。③ 8 个不同加香类型的实际卷烟爆珠样品中 ODO 含量为 23%～87%，其中甘油三酯含量在 ODO 中占比在

93%以上，甘油二酯占比在 6%左右；采用两种参考物质的计算结果的一致性良好。该方法简单、高效，适用于卷烟爆珠中辛，癸酸甘油酯含量的测定。

对 8 个烟用胶囊样品进行检测。实际样品检测结果表明：8 个烟用胶囊样品中均检出了 ODO，含量在 23%~87%；在烟用胶囊 ODO 各组分中，甘油三酯 4 个组分的含量占比在 93%以上，甘油二酯 3 个组分占 ODO 总量的 6%左右；分别以三辛酸甘油酯和三癸酸甘油酯为参考物质时，所得辛，癸酸甘油酯含量的一致性较好，平均相对偏差≤2.5%。

席辉[72]等公开了一种烟用胶囊溶剂中辛癸酸甘油酯的定量测定方法（图 6-15）。

将 3~4 颗破碎后的烟用胶囊与 15 mL 萃取剂、三己酸甘油酯内标物混合振荡提取 10~20 min 后，取上清液进行 GC-FID 测定，内标法定量；萃取剂为乙醇、丙酮或二氯甲烷。

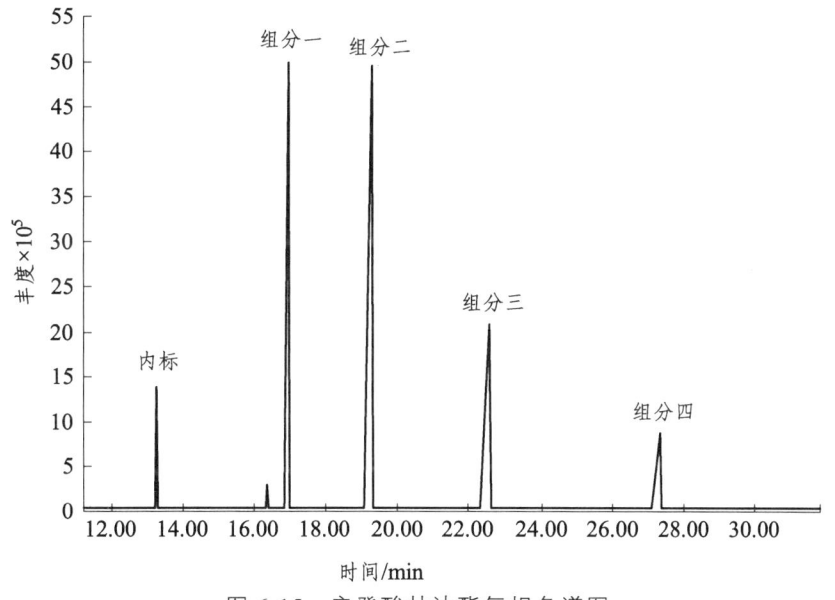

图 6-15 辛癸酸甘油酯气相色谱图

色谱柱为 DB-35MS 毛细管柱；进样口温度：250 ℃，分流比：10∶1，载气：He；检测器温度：275 ℃；H_2 流速为 30 mL/min，空气流速为 400 mL/min；程序升温：50 ℃保持 1 min，之后以 20 ℃/min 的速率升温至 300 ℃，保持 20 min。

检测结果为：三辛酸甘油酯含量为 0.340~0.921 mg/mL；二辛酸一癸酸甘油酯含量为 0.663~1.696 mg/mL；一辛酸二癸酸甘油酯含量为 0.443~1.070 mg/mL；三癸酸甘油酯含量为 0.101~0.222 mg/mL。

该方法首次实现了卷烟爆珠溶剂中辛癸酸甘油酯4个组分的定量检测,具有检测成本低、快速检测、灵敏度高、精确度高的优点,适用于卷烟爆珠中辛癸酸甘油酯和商品化辛癸酸甘油酯的定量检测。

第三节　烟用胶囊水分分析

一、烟用胶囊水分概述[73]

烟用胶囊可增加精油稳定性,增强精油功效,具有广泛的运用前景[74-77],但其水分含量测定方法尚无报告。以烟用胶囊为研究对象,采用食品安全国家标准《食品中水分的测定》(GB 5009.3—2016)中常用的直接干燥法和减压干燥法[78]以及一种低温绝干氮气吹扫法测定烟用胶囊的水分含量。

二、烟用胶囊水分分析技术

(一)直接干燥法、减压干燥法、低温绝干氮气吹扫法[73]

1. 材料与仪器

烟用胶囊(实验室自制,黄色,圆球体,球体直径2.5 mm)。

电热恒温干燥箱(DHG-9.30A型,上海精宏试验设备有限公司);电子天平(FA3204B型,上海天美天平仪器有限公司);玻璃干燥器(内置变色硅胶干燥剂);带盖铝质称量盒(圆柱形,内径70 mm,高40 mm);真空干燥箱(DZF-6020型,上海申贤恒温设备厂);低温绝干氮气吹扫法动态水分转移规律和水分活度分析装置(云南中烟工业有限责任公司自主研制)。

2. 试验方法

(1)直接干燥法

直接干燥法利用样品中水分的物理性质(一个大气压下水的沸点是100 ℃),在101.3 kPa(一个大气压)、温度101~105 ℃下测定样品干燥前后的质量,计算出样品的水分含量(质量分数)。

其主要步骤为:称量5~6 g烟用胶囊样品(精确至0.001 g),将样品均匀平铺在铝质称量盒底部,然后将装有烟用胶囊样品的称量盒置于(103±2) ℃电热干燥箱内,干燥1 h后,盖好称量盒并取出,放入玻璃干燥器(内置有效干燥剂)内冷却约30 min

至常温后称重。然后再次放入烘箱中干燥 0.5 h，取出，冷却，称量，重复以上操作，当样品两次称量质量之差小于初始样品质量的 0.04%，即样品已干燥至恒重。烟用胶囊样品水分含量计算公式见下式。

$$w = \frac{m_0 + m_1 - m_2}{m_0} \times 100\%$$

式中　w——样品水分含量；

　　　m_0——样品的质量，g；

　　　m_1——带盖铝质称量盒的质量，g；

　　　m_2——烘干至恒重时样品和带盖铝质称量盒的总质量，g。

（2）减压干燥法

减压干燥是将样品置于真空负压条件下，使水的沸点降低，在加热条件下水分挥发，测定样品干燥前后的质量，计算出样品的水分含量。根据国标 GB 5009.3—2016 所列减压干燥法中样品水分含量测定方法，称量 5~6 g 烟用胶囊样品（精确至 0.001 g），将样品均匀平铺在铝质称量盒底部，然后将装有样品的称量盒放置于真空干燥箱内，待真空干燥箱内温度达到 40 ℃，绝对压力达到 0.01 MPa（真空度为 0.09 MPa）开始计时，干燥 3 h 后，关闭真空泵，打开干燥箱进气活塞，待干燥箱内绝对压力为 0.1 MPa（真空度为 0 MPa）时，盖好称量盒并取出，放入玻璃干燥器（内置有效干燥剂）内冷却约 30 min 至常温后称重。然后再次放入真空干燥箱中干燥 1 h，冷却，称重，重复以上操作，待样品前后两次称量之差小于初始样品质量的 0.04%，即样品已干燥至恒重。烟用胶囊样品水分含量计算同上式。

（3）低温绝干氮气吹扫法

低温绝干氮气吹扫法测定水分含量是在较低温度（40 ℃）和绝干氮气吹扫下，利用环境和样本表面的水蒸气分压差，以及样本内外的水分浓度梯度差，令传质动力差永远保持最大状态，快速移除水分，使样品中的水分挥发出来。测试过程中样品不离开测试腔，在无人工干扰条件下令样品干燥至恒重，通过称重系统实时记录样品质量变化，通过样品干燥前后质量之差与样品初始质量之比，即可计算出样品的水分含量。低温绝干氮气吹扫法利用的测试装置是动态水分转移规律分析装置（实验室自制，图 6-16），主要是氮气瓶中的绝干氮气通过 1 个质量流量控制器进入管道，另外一个质量流量控制器关闭，绝干氮气被加热后进入已预热的测试室（圆柱形，$d = 35$ cm，$h = 6$ cm，$V \approx 5.8$ L），然后从测试室出气孔流出，通过干氮气的流动和测试室的加热，使测试室内温度达到 40 ℃，相对湿度达到 1.0% 以下，样品放置于称量模块（精度为 0.001 g，称量上限为 225 g）的样品盘上，样品的实时质量被记录。另外，测试室内安装有高清监控摄像系统,可以对样品的干燥过程进行实时监控记录。开机运行装置:打开装置开关,打开氮气开关,打开装置控制软件。将仪器温度设置为 40 ℃,湿度设置为 0%。将称重模块清零,将自制烟用胶囊称量盘放置于测试室样品盘上,再次对称重模块进行清零。待仪器测试室温度达到(40 ± 0.1) ℃ 时,称取 5~6 g 样品置于称量盘上,关闭腔体。每隔 1 h,计算样本前后质量变化,待样品前后质量变化小于初始样品质量的 0.04%,即为恒重。样品水分含量计算公式见下式。

$$w = \frac{m_0 - m_1}{m_0} \times 100\%$$

式中 w——样品水分含量;
m_0——样品的质量,g;
m_1——样品干燥至恒重时的质量,g。

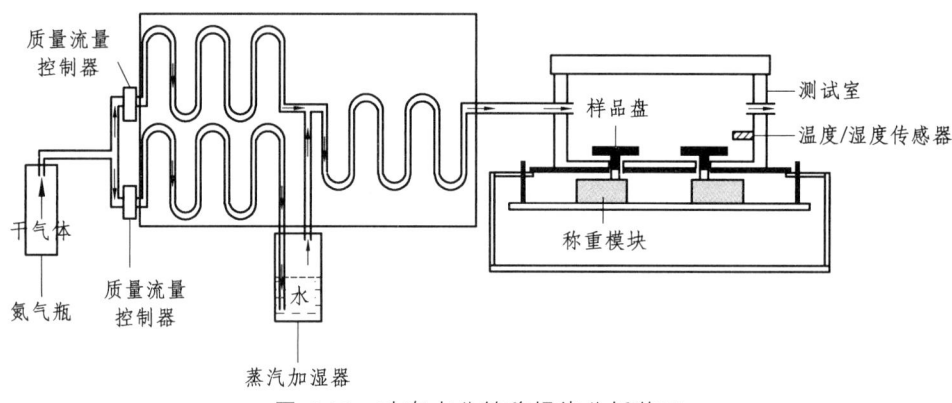

图 6-16 动态水分转移规律分析装置

3. 显著性分析

利用 Origin 2017 软件中 one-way analysis of variance(ANOVA)对三种方法测得水分含量数据进行差异显著性分析。

4. 分析结果

(1)三种方法测得烟用胶囊水分含量比较。分别用直接干燥法、减压干燥法,以及低温绝干氮气吹扫法,测得胶囊水分含量分别为(1.018 ± 0.00473)%、(0.915 ± 0.0255)%、(0.851 ± 0.0147)%,变异系数分别为 0.771%、0.469%、0.638%,当变异系数(CV)<5%,表明样本重复测定结果的精密度和重现性高[80]。采用低温绝干氮气吹扫法测得的胶囊水分含量与采用直接干燥法和减压干燥法测得结果均具有显著性差异。

（2）三种方法下胶囊壁材水分含量比较。对于油性烟用胶囊而言，壁材是水溶性的，壁材中水分含量的多少直接决定了烟用胶囊储存香精的效果与时限[79]。许多烟用胶囊在干燥过程中工艺处理、干燥后运储使用干燥剂以保证烟用胶囊壁材水分失衡，都是避免烟用胶囊壁材水分过多的处理方式。壁材水分含量少，则烟用胶囊储存质量好；反之，则容易给香精香料"预留"或"搭建"逃逸通道，造成烟用胶囊储存质量差。因此，有必要测量水分含量，且有必要将壁材水分占比作为衡量胶囊水分含量的一个重要指标，而不仅仅是数量值。根据烟用胶囊滴制壁材芯材质量比3∶7的比例，考察在直接干燥法、减压干燥法以及低温绝干氮气吹扫法三种方法下的壁材水分占比的变化情况，烟用胶囊壁材水分含量分别为3.390%、3.050%、2.837%。

（3）干燥前后样品形貌变化。干燥前后烟用胶囊样品的形貌变化，表明直接干燥法和真空干燥法在干燥过程中均对样品具有破坏性，该破坏性导致烟用胶囊的芯材出现泄漏，而由于芯材易挥发，使得最终测定结果均偏离真实值。低温绝干氮气吹扫法干燥过程中烟用胶囊样品前后无变化，较直接干燥法和真空干燥法测定结果更接近真实值。

（4）三种水分含量测定方法的优缺点比较。直接干燥法和减压干燥法测定烟用胶囊水分含量的优点是装置简单。缺点是在对烟用胶囊称重时，需反复开关干燥箱或真空箱的箱门，影响箱体中的温度、真空度；且由于人工参与操作，增加了不确定性。这两种方法同时还存在试验过程中样品多次离线并进行人工称量操作的情况，且每次称量均需样品冷却至室温，冷却时间一般为半小时。该操作过程造成试验时间长，且称量过程中样品可能吸湿导致称量结果不准确。低温绝干氮气吹扫法测试胶囊水分含量过程中样品封闭测试，不受外界环境影响，操作简便，一次试验同时获得四个重复试验结果。同时样品无漏油，测定结果更接近真实值。

5. 小　结

分别用直接干燥法、减压干燥法，以及低温绝干氮气吹扫法，测定烟用胶囊的水分含量（质量分数），测得水分含量分别为$(1.018 \pm 0.00473)\%$、$(0.915 \pm 0.0255)\%$、$(0.851 \pm 0.0147)\%$；烟用胶囊壁材水分含量分别为3.390%、3.050%、2.837%。

采用低温绝干氮气吹扫法测得的烟用胶囊水分含量与直接干燥法和减压干燥法测得结果均具有显著性差异（$P<0.05$），水分含量不仅直接影响烟用胶囊壁材性能，也直接影响着烟用胶囊芯材的逃逸路径与储存稳定性。

直接干燥法测定烟用胶囊的水分含量时，样品有破裂漏油现象；真空干燥法测定时，样品有少量破裂漏油现象。直接干燥法和真空干燥法测定过程中由于样品破裂，导致烟用胶囊中易挥发香味油性物质的挥发，造成水分含量测定结果偏离真实值。

采用低温绝干氮气吹扫法测定烟用胶囊水分含量时，样品无破坏，样品干燥前后形貌无变化，测定结果更接近真实值，可以判定低温绝干氮气吹扫法测得结果较直接干燥法、减压干燥法更准确可靠。

烟用胶囊水分含量测定可以采用直接干燥法、减压干燥法和低温绝干氮气吹扫法，三种方法测定的烟用胶囊水分含量存在显著性差异。低温绝干氮气吹扫法测定烟用胶囊水分含量结果更接近烟用胶囊水分含量的真实值。低温绝干氮气吹扫法作为一种新的样品水分含量测试手段，采用相对低温、高传质速率的测试原理，更适用于类似烟用胶囊这类结构特殊、同时含有易挥发性物质的材料的水分含量测定。

（二）气相色谱-热导检测法

杨芳[80-81]等建立了烟用爆珠中水分含量的气相色谱-热导检测器（GC-TCD）检测方法（图6-17）。

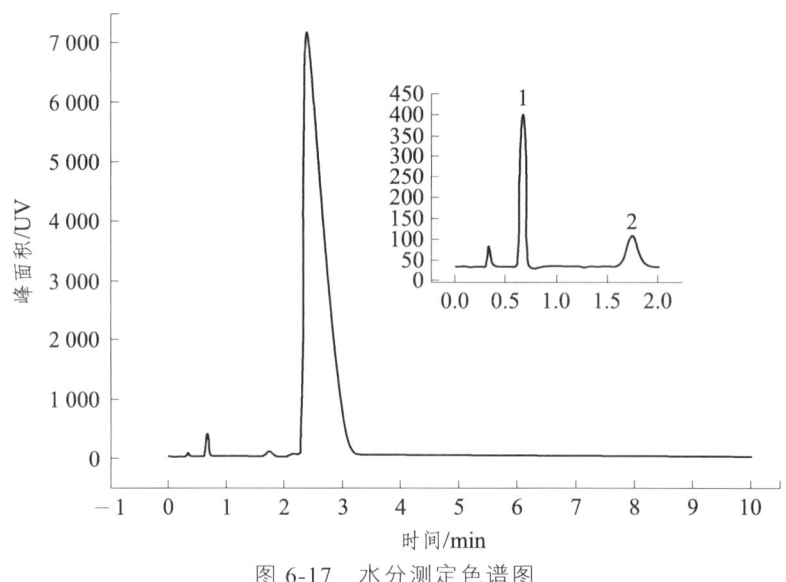

图6-17 水分测定色谱图

取50颗爆珠置于150 mL三角瓶内，用玻璃棒捣碎，加入30 mL异丙醇萃取液，反复冲洗玻璃棒。具塞，180 r/min震荡20 min。静置2 min，取2 mL上清液过0.22 μm有机相滤膜后待测。空白样品的处理：150 mL三角瓶内加入30 mL异丙醇萃取液，同上处理，即为实验空白样。

GC条件：色谱柱：Porapak Q80/100（PE公司）；进样口温度：250 ℃；检测器温度：250 ℃；载气：H_2，30 mL/min；进样量：1 μL。内标法定量。

结果显示：加高、中、低标的回收率在 98.95% ~ 104.48%；方法定量限为 0.0577 mg/mL；日内精密度 3.47%，日间精密度 4.05%。不同烟用胶囊样品水分含量在 0.150 ~ 0.235 mg/个。

第四节 烟用胶囊香气成分分析

一、烟用胶囊香气成分分析概述

烟用胶囊中包裹了特色香精香料及适量溶剂液体，能够延缓挥发性香味物质的自然损失，实现卷烟抽吸过程中特色香味物质人为可控释放。对于烟用胶囊内在质量分析和控制的研究报道越来越多，其中香气成分分析技术主要为气相色谱—质谱联用（GC-MS）分析法。

二、烟用胶囊香气成分分析技术

（一）吹扫捕集-气相色谱-质谱/嗅辨分析法

王华[82]等采用吹扫捕集-气相色谱-质谱法（GC/MS）对市售卷烟中胶囊的挥发性成分进行分离和鉴定，运用峰面积归一化法确定各组分的质量分数（图6-18），结合嗅闻仪对分离组分进行嗅闻，获得了凉味胶囊破碎后的主要香气成分信息。

1. 材料与仪器

某品牌卷烟胶囊（胶囊 1#和胶囊 2#），市售；高纯氮气（99.999%，佛山市科的气体化工有限公司）。

7890B/5977A 气相色谱/质谱联用仪（美国 Agilent 公司）；CDS-7000E 吹扫捕集仪（美国 CDS 公司）；GERSTEL ODP 3 嗅闻仪（德国 GERSTEL 公司）。

2. 分析方法

取出烟支滤棒中的烟用胶囊（共2颗），放入吹扫捕集管内，用针扎破烟用胶囊，使胶囊内香精完全流出，按照优化后方法进行分析。

吹扫捕集条件/吹扫温度：室内环境温度，不加热；吹扫气体：高纯氮气；吹扫时间：2 min；传输线温度：230 ℃；脱附温度：250 ℃；脱附时间：2 min。

GC-MS 分析条件/色谱柱：DB - FFAP（30 m×250 μm×0.25 μm）；进样口温度：

230 ℃;分流比:10∶1;载气:氦气;载气流速:1.3 mL/min;程序升温:初始 70 ℃ 5 ℃/min 180 ℃ 15 ℃/min 240 ℃,运行 26 min;传输线温度:230 ℃;EI 离子源温度:230 ℃;电离能量:70 eV;四级杆温度:150 ℃;扫描模式:全扫描;质量扫描范围:35~350 u;溶剂延迟时间:2 min。利用 NIST14 标准谱库进行检索,以匹配度≥80%定性。

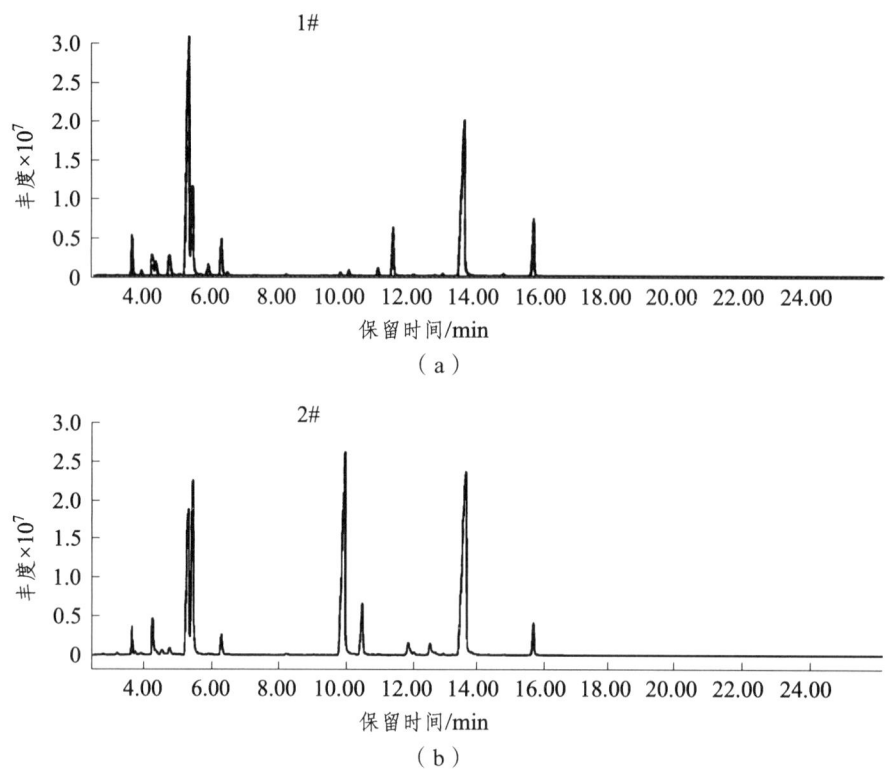

图 6-18　某品牌卷烟 2 种烟用胶囊的挥发性成分总离子流谱图

GC-O 分析条件与 GC-MS 条件保持一致。嗅闻仪传输线温度:200 ℃。GC-O 试验由 6 位感官评价人员完成,每名评价人员对经过 GC 分离的成分进行嗅闻,并记录在嗅闻过程中所闻到的气味特征和强度(1 = 微弱、2 = 清晰、3 = 较强、4 = 非常强烈),将评价员都闻到的化合物选定为关键性风味成分。

3. 分析结果

结果表明:① 1#胶囊的主要香气成分是柠檬烯(35.70%)、薄荷醇(27.66%)、桉树脑(10.08%)、香芹酮(5.34%)、芳樟醇(4.32%);2# 胶囊的主要香气成分是薄荷酮(28.46%)、薄荷醇(29.27%)、桉树脑(14.96%)、柠檬烯(14.15%)、香芹酮(2.07%)。② 薄荷酮是薄荷特征香气的主要来源,薄荷醇则是凉感的主要来源。③ 吹扫捕集-GC/MS/O 联用法可用于烟用胶囊挥发性成分的定性分析,这种方法对样品需求量少,且操作简单、快速。

(二)近红外光谱和气相色谱-质谱联用分析法

何媛[83]等采用近红外光谱(NIRS)和气相色谱-质谱联用(GC-MS)法分析了 3 种不同类型烟用胶囊。收集了清甜型、蜜甜型和薄荷型 3 种类型烟用胶囊的不同批次共 27 个样品,采集其 NIRS 谱图,通过光谱数据分析结合簇类独立软模式法(Soft independent modeling of class analogy,SIMCA)对 3 种烟用胶囊样品建立了分类模型,采用线性判别分析法(Linear discriminant analysis,LDA)对同一类型不同批次的烟用胶囊进行质量一致性评价,同时采用 GC-MS 法对 3 种类型烟用胶囊内含物中挥发性及半挥发性成分进行了分析。

清甜型烟用胶囊内含物分析结果(图 6-19)表明,共鉴定出 10 种化合物:醇类 1 种,酮类 4 种,酯类 2 种,酚类 1 种,醛类 2 种。其中,特征香味成分有乙基麦芽酚、香兰素和乙基香兰素。添加乙基麦芽酚不仅可提升香味,还起到增甜作用;香兰素俗称香草醛,具有强烈又独特的香荚兰豆香气,且香气稳定;乙基香兰素具有类似香荚兰豆香气,其香气是香兰素的 3~4 倍,且留香持久。

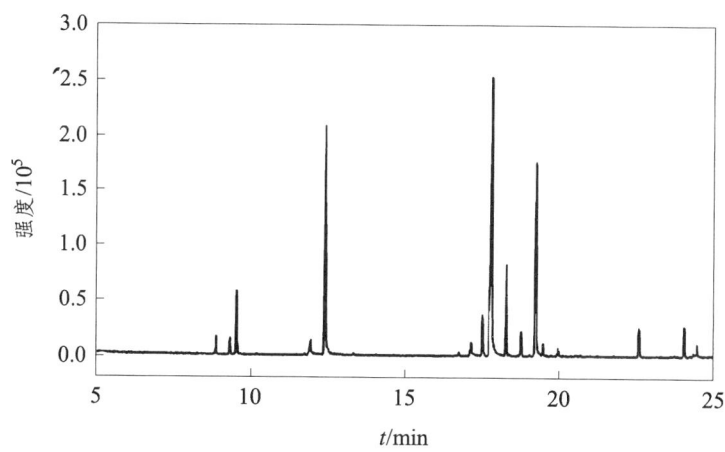

图 6-19 清甜型烟用胶囊内含物 GC-MS 总离子流图

蜜甜型烟用胶囊内含物中共鉴定出 17 种化学成分:醇类 2 种,酮类 1 种,酯类 7

种，烯烃类 5 种，醛类 1 种，其他类 1 种（图 6-20）。特征香味成分有己酸乙酯、2,6-二甲基-5-庚烯醛与 L-薄荷醇，都可起到增香作用。

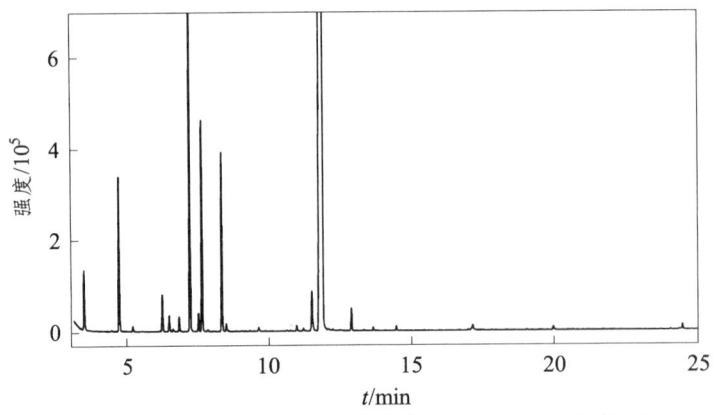

图 6-20　蜜甜型烟用胶囊内含物 GC-MS 总离子流图

薄荷型烟用胶囊内含物共鉴定出 26 种化学成分：醇类 4 种，酮类 5 种，酯类 9 种，烯烃类有 7 种，其他类有 1 种（图 6-21）。在这些化学成分中，以 L-薄荷醇的含量最高，是薄荷型烟用胶囊主要的特征香味成分。

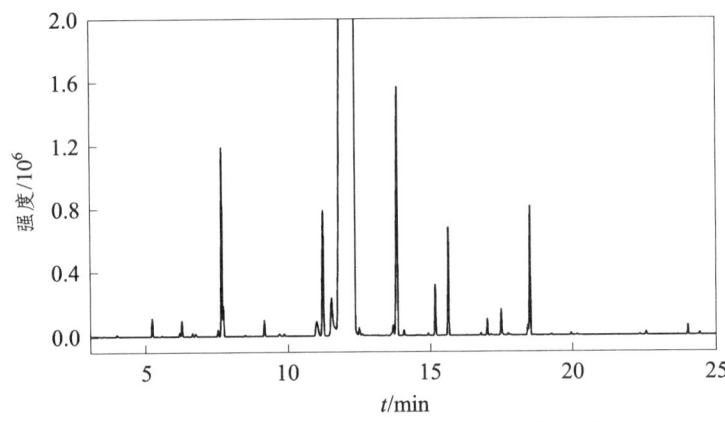

图 6-21　薄荷型烟用胶囊内含物 GC-MS 总离子流图

结果表明，烟用胶囊香型不同，其内含物挥发性及半挥发性成分差别较大；NIRS 技术可以有效判别不同颜色壁材的胶囊；建立的 SIMCA 模型可区分 3 种类型烟用胶囊，且清甜型、蜜甜型和薄荷型烟用胶囊不同批次样品的区分准确度均在 90%以上，建立的 LDA 模型可很好地区分 3 种类型不同批次的烟用胶囊。

（三）气相色谱-质谱联用分析法

郭华诚[84]等采用离心-萃取的方式对烟用胶囊进行处理，优化萃取条件，建立了一种气相色谱质谱联用（GC/MS）技术测定烟用胶囊中9种挥发性香味成分的方法。

1. 材料、试剂与仪器

Agilent 7890B/5977A 型气相色谱/质谱联用仪（美国 Agilent 公司）；SB-3200DT 型超声萃取仪（宁波新芝有限公司）；TG16-WS 型离心机（湖南沪康有限公司）。

成品烟用胶囊、散装烟用胶囊（河南中烟工业有限责任公司）；正己烷（色谱纯，天津市大茂化学试剂厂）；二氯甲烷（色谱纯，迪马科技试剂有限公司）；乙醇（分析纯，天津富宇试剂厂）；乙酸苯酚酯、丁酸乙酯、乙酸异戊酯、柠檬烯、芳樟醇、L-薄荷酮、薄荷醇、乙酸芳樟酯、辛酸乙酯、癸酸乙酯（≥99%，百灵威科技有限公司）。

含内标萃取溶液的配制：称取 0.05 g 乙酸苯酚酯于 25 mL 容量瓶中，用乙醇定容至刻度，得到浓度为 2.0 mg/mL 内标储备溶液；准确移取 1 mL 内标储备溶液于 250 mL 容量瓶中，用乙醇定容至刻度，摇匀，得到内标浓度为 8 μg/mL 的萃取溶液。

标准工作溶液的配制：各称取 0.05 g 丁酸乙酯、乙酸异戊酯、柠檬烯、芳樟醇、L-薄荷酮、薄荷醇、乙酸芳樟酯、辛酸乙酯、癸酸乙酯于 50 mL 容量瓶中，用含有内标的萃取溶液定容至刻度，得到混合标准储备液；移取 300 μL 混合标准储备液至 10 mL 容量瓶中，用含有内标的萃取溶液定容至刻度，得到混合标准工作母液，然后经过稀释得到丁酸乙酯、乙酸异戊酯、柠檬烯、芳樟醇、L-薄荷酮、薄荷醇、乙酸芳樟酯、辛酸乙酯、癸酸乙酯浓度分别为 30、15、6、3、1.5、0.3 μg/mL 的标准工作溶液。

2. 分析方法

随机抽取成品卷烟和散装烟用胶囊各 20 颗，准确称量其质量（精确至 0.1 mg），置于中间有孔隙隔板的离心管隔板上，机械破碎后，5000 r/min 离心 5 min，用镊子取出烟用胶囊壁材。准确称量 20 粒烟用胶囊壁材的质量（精确至 0.1 mg），计算出每粒烟用胶囊中内含物质的质量。准确称取 0.1 g（精确至 0.1 mg）内含物质于 50 mL 三角瓶中，加入 6 mL 含有内标的萃取液，萃取后过 0.45 μm 有机滤膜，待进样。

色谱条件：色谱柱：HP-5MS（60 m × 0.25 mm × 0.25 μm）；升温程序为：初温为

50 ℃，保持 2 min，以 4 ℃/min 的速率升温至 280 ℃，保持 20 min；载气为 He，流速为 1.0 mL/min；进样口温度为 280 ℃；进样量为 1 μL；分流比为 5∶1。

质谱条件：电子轰击离子源（EI），电子电流为 70 eV，离子源温度为 230 ℃，四级杆温度为 150 ℃，传输线温度为 280 ℃，选择离子扫描，化合物的选择扫描离子为 m/z 丁酸乙酯 71/88、乙酸异戊酯 70/87、柠檬烯 68/93、乙酸苯酚酯 94/136、芳樟醇 71/93、L-薄荷酮 112/139、薄荷醇 71/81、乙酸芳樟酯 93/121、辛酸乙酯 88/127、癸酸乙酯 88/101。

挥发性香味成分含量计算：以丁酸乙酯、乙酸异戊酯、柠檬烯、芳樟醇、L-薄荷酮、薄荷醇、乙酸芳樟酯、辛酸乙酯、癸酸乙酯的质量浓度（0.3～30.0 μg/mL）为横坐标，GC-MS 分析的挥发性香味成分的峰面积与内标峰面积的比值为纵坐标绘制标准曲线，将样品峰面积与内标峰面积的比值代入标准曲线，计算出各香味成分的含量。

3. 分析结果

结果表明，萃取剂为乙醇，选用机械振荡方式，振荡时间为 40 min，料液比为 1 g∶60 mL 时萃取效果较好，目标化合物分离效果较高，相关系数>0.999，回收率为 96.29%～118.58%，相对标准偏差（RSD）为 1.72%～2.96%，检出限为 0.035～0.044 μg/mL，定量限为 0.118～0.146 μg/mL。丁酸乙酯的含量在 196.32～569.23 μg/g、乙酸异戊酯的含量在 208.69～352.68 μg/g、柠檬烯的含量在 210.28～653.27 μg/g、芳樟醇的含量在 107.85～301.53 μg/g、L-薄荷酮的含量在 182.12～378.91 μg/g、薄荷醇的含量在 596.2～2075.44 μg/g、乙酸芳樟酯的含量在 168.94～256.37 μg/g、辛酸乙酯的含量在 289.34～725.64 μg/g、癸酸乙酯的含量在 370.39～420.20 μg/g。

该方法前处理快捷简便，灵敏度高，可满足烟用胶囊中挥发性香味成分的分析测定，为胶囊型卷烟的研发和质量评价提供参考。

（四）顶空-固相微萃取-气相色谱-质谱联用分析法

顶空-固相微萃取-气相色谱-质谱联用分析法（HS-SPME-GC/MS）具备环境友好、快速简便等优点，通过对顶空进样条件、固相微萃取条件、气相色谱条件和质谱条件等参数的优化，建立了一种快速简便的烟用胶囊中挥发性香气成分的 HS-

SPME-GC/MS 分析方法，并对酸梅香、甜杏果香、覆盆子香等香韵的烟用胶囊进行了成分分析。

1. 材料、试剂及仪器

3 个不同香韵的烟用胶囊（酸梅香、甜杏果香、覆盆子香，购自云南昆明市场）；6 种固相微萃取头（粉色、灰色、淡黄色、白色、绿色和淡蓝色，美国 Supelco 公司）。

CTC 多功能进样器（瑞士 Combi-PAL 公司）；456 GC-TQ 气相色谱-质谱联用仪（美国 Bruker 公司）。

2. 分析方法

取 1 颗烟用胶囊放入顶空瓶，用针扎破，使胶囊内香精完全流出，迅速密封后，在 CTC 的固相微萃取装置中萃取 30 min，萃取温度 80 ℃，解吸附时间 3 min，萃取头转速 250 r/min。

GC/MS 分析条件为：色谱柱：DB-5MS 毛细管柱（30 m × 0.25 mm i.d. × 0.25 μm d.f.）；载气：He；恒流模式流速：1.5 mL/min；分流比：10∶1。进样口温度：240 ℃；程序升温：45 ℃（2.0 min）5 ℃/min 240 ℃（8.0 min）。传输线温度：240 ℃；电离方式：电子轰击源（EI）；电离能量：70 eV；离子源温度：200 ℃；溶剂延迟时间：1.5 min；检测方式：全扫描监测模式；质量扫描范围：40～500 amu。利用 NIST 谱库进行检索。

3. 分析结果

分别取不同的烟用胶囊样品，采用本方法分析测定其中挥发性香气成分成分，分别扣除烟用胶囊壁材空白后，采用面积归一化法计算样品中挥发性香气成分。

酸梅香韵烟用胶囊挥发性香气成分见表 6-9。酸梅香韵烟用胶囊中共检测到 42 个挥发性香气成分，除溶剂外，含量较高的为糠醛（0.389%）、4-甲基-2-戊基-1,3-二氧戊环（0.126%）、2-丁基-4-甲基-1,3-二氧戊环（0.073%）、频哪醇（0.069%）、3-呋喃甲醇（0.063%）、2-乙酰呋喃（0.058%）、乙酸异戊酯（0.049%）、草莓酯（0.047%）、5-甲基糠醛（0.044%）、α-大马酮（0.035%）、二氢-4-甲基-2(3H)-呋喃酮（0.023%）、丁香酚（0.019%）等成分。

表 6-9 酸梅香韵烟用胶囊挥发性香气成分

序号	中文名	相对含量/%	序号	中文名	相对含量/%
1	溶剂	98.607	22	3,5-二羟基甲苯	0.002
2	溶剂	0.255	23	壬酸	0.010
3	糠醛	0.389	24	1-苯基-2-丙酮乙烯乙醛	0.007
4	4-甲基-2-戊基-1,3-二氧戊环	0.126	25	丁香酚	0.019
5	3-呋喃甲醇	0.063	26	大马酮	0.001
6	乙酸异戊酯	0.049	27	肉桂酸甲酯	0.005
7	2-乙酰呋喃	0.058	28	丁烷（二硫代）酸乙酯	0.001
8	二氢-4-甲基-2(3H)-呋喃酮	0.023	29	α-大马酮	0.035
9	草莓酯	0.047	30	丙位癸内酯	0.006
10	2-丁基-4-甲基-1,3-二氧戊环	0.073	31	β-紫罗酮	0.005
11	5-甲基糠醛	0.044	32	2-十五烷基-1,3-二氧戊环	0.006
12	正己酸乙酯	0.007	33	2,4-二叔丁基苯酚	0.007
13	N-甲基-2-吡咯甲醛	0.002	34	正十六烷	0.003
14	二丙二醇	0.009	35	苯甲酸苄酯	0.003
15	苯乙醛	0.002	36	棕榈酸甲酯	0.005
16	乙基吡咯 2-甲醛	0.002	37	棕榈酸	0.003
17	顺-α,α,5-三甲基-5-乙烯基四氢化呋喃-2-甲醇	0.004	38	棕榈酸乙酯	0.009
18	2,5-二甲酰呋喃	0.003	39	亚油酸乙酯	0.003
19	N,N,3,3-四甲基-丁酰胺	0.002	40	油酸甲酯	0.003
20	频哪醇	0.069	41	甲基反亚油酸甲酯	0.007
21	4-烯氧基-2-甲基-戊烷-2-醇	0.011	42	反油酸乙酯	0.015

甜杏果香韵烟用胶囊挥发性香气成分见表 6-10。甜杏果香韵烟用胶囊中共检测到 90 个挥发性香气成分，除溶剂外，含量较高的为丁酸二甲基苄基原酯（4.324%）、1,2-丙二醇-二甲酸酯（2.537%）、香兰素（1.174%）、桃醛（0.237%）、2-甲基-1,3-二噁烷（0.197%）、糠醛（0.188%）、苯乙酸乙酯（0.176%）、异戊酸乙酯（0.144%）、异丁酸肉桂酯（0.138%）、2-甲基丁酸乙酯（0.129%）、羟基丙酮（0.114%）、2-丁基-4-甲基-1,3-二氧戊环（0.110%）、肉桂酸苄酯（0.088%）、乙酸异戊酯（0.075%）等成分。

表 6-10 甜杏果香韵烟用胶囊挥发性香气成分

序号	中文名	相对含量/%	序号	中文名	相对含量/%
1	2-甲基-1,3-二噁烷	0.197	25	2-丁烯基苯	0.007
2	溶剂	89.406	26	二丙二醇	0.043
3	1,2-丙二醇-二甲酸酯	2.537	27	1-甲基-4-(1-甲基乙烯基)-环己醇-乙酸酯	0.001
4	糠醛	0.188	28	氢化安息香	0.000
5	4-环己烯-1,2-二醇	0.070	29	茶吡咯	0.002
6	己醛丙二醇缩醛	0.048	30	2-乙酰基吡咯	0.002
7	2-甲基丁酸乙酯	0.129	31	顺-α,α-5-三甲基-5-乙烯基四氢化呋喃-2-甲醇	0.003
8	异戊酸乙酯	0.144	32	1-甲氧基-三环[4.3.1.(13,8)]十一烷	0.001
9	正己醇	0.046	33	2-甲基-1-苯基丙烯	0.005
10	乙酸异戊酯	0.075	34	2-苯基-2-丙醇	0.001
11	羟基丙酮	0.114	35	4-甲氧基-1-丁醇	0.008
12	2,3-丁二酮单肟	0.043	36	3,N-二羟基-丁酰胺	0.002
13	1,2-丙二醇-2-乙酸酯	0.072	37	芳樟醇	0.018
14	2-乙酰呋喃	0.021	38	反式-5-甲基四氢呋喃-2-甲醇	0.001
15	4-羟基丁酸	0.021	39	1-[1-甲基-2-(2-丙烯基氧基)乙氧基]-2-丙醇	0.007
16	2-异丁基-3-甲基吡嗪	0.034	40	乙酸苄酯	0.055
17	丙烷-1,1-二醇二乙酸酯	0.057	41	4-(烯丙氧基)-2-甲基-戊-2-醇	0.022
18	2-丁基-4-甲基-1,3-二氧戊环	0.110	42	草莓酯	0.008
19	己醛丙二醇缩醛	0.020	43	顺式-(2-苯基-1,3-二氧戊环-4-基)-9-十八烯酸甲酯	0.001
20	5-甲基糠醛	0.044	44	乙基-2,4-二甲基-3-糠酸酯	0.006
21	2-甲基-3-氧代戊酸甲酯	0.008	45	乙酸苏合香酯	0.004
22	己酸	0.015	46	乙基麦芽酚	0.001
23	己酸乙酯	0.006	47	辛酸乙酯	0.002
24	2-吡咯甲醛	0.002	48	2,5-二甲基-2-己烯	0.001

续表

序号	中文名	相对含量/%	序号	中文名	相对含量/%
49	2,3-二氢噻吩	0.000	70	丙位癸内酯	0.037
50	肉桂腈	0.001	71	丁酸二甲基苄基原酯	4.324
51	苯乙酸乙酯	0.176	72	异丁香酚甲醚	0.002
52	1,2,3,4-四氢-1,4,6-三甲基萘	0.001	73	2,4-二叔丁基苯酚	0.004
53	丙酸苄酯	0.011	74	4-甲基戊酸苄酯	0.007
54	壬酸	0.003	75	2-甲基-5-(4-吗啉基)-环己基-2,5-二烯-1,4-二酮	0.001
55	茴香脑	0.001	76	3,7,11-三甲基-1,6,10-十二碳三烯-3-醇	0.006
56	1-亚乙基-1H-茚	0.001	77	桃醛	0.237
57	乙酸二甲基苄基原酯	0.003	78	异丁酸肉桂酯	0.138
58	1-苯基-2-丙酮乙缩醛	0.002	79	反-β-甲基苯乙烯	0.000
59	丁酸苄酯	0.020	80	正十九烷	0.004
60	丁香酚	0.029	81	3,4-二甲氧基苯乙酸甲酯	0.010
61	2-辛基-环丙烷肉豆蔻酸酸甲酯	0.001	82	7,9-二叔丁基-1-氧杂螺(4,5)癸-6,9-二烯-2,8-二酮	0.003
62	大马酮	0.013	83	棕榈酸甲酯	0.003
63	2-甲基丁酸苯甲酯	0.009	84	(E)-3-苯基-2-丙烯酸-苯基甲基酯	0.002
64	香兰素	1.174	85	肉桂酸苄酯	0.088
65	异香兰素	0.002	86	11,14-十八碳二烯酸甲酯	0.002
66	肉桂酸	0.031	87	反油酸乙酯	0.006
67	乙基香兰素	0.024	88	2-辛基-环丙烷月桂酸甲酯	0.000
68	R-柠檬烯	0.011	89	2-氨基-4,4,6,6-四甲基-4,6-二氢-噻吩并[2,3-c]呋喃-3-甲腈	0.000
69	4-(1-氢过氧基-2,2-二甲基-6-亚甲基环己基)-3-戊烯-2-酮	0.002	90	3,4-二甲氧基肉桂酸	0.001

覆盆子香韵烟用胶囊挥发性香气成分见表6-11。覆盆子香韵烟用胶囊中共检测到54个挥发性香气成分,除溶剂外,含量较高的为2-甲基丁酸乙酯(2.351%)、3-羟基丙烷腈(1.028%)、乙酰肼(1.008%)、乙酸异戊酯(0.760%)、三醋酸甘油酯(0.550%)、乙酐(0.366%)、2,2,4-三甲基-1,3-二氧环戊烷(0.294%)、丙酸乙酯(0.230%)、2-甲基丁基乙酸酯(0.224%)等成分。

表 6-11 覆盆子香韵烟用胶囊挥发性香气成分

序号	中文名	相对含量/%	序号	中文名	相对含量/%
1	乙酰肼	1.008	28	异薄荷酮	0.035
2	3-羟基丙烷肼	1.028	29	乙酸苄酯	0.098
3	乙酐	0.366	30	L-薄荷酮	0.039
4	3-乙酰硫基-2-甲基丙酸	0.088	31	4-烯氧基-2-甲基-戊-2-醇	0.019
5	丙酸乙酯	0.230	32	(1α, 2β, 5β)-5-甲基-2-(1-甲基乙基)环己醇	0.011
6	16-十六烷酰肼	0.109	33	长叶薄荷酮	0.038
7	2,2,4-三甲基-1,3-二氧环戊烷	0.294	34	一乙酸甘油酯	0.005
8	丙二醇	92.123	35	1,2,3,4-四氢-1,4,6-三甲基萘	0.013
9	己醛丙二醇缩醛	0.123	36	茴香脑	0.004
10	2-甲基丁酸乙酯	2.351	37	乙酸薄荷酯	0.011
11	正己醇	0.012	38	三醋酸甘油酯	0.550
12	乙酸异戊酯	0.760	39	肉桂酸甲酯	0.009
13	2-甲基丁基乙酸酯	0.224	40	甲基丁香酚	0.001
14	碳酰肼	0.007	41	2,6,10-三甲基-十四烷	0.003
15	2,5-二甲基吡嗪	0.002	42	桃醛	0.012
16	2,4-二甲基-1,3-二氧戊环-2-甲醇	0.010	43	β-紫罗兰酮	0.006
17	2-丁基-4-甲基-1,3-二氧戊环	0.176	44	2-十六醇	0.001
18	2-乙基-己酸-1,1-二甲基乙酯	0.023	45	正十九烷	0.024
19	乙酸叶醇酯	0.020	46	2',3',4'-三甲氧基苯乙酮	0.006
20	二丙二醇	0.032	47	6-甲基-十八烷	0.006
21	(+)-柠檬烯	0.019	48	反式-2-甲氨基甲基-环己醇	0.001
22	苯甲醇	0.019	49	氨基脲	0.001
23	异丁酸异戊酯	0.014	50	11,14,17-二十碳三烯酸甲酯	0.003
24	顺-α,α-5-三甲基-5-乙烯基四氢呋喃-2-甲醇	0.015	51	亚油酸乙酯	0.003
25	4-甲基-2-十五烷基-1,3-二氧戊环	0.006	52	油酸乙酯	0.013
26	2-苯基-2-丙醇	0.004	53	3',8,8'-三氧基-3-哌啶基-2,2'-联二萘-1,1',4,4'-四酮	0.008
27	芳樟醇	0.018			

三、结 论

吹扫捕集-气相色谱-质谱/嗅辨分析法对烟用胶囊香精进行定性分析,方法简单,样品需求量少,样品不需要预处理,其测定结果更真实地反映了烟用胶囊头香香气物质的组成。吹扫捕集-GC/MS/O 联用法可以快速获取不同烟用胶囊的香气成分差异,能够直观反映烟用胶囊香精组成成分的感官贡献度,在烟用胶囊香精的调配中具有重要的参考价值。

近红外光谱和气相色谱-质谱联用分析法操作简单,为烟用胶囊不同类型分类、质量一致性评价提供了一种新颖、快速、无损、识别准确度高的分析方法。

气相色谱-质谱联用分析法前处理快速简便、回收率较高、精密度较好、灵敏度较高,可满足快速准确分析的要求,为烟用胶囊中挥发性香味成分的定量测定提供参考。

顶空-固相微萃取-气相色谱-质谱联用分析法具有前处理简单、环境友好、快速简便等优点,适用于烟用胶囊中挥发性香气成分的快速分析检测。

参考文献

[1] 国家烟草专卖局. 烟用香精:YC/T 164—2012[S]. 2012.

[2] 中华人民共和国卫生部. 食品安全国家标准 食品添加剂使用标准:GB 2760—2014[S]. 2014.

[3] 中华人民共和国卫生部. 食品安全国家标准 食品添加剂普露兰多糖:GB 28402—2012[S]. 2012.

[4] 孙宝国. 躲不开的食品添加剂[M]. 北京:化学工业出版社,2012.

[5] 顾健龙,孟红明,蔡洁云,等. 卷烟爆珠质量检测研究进展[J]. 云南化工,2020,47(2):1-4.

[6] 中华人民共和国国家卫生和计划生育委员会. 食品安全国家标准 食品添加剂亮蓝:GB 1886.217—2016[S]. 2016.

[7] 中华人民共和国卫生部. 食品安全国家标准 食品添加剂靛蓝:GB 28317—2012[S]. 2012.

[8] 中华人民共和国国家卫生和计划生育委员会. 食品安全国家标准 食品添加剂胭脂红:GB 1886.220—2016[S]. 2016.

[9] 中华人民共和国卫生部. 食品安全国家标准 食品添加剂赤藓红:GB 17512.1—2010[S]. 2010.

[10] 中华人民共和国国家卫生和计划生育委员会. 食品安全国家标准 食品中诱惑红的测定：GB 5009.141—2016[S]. 2016.

[11] 中华人民共和国卫生部. 食品安全国家标准 食品添加剂苋菜红：GB 4479.1—2010[S]. 2010.

[12] 中华人民共和国卫生部. 食品安全国家标准 食品添加剂酸性红（偶氮玉红）：GB 28309—2012[S]. 2012.

[13] 中华人民共和国卫生部. 食品安全国家标准 食品添加剂柠檬黄：GB 4481.1—2010[S]. 2010.

[14] 中华人民共和国卫生部. 食品安全国家标准 食品添加剂日落黄：GB 6227.1—2010[S]. 2010.

[15] 中华人民共和国国家卫生和计划生育委员会. 食品安全国家标准 食品添加剂喹啉黄：GB 1886.104—2015[S]. 2015.

[16] 中华人民共和国国家卫生和计划生育委员会. 食品安全国家标准 食品添加剂甜菜红：GB 1886.111—2015[S]. 2015.

[17] 中华人民共和国国家卫生和计划生育委员会. 食品安全国家标准食品添加剂焦糖色：GB 1886.64—2015[S]. 2015.

[18] 李中皓, 刘珊珊, 杨飞, 等. 一种卷烟滤嘴爆珠中 8 种着色剂的高效液相色谱测定方法：CN106950296A[P]. 2017-07-14.

[19] 刘秀明, 张健, 高莉, 等. 一种卷烟爆珠壁材中八种着色剂的液相色谱测定方法：CN107202847A[P]. 2017-09-26.

[20] 杨叶昆, 李晶, 耿永勤, 等. 一种测定卷烟爆珠壁材中合成着色剂的方法：CN108663443A[P]. 2018-10-16.

[21] 李雪梅, 陈章玉, 杨文武, 等. 一种测定爆珠中 7 种着色剂的方法：CN109696494A[P]. 2019-04-30.

[22] MORLOCK G, OELLIG C. 食品中 25 种水溶性色素的 HPTLC 同时含量测定[C]. 第四届国际食品安全高峰论坛论文集，2011：89-92.

[23] 李德金, 赵明哲, 栾广杰. 示波极谱法测定食品中人工合成色素的探讨[J]. 食品研究与开发，2004，25(6)：107-108.

[24] 卓婧，王静，陈小霞，等. 食品中合成色素快速检测仪器的研制[J]. 分析化学，2011，39(2)：283-287.

[25] 龙巍然，王兴益，史振雨，等. 胶束电动毛细管色谱同时测定食品中 13 种人工合成色素[J]. 分析测试学报，2012，31(9)：1100-1104.

[26] CHEN Q C, MOU S F, HOU X P, et al. Determination of eight synthetic food colorants in drinks by high-performance ion chromatography[J]. Journal of Chromatography A, 1998, 827(1): 73-81.

[27] 胡莉，雷绍荣，郭灵安，等. 液相色谱-离子阱-飞行时间质谱法定性分析未知着色剂[J]. 分析化学，2013（1）：110-114.

[28] 出口饮料、冰淇淋等食品中 11 种合成着色剂的检测　液相色谱法：SN/T 4457—2016[S]. 2016.

[29] 中华人民共和国国家卫生和计划生育委员会. 食品安全国家标准　食品中合成着色剂的测定：GB 5009.35—2016[S]. 2016.

[30] 食品中诱惑红、酸性红、亮蓝、日落黄的含量检测　高效液相色谱法：SN/T 1743—2006[S]. 2006.

[31] 张常虎，翟云会. 高效液相色谱法同时测定食品中的多种着色剂[J]. 化学与生物工程，2012，29（11）：87-89.

[32] HARP B P, MIRANDA-BERMUDEZ E, BARROWS J N. Determination of seven certified color additives in food products using liquid chromatography[J]. J Agric Food Chem, 2013, 61: 3726-3736.

[33] LIM H S, CHOI J C, SONG S B, et al. Quantitative determination of carmine in foods by high-performance liquid chromatography[J]. Food Chemistry, 2014, 158: 521-526.

[34] BRAZEAU J. Identification and quantitation of water-soluble synthetic colors in foods by liquid chromatography/ultraviolet-visible method development and validation[J]. ACS Omega, 2018, 3: 6577-6586.

[35] 高家敏，曹进，丁宏. 高效液相色谱法测定保健食品胶囊剂硬胶囊壳中的合成着色剂[J].食品安全质量检测学报，2017，8（6）：2105-2110.

[36] 张勋，邢燕燕，赵韫慧，等. 基于液相色谱-串联质谱法检测多种食品中的 16 种合成着色剂[J]. 化学试剂，2017，39（4）：385-390.

[37] 高家敏，钮正睿，李红霞，等. 高效液相色谱法测定饮料中 12 种水溶性合成着色剂[J]. 食品安全质量检测学报，2019，10（1）：135-140.

[38] 刘剑波，余莲芳，朱明扬，等. 固相萃取-高效液相色谱法同时测定蔬菜制品中 11 种合成着色剂[J]. 食品研究与开发，2018，39（23）：141-146.

[39] 赵梅，黄丙楠，曹进，等. 高效液相色谱法同时测定果冻、口香糖和明胶囊壳中 11 种合成着色剂及其 8 种铝色淀[J]. 食品安全质量检测学报，2019，10（1）：31-39.

[40] 徐滨，柳庆坤，徐学珊. HPLC 同时测定熟肉制品中 8 种合成着色剂[J]. 食品与药品，2018，20（6）：452-455.

[41] 戴玉婷，杨晋青，葛淑丽，等. 固相萃取-高效液相色谱法测定饮料中的 9 种合成着色剂[J]. 食品与发酵科技，2019，55（2）：81-84.

[42] 佟芳荻，张婷，何婷，等. 高效液相色谱法测定食品中 11 种合成着色剂[J]. 食品安全质量检测学报，2019，10（2）：533-538.

[43] 单蕊，高妍，杜兰威，等. 食品中合成色素检测方法的改进[J]. 食品研究与开发，2019，40（14）：192-197.

[44] 于辉，张鹏飞，杜娟，等. 聚酰胺吸附法和超声提取法在合成着色剂分析中的应用对比[J]. 分析测试技术与仪器，2018，24（2）：124-128.

[45] 王希平. 食品中合成色素检测方法的改进[J]. 商品与质量，2019（26）：113.

[46] 王翀，杜明荦，仲平. UPLC 法检测明胶空心胶囊中 9 种合成着色剂[J]. 药物分析杂志，2016，36（10）：1857-1862.

[47] 吴娜，谭婉清，沈颖仪，等. 高效液相色谱法测定明胶胶囊中 11 种合成色素的方法研究[J]. 食品工业科技，2020，04（41）：195-199.

[48] 孙小杰，宋佳，尹华涛. 喹啉黄中各组分的定性及定量研究[J]. 化学分析计量，2015，24（3）：55-58.

[49] 张建铎，杨文武，向海英，等. 超高效液相色谱-串联质谱测定卷烟爆珠中 7 种着色剂[J]. 中国测试，2019，45（6）：77-80，108.

[50] 刘秀明，张健，刘亚，等. 高效液相色谱法同时测定爆珠壁材中 8 种水溶性着色剂[J]. 中国测试，2018，44（3）：48-52.

[51] 李响丽，张凤梅，范多青，等. 高效液相色谱-二极管阵列法同时测定卷烟爆珠壁材中10种水溶性合成着色剂[J]. 中国测试，2021，47（3）：76-81.

[52] 顾健龙，孟红明，蔡洁云，等. 高效液相色谱法测定卷烟滤嘴爆珠中8种着色剂[J]. 云南化工，2021，48（1）：68-71.

[53] 席辉，柴国璧，张启东，等. 卷烟胶囊溶剂中链甘油三酯的分离与鉴定[J]. 烟草科技，2018，51（7）：61-66.

[54] 夏炳乐，雍国平. 卷烟加香技术进展[J]. 烟草科技，1996（2）：12.

[55] 黄晓丹. 烟用香料微胶囊化研究[D]. 无锡：江南大学，2008.

[56] 查正根，肖厚荣，金闻博. 微胶囊技术在卷烟中的应用[J]. 烟草科技，1996（5）：27-28.

[57] MARTEN B, PFEUFFER M, SCHREZENMEIR J. Medium-chain triglycerides[J]. International Dairy Journal, 2006, 16(11): 1374-1382.

[58] 陈勇，陈碧莲，何云珍，等. 高效液相色谱法测定薏苡仁中甘油三油酸酯的含量[J]. 中国现代应用药学杂志，2005，22（3）：246-247.

[59] 赵海珍，陆兆新，别小妹，等. 高效液相色谱法测定猪油甘油三酯中的脂肪酸位置分布[J]. 色谱，2005，23（2）：142-145.

[60] GOTOH N, MATSUMOTO Y, YUJI H, et al. Characterization of non-endcapped polymeric ODS column for the separation of triacylglycerol positional isomers[J]. Journal of Oleo Science, 2010, 59(2): 71-79.

[61] WANG W, TIAN S, STARK R E. Isolation and identification of triglycerides and ester oligomers from partial degradation of potato suberin[J]. Journal of Agricultural and Food Chemistry, 2010, 58(2): 1040-1045.

[62] PARCERISA J, CASALS I, BOATELLA J, et al. Analysis of olive and hazelnut oil mixtures by high- performance liquidchromatography- atmospheric pressure chemicalionization mass spectrometry of triacylglycerols and gasliquidchromatography of non-saponifiable compounds (tocopherols and sterols)[J]. Journal of Chromatography A, 2000, 881(1/2): 149-158.

[63] FILHO N R A, CARRILHO E, LANCAS F M. Fast quantitative analysis of soybean oil in olive oil by high-temperature capillary gas chromatography[J]. Journal of the American Oil Chemists' Society, 1993, 70(10): 1051-1053.

[64] 黄家璧, 潘桂芝. 高效液相色谱分析甘油酯[J]. 化学通报, 1981（12）: 25-28.

[65] 邹建凯. 辛癸酸甘油酯的气相色谱/质谱分析[J]. 香料香精化妆品, 2002, 6（6）: 16-17.

[66] 段梅红. 烟草中的"添加剂"不容漠视[N]. 科技日报, 2016-06-24.

[67] 卢伟京, 李帅, 卢浩, 等. 一种甘油三辛酸酯-羧基-13C3 的合成方法: CN200810201566.5[P]. 2009-03-11.

[68] CALLE C D L, FRAILE J M, GARCIA-BORDEJE E, et al. Biobased catalyst in biorefinery processes: sulphonated hydrothermal carbon for glycerol sterification[J]. Catalysis Science and Technology, 2015, 5(5): 2897-2903.

[69] ZACHARIE B, JEAN-SIMON D, CHRISTOPHER P. Method for the preparation of triglycerides of medium-chain length fatty acids: WO 2013126990[P]. 2013-09-06.

[70] KALO P, KEMPPINEN A. Mass spectrometric identification of triacylglycerols of enzymatically modified butterfatseparated on a polarizable phenylmethylsiliconecolumn[J]. Journal of the American Oil Chemists' Society, 1993, 70(12): 1209-1217.

[71] 刘珊珊, 邓惠敏, 杨飞, 等. GC-FID 预测相对响应因子法测定卷烟爆珠中辛, 癸酸甘油酯含量[J]. 烟草科技, 2019, 52（5）: 24-30.

[72] 席辉, 孙世豪, 张启东, 等. 一种烟用爆珠溶剂中辛癸酸甘油酯的定量测定方法: CN110333306A[P]. 2019-10-15.

[73] 王浩, 郑晗, 肖满, 等. 胶囊水分含量测定方法比较研究[J]. 香料香精化妆品, 2020（6）: 1-6, 11.

[74] 王文斌, 宁静, 王晶, 等. 山茱萸提取物成分分析及其在卷烟中的应用[J]. 香料香精化妆品, 2018（6）: 4-8, 12.

[75] 洪广峰, 邱纪青, 李国政, 等. 国外胶囊卷烟研究进展[J]. 中国烟草学报, 2019, 25（4）: 124-134.

[76] 高海有, 刘秀明, 高莉, 等. 烟用香精香料研究现状与发展趋势[J]. 香料香精化妆品, 2019（2）: 70-73, 69.

[77] HE L, HU J, DENG W. Preparation and application of flavor andfragrance capsules[J]. Polymer Chemistry, 2018, 9: 4926-4928.

[78] 中华人民共和国国家卫生和计划生育委员会. 食品中水分的测定：GB 5009.3—2016[S]. 北京：中国标准出版社，2017：1-3.

[79] 余振华，詹建波，王浩，等. 卷烟胶囊常用壁材原料与性能概述[J]. 新型工业化，2019，9（7）：100-106.

[80] 杨芳，王瑶，曹永艳，等. 气相色谱法测定烟用爆珠中的水分含量[J]. 智库时代，2018，46：163-164.

[81] 杨芳，王瑶，吕娟，等. 一种烟用爆珠水分含量检测方法：CN109507325A[P]. 2019-03-22.

[82] 王华，李丹，伍锦鸣，等. 吹扫捕集-GC/MS/O 联用法分析烟用凉味胶囊的挥发性香味成分[J]. 香料香精化妆品，2019（4）：15-19.

[83] 何媛，黄扬明，王瑶，等. 近红外光谱和气相色谱-质谱联用分析烟用胶囊的研究[J]. 分析化学研究报告，2020，48（9）：1244-1251.

[84] 郭华诚，吴艳艳，孙觅，等. GC/MS 法测定卷烟胶囊中挥发性香味成分含量的研究[J]. 化学试剂，2019，41（10）：1061-1065.

第七章

烟用胶囊制备实例

前面的章节介绍了烟用胶囊的材料选择、制备方法、质量控制、生产与检测设备以及烟用胶囊成分分析等内容,从各环节分别介绍了相关的原则和作用。本章将从实例的角度,各选择一种代表果香、花香和凉味的特征香精,分别介绍三种烟用胶囊的研究制备实例,以供读者参考。

第一节 甜橙味烟用胶囊的制备

一、甜橙的主要挥发性成分

在果香型饮料中,甜橙香味是很受欢迎的。在柑橘属水果香味中,甜橙香味最为细腻复杂,因而甜橙的香成分被更多地研究。与柠檬、酸橙不同,目前还没有发现某一个或某两个能代表甜橙特征香味的挥发性组分,甜橙香味应是多种挥发性香成分按一定比例特定组合的结果。表 7-1 列出了在去皮 Sanguinello 甜橙中检测到的主要挥发性成分及其浓度。

d-苧烯具有弱的柠檬香味,其在水中的香味阈值为 0.21 mg/kg,主要存在于甜橙皮中,在甜橙皮油中 d-苧烯含量占 95%。在加工的橙汁中 d-苧烯的最佳含量为 135~180 mg/kg,更高含量的 d-苧烯将使甜橙汁有一种不愉快的香味。甜橙汁中含有的糖类、酸类及果胶类化合物等非挥发性成分将使甜橙汁中的 d-苧烯香味阈值升高。在 190 mg/kg 时,d-苧烯对于甜橙香味将有重要贡献。另外,d-苧烯还可能是甜橙汁中的某些重要油溶性痕量甜橙香成分的载体。

月桂烯在橙皮油及甜橙汁中的含量仅次于 d-苧烯。月桂烯在水中的香味阈值为 0.042 mg/kg,但月桂烯的存在有时会使加工后的甜橙汁有不愉快的香味。当月桂烯含量低于 10 mg/kg 时,会感觉到有一种"甜香脂-药草香",而含量较高时又会有一种"尖刺的苦味"。

α-蒎烯是构成愉快甜橙香味的重要萜烯组分之一。α-蒎烯在水中的香味阈值为 1.0 mg/kg。甜橙汁中，α-蒎烯的含量也与甜橙汁中甜橙皮油的含量有关。一般在甜橙汁中α-蒎烯的含量高于其在水中的阈值。

表 7-1　去皮 Sanguinello 甜橙的一些挥发性香成分及其浓度

化合物	含量/μg·L^{-1}	化合物	含量/μg·L^{-1}
α-蒎烯	178	辛酸丁酯	36
β-蒎烯	8	乙酸芳樟酯	12
月桂烯	690	乙酸薄荷酯	6
d-苧烯	70 000	乙酸香茅酯	12
γ-萜品烯	30	乙酸橙花酯	20
对伞花烃	17	乙酸香叶酯	15
萜品油烯	10	3-羟基丁酸乙酯	650
别-罗勒烯	85	3-羟基己酸甲酯	100
β-石竹烯	64	3-羟基己酸乙酯	700
金合欢烯	48	3-羟基辛酸乙酯	30
α-葎草烯	30	芳樟醇	215
巴伦西亚橘烯	5000	4-萜品醇	47
δ-杜松烯	31	α-萜品醇	55
芹子丁烯	150	橙花叔醇	10
己醛	20	香叶醇	11
辛醛	25	香茅醇	21
壬醛	15	橙花醇	20
癸醛	77	对烯-9-醇	22
柠檬醛	58	顺-芳樟醇氧化物	10
β-紫罗兰酮	25	反-芳樟醇氧化物	50
紫苏醛	30	异戊醇	569
丁酸乙酯	900	1-己醇	30
2-甲基丁酸乙酯	22	顺-3-己烯醇	54
丁酸丁酯	13	1-辛醇	17
己酸乙酯	52	2-苯乙醇	20
辛酸乙酯	27		

二、甜橙香精配方

甜橙香精配方1：

阿拉伯胶	52.0
甜橙油	92.0
红橘油	9.4
乙醇	100.0
蒸馏水	适量

评价：新鲜的，柑橘香，果香，甜香，强度较弱。

甜橙香精配方2：

戊酸乙酯	5
柠檬醛	2
乙酸乙酯	5
丁酸乙酯	1
乙酸戊酯	1
安息香酸乙酯	1
甲酸乙酯	1
甘油	10
橙皮油	10
冬青油	1
酒石酸	1

评价：甜香，果香，无甜橙特征香，透发性好。

三、胶囊材料选择

香精选择：甜橙香精配方2。
胶囊材料选用如下：
（1）壁材基质：海藻酸钠。
（2）凝固剂：氯化钙。
（3）表面活性剂：吐温80、甘油。

四、质量控制

1. 原料及辅料要求

原料及辅料应符合 GB 2760《食品安全国家标准食品添加剂使用标准》及相应的卫生标准的要求和有关规定。

2. 外观要求

应符合表 7-2 的规定。

表 7-2　外观要求

项目	要求	
色泽	按标准样检验，色泽均匀	
气味	按标准样检验，同批次产品保持一致	
外观	气泡、破碎合格率	合格率≥99.9%
	拖尾、实心胶囊、空心胶囊、连体胶囊	不得检出

3. 物理指标

应符合表 7-3 的规定。

表 7-3　物理指标要求

项目	要求
粒径/mm	3.65±0.15（合格率≥95%）
圆度/mm	≤0.2（合格率≥95%）
耐压强度/kgf	1.3±0.6（合格率≥85%）
单粒胶囊重量/mg	23.0±1.5
单粒胶囊芯材重量/mg	22.0±1.3
单粒胶囊壁材重量/mg	1.2±0.15
1 kg 胶囊数量/粒	40 000(1±5)%

4. 安全性指标

应符合表 7-4 的规定。

表 7-4 安全性指标

项目	指标	检验方法
重金属（以 Pb 计） ≤	10.0	GB/T 5009.74
砷（以 As 计） ≤	3.0	GB/T 5009.76
菌落总数/CFU·g^{-1} ≤	1000	GB 4789.2

五、详细开发流程（仅供参考）

（一）产品设计信息

产品名称：甜橙胶囊；
香精名称：甜橙香精；
产品规格：3.5~3.8 mm；
产品颜色：柠檬黄；
压破强度：0.7~1.9 kg 合格率不低于 90%；
单粒胶囊装量：(23.0±0.5) mg；
产品需求量：2 kg。

（二）试 样

1. 料液配制

（1）固化液的配制
纯化水：10 kg；
海藻酸钠：220 g；
吐温 80：100 g；
甘油：50 g；
黏度：462 mPa·s；
搅拌时间：120 min，保证完全溶解。
（2）混合液的配制（表 7-5）
均质化时间 10 min。

表 7-5　混合液配方

成分	配方一	配方二
纯化水/g	40	40
氯化钙/g	0.4	0.42
羧甲基纤维素钠/g	0.2	0.2
吐温 80/g	2	2
甜橙香精/g	105	105
黏度/mPa·s	27 362	26 876

2. 滴制成型

采用 2#（直径 2.40 mm）和 3#（直径 2.50 mm）滴头滴制，滴制时间 6 min，固化时间 60 min，共 4 个样品，主要是为了确认粒径和压破强度。分别是

1#胶囊：配方一 + 2#滴头；

2#胶囊：配方一 + 3#滴头；

3#胶囊：配方二 + 2#滴头；

4#胶囊：配方二 + 3#滴头。

3. 干燥定型

将清洗干净的胶囊进行风干，干燥时间 150 min，温度控制在 20～25 ℃，湿度控制在 40%～60%。

4. 包　衣

包衣液：纯化水 1 kg、包衣粉 50 g、柠檬黄 5 g，搅拌 60 min，保证完全溶解。

包衣时间：120 min。

5. 样品指标检测

（1）粒径

1#胶囊粒径检测结果见表 7-6。

表7-6 1#胶囊粒径检测结果

	粒径/mm									
1	3.67	3.71	3.55	3.62	3.70	3.68	3.61	3.61	3.60/3.70	3.66
2	3.65	3.63	3.60	3.68	3.66	3.54/3.66	3.63	3.60	3.71	3.69
3	3.67	3.54/3.61	3.64	3.65	3.63	3.67	3.62	3.59	3.66	3.61
4	3.68	3.65	3.69	3.59	3.53	3.68	3.64	3.67	3.61	3.66
5	3.59/3.62	3.66	3.55	3.62	3.69	3.58	3.51	3.58	3.61	3.66
最小值				3.51		最大值			3.71	
粒径平均值				3.637		粒径合格率			100%	

2#胶囊粒径检测结果见表7-7。

表7-7 2#胶囊粒径检测结果

	粒径/mm									
1	3.77	3.62/3.80	3.80	3.78	3.65/3.81	3.74/3.83	3.69/3.79	3.78	3.80	3.76
2	3.81	3.61/3.80	3.79	3.76	3.69	3.85	3.70/3.80	3.80	3.78	3.77
3	3.79	3.60	3.72	3.79	3.80	3.68	3.78/3.82	3.77	3.80	3.79
4	3.78	3.77	3.60/3.79	3.77	3.79	3.79/3.83	3.75	3.71	3.77	3.80
5	3.83	3.85	3.84	3.80	3.83	3.76	3.74/3.79	3.70	3.74/3.80	3.76
最小值				3.60		最大值			3.85	
粒径平均值				3.781		粒径合格率			80%	

3#胶囊粒径检测结果见表7-8。

表7-8 3#胶囊粒径检测结果

	粒径/mm									
1	3.77	3.50	3.65	3.72	3.73	3.78	3.60/3.68	3.71	3.61/3.70	3.65
2	3.75	3.63	3.61	3.58	3.66	3.54/3.66	3.73	3.60	3.71	3.69
3	3.67	3.54/3.61	3.65	3.65	3.63	3.67	3.70/3.81	3.76	3.68	3.63
4	3.68	3.75	3.69	3.69	3.73	3.74	3.60/3.69	3.67	3.61	3.67
5	3.59/3.70	3.66/3.72	3.71	3.72	3.69	3.59	3.51	3.58	3.71	3.66/3.71
最小值				3.50		最大值			3.81	
粒径平均值				3.6766		粒径合格率			98%	

4#胶囊粒径检测结果见表7-9。

表7-9 4#胶囊粒径检测结果

粒径/mm										
1	3.78	3.70/3.81	3.79	3.71	3.65/3.80	3.69/3.80	3.81	3.78	3.76	3.72
2	3.77	3.69/3.83	3.80	3.73	3.69/3.77	3.80	3.71/3.80	3.80	3.80	3.78
3	3.79	3.69	3.72/3.81	3.80	3.75	3.67	3.82	3.80	3.80	3.79
4	3.79	3.80	3.70/3.83	3.81	3.77/3.80	3.76/3.82	3.78	3.79	3.79	3.80
5	3.85	3.76	3.86	3.77	3.79	3.73	3.72/3.79	3.77	3.71/3.80	3.75
最小值			3.69			最大值			3.86	
粒径平均值			3.7848			粒径合格率			82%	

（2）压破强度

1#胶囊压破强度检测结果见表7-10。

表7-10 1#胶囊压破强度检测结果

压破强度/kg										
1	1.175	1.651	1.235	1.382	1.810	1.938	1.503	1.743	1.671	1.336
2	1.675	1.376	1.341	1.561	1.332	1.761	1.494	1.434	1.754	1.398
3	1.265	1.486	1.368	1.266	1.484	1.571	1.315	1.488	1.470	1.356
4	1.407	1.472	1.406	1.687	1.635	1.217	1.422	1.013	1.383	1.246
5	1.572	1.370	1.737	1.681	1.756	1.735	1.465	1.591	1.353	1.489
检测结果	<0.5	<0.7	<1.0	>1.7	>1.9	>2.0	0.7~1.7		0.7~1.9	
	0	0	0	16%	2%	0	84%		98%	
最小值			1.013			最大值			1.938	
压力平均值					1.485 52					

2#胶囊压破强度检测结果见表7-11。

表7-11 2#胶囊压破强度检测结果

压破强度/kg										
1	1.645	1.395	1.217	1.435	1.540	1.412	1.687	1.563	1.453	1.571
2	1.828	1.588	1.703	1.620	1.175	1.8251	1.777	1.086	2.000	1.486

续表

	压破强度/kg									
3	1.422	1.446	1.429	1.448	1.510	1.481	1.510	1.541	1.547	1.774
4	1.796	1.791	1.402	1.637	1.472	1.987	1.728	1.660	1.593	1.520
5	1.780	1.675	1.835	1.279	1.488	1.726	1.777	2.061	1.406	1.508
检测结果	<0.5	<0.7	<1.0	>1.7	>1.9	>2.0	0.7~1.7		0.7~1.9	
	0	0	0	30%	6%	2%	70%		94%	
最小值				1.217			最大值		2.061	
压力平均值					1.5847					

3#胶囊压破强度检测结果见表 7-12。

表 7-12　3#胶囊压破强度检测结果

	压破强度/kg									
1	1.827	1.741	1.619	1.718	1.985	1.865	1.717	1.934	1.725	1.542
2	1.847	1.817	1.981	1.735	1.851	1.392	1.434	1.648	1.473	1.615
3	2.003	1.689	1.371	1.806	1.885	1.615	2.027	1.255	1.575	1.835
4	1.856	1.616	2.144	1.329	2.030	1.609	1.646	1.795	1.534	2.017
5	1.413	1.898	1.830	1.676	1.731	1.591	1.615	1.202	1.412	2.186
检测结果	<0.5	<0.7	<1.0	>1.7	>1.9	>2.0	0.7~1.7		0.7~1.9	
	0	0	0	54%	18%	12%	46%		82%	
最小值				1.202			最大值		2.186	
压力平均值					1.713 14 kg					

4#胶囊压破强度检测结果见表 7-13。

表 7-13　4#胶囊压破强度检测结果

	压破强度/kg									
1	2.095	1.582	1.539	1.690	1.662	1.955	1.655	2.366	1.982	1.944
2	1.957	2.112	1.588	2.253	2.084	2.317	1.106	1.024	2.215	2.068
3	1.886	1.729	1.882	1.727	1.639	1.741	1.426	2.004	1.874	1.737
4	1.473	1.388	2.010	1.897	1.892	2.097	1.477	1.797	2.042	1.820

续表

	压破强度/kg									
5	1.767	1.763	1.867	1.877	1.386	2.013	1.702	2.127	1.802	2.027
检测结果	<0.5	<0.7	<1.0	>1.7	>1.9	>2.0	0.7~1.7		0.7~1.9	
	0	0	0	72%	38%	30%	28%		62%	
最小值				1.106			最大值		2.366	
压力平均值						1.821 26				

6. 工艺确认

通过试样样品检测,1#胶囊样品指标满足甜橙胶囊指标要求;2#胶囊样品粒径偏大,超出标准要求;3#胶囊样品压破强度偏大,0.7~1.9 kg 合格率低于 90%;4#胶囊样品粒径和压破强度都偏大。按照 1#胶囊样品的滴制工艺进行甜橙胶囊放样。最终放样工艺为:

固化液配方:纯化水 10 kg、海藻酸钠 220 g、吐温 80 100 g、甘油 50 g。

混合液配方:纯化水 40 g、氯化钙 0.4 g、羧甲基纤维素钠 0.2 g、吐温 80 2 g、甜橙香精 105 g。

滴制:2#滴头,滴制时间 6 min/次,固化时间 60 min。

干燥:时间 150 min 左右,温度 20~25 ℃,湿度 40%~60%。

包衣:纯化水 1 kg、包衣粉 50 g、柠檬黄 5 g,包衣时间 120 min。

(三) 放 样

按照试样确认的工艺进行放样。

1. 料液配制

(1) 固化液的配制

纯化水:100 kg;

海藻酸钠:2.2 kg;

吐温 80:1 kg;

甘油:500 g;

黏度:458 mPa·s;

搅拌时间 120 min,保证完全溶解。

（2）混合液的配制（表7-14）
均质化时间 10 min。

表7-14 混合液配方

成分	配方
纯化水/g	1000
氯化钙/g	10
羧甲基纤维素钠/g	5
吐温80/g	10
甜橙香精/g	2625
黏度/mPa·s	26 889

2. 滴制成型

采用2#滴头，滴制时间 6 min，固化时间 60 min，固化完成后，进行清洗，风干。温度 20～25 ℃，湿度 40%～60%。

3. 包　衣

包衣液：纯化水 2 kg、包衣粉 100 g、柠檬黄 10 g，搅拌 60 min，完全溶解。
包衣时间：120 min。

4. 甜橙胶囊过程检测（表7-15）

表7-15 产品检测记录

样品名称：甜橙胶囊									
耐压强度/kg					取样条件	20.7 ℃		43.4%	
					检测条件	21.6 ℃		56.9%	
1	1.688	1.852	1.767	1.627	1.274	颜色、感官			
2	1.509	1.669	1.392	1.873	1.718				
3	1.674	1.725	1.913	1.595	1.767	压力值统计			
4	1.761	1.576	0.808	2.241	1.619	<0.5	0	<0.6	0
5	1.824	1.930	1.668	1.628	1.356	<0.7	0	<1.0	2%
6	1.714	1.593	1.693	1.645	1.975	>1.7	42%		
7	1.638	1.856	1.636	1.623	1.854	>1.9	10%	>2.2	2%

续表

样品名称：甜橙胶囊						
耐压强度/kg					取样条件	20.7 °C　43.4%
^ ^ ^ ^ ^	检测条件	21.6 °C　56.9%
8	1.854	1.767	1.765	1.587	2.007	0.7~1.7　58%
9	1.644	1.666	1.954	1.437	1.556	0.7~1.9　90%　　0.7~2.2　98%
10	1.044	1.371	1.760	1.583	1.546	压力均值 1.662 44 kg
粒径/mm					克重/mg（10粒一组）	
1	3.57	3.64	3.52	3.63	3.59	1	231.2
2	3.54	3.54	3.60	3.58	3.55	2	465.9
3	3.60	3.58	3.61	3.65	3.61	3	696.9
4	3.61	3.58	3.66	3.64	3.58	4	928.5
5	3.60/3.51	3.57	3.64	3.60	3.57	5	1162.0
6	3.57	3.64	3.57	3.66	3.56	平均克重	232.4
7	3.62	3.62	3.58	3.57	3.61	单粒克重	23.24
8	3.65	3.60/3.52	3.60	3.65	3.63	粒径合格率	100%
9	3.63	3.63/3.55	3.61	3.61	3.61		
10	3.60/3.51	3.64	3.60/3.58	3.59	3.60		

5. 甜橙胶囊筛选

机选、人工筛选和复选，将不合格品剔除。不合格品包括：破碎、连体、异形丸、漏油丸、气泡丸、内容物带杂质等。

6. 甜橙胶囊全检（表 7-16）

表 7-16　滴丸成品检测记录

样品名称：甜橙胶囊　　生产批号：　　　生产日期：　　　取样时间：										
取样条件：温度：24.5 °C　　湿度：54.6%　　检验条件：温度：24.4 °C　　湿度：49.8%										
抽样生产量：2.28 kg　　样品粒径标准：3.5~3.8 mm　　样品压力标准：0.7~1.9 kg										
一、耐压强度/kg　　Max：2.066　　　Min：0.742　　　　压力平均值：1.525 67 kg										
1	1.733	1.555	1.539	1.101	1.425	1.904	1.673	1.995	1.479	1.463

续表

2	1.722	1.604	1.676	1.986	1.825	1.804	1.705	1.571	1.698	1.906
3	1.710	1.592	1.823	1.622	1.722	1.784	1.759	1.739	1.537	1.490
4	1.678	0.742	1.631	1.324	1.741	1.577	1.941	0.883	1.518	1.177
5	1.655	1.273	1.256	0.919	1.696	1.650	1.626	1.230	1.312	1.383
6	1.575	1.968	1.526	1.209	1.829	1.328	1.610	1.559	1.187	1.496
7	1.774	0.927	1.776	1.024	1.486	1.356	1.441	1.420	1.501	1.606
8	1.867	1.454	0.868	1.371	1.782	1.418	1.800	1.369	1.486	0.865
9	1.782	1.291	1.582	1.054	1.653	1.545	1.463	1.690	1.492	1.680
10	2.066	1.692	1.471	1.569	1.461	1.341	1.290	1.580	1.162	1.471
检验结果	<0.5 0	<0.7 0	<1.0 6%	>1.5 58%	>1.7 26%	>1.9 7%	>2.0 1%	0.5~1.7 74%	0.7~1.7 74%	0.7~1.9 93%

二、粒径/mm

1	3.65	3.56	3.57	3.62	3.69	3.64	3.63	3.53/3.69	3.68	3.63
2	3.62	3.63	3.64	3.65	3.56	3.61	3.70	3.58/3.70	3.65	3.72
3	3.64	3.65	3.55	3.68	3.57	3.64	3.77	3.52/3.67	3.66	3.64
4	3.61	3.71	3.51	3.64	3.68	3.57	3.64	3.54/3.74	3.77	3.66
5	3.69	3.77	3.68	3.76	3.63	3.66	3.70	3.58	3.59	3.66
6	3.67	3.71	3.67	3.63	3.65	3.79	3.63	3.59	3.74	3.53/3.68
7	3.68	3.61	3.61	3.71	3.68	3.67	3.62	3.61	3.63	3.61
8	3.55	3.72	3.68	3.66	3.64	3.68	3.57	3.60	3.62	3.73
9	3.57	3.72	3.63	3.65	3.61	3.65	3.70	3.77	3.60	3.56/3.71
10	3.70	3.63	3.65	3.68	3.60	3.68	3.68	3.58/3.79	3.50	3.75
检验结果:	Max: 3.79		Min: 3.50			合格率: 100%			(3.5~3.8)	

三、克重/mg（10粒一组）

1	2	3	4	5	6	7	8	9	10	平均
233.5	234.2	232.8	232.5	234.1	234.0	230.2	233.3	234.6	230.6	232.98

四、胶皮重量/mg

1	2	3	4	5	6	7	8	9	10	平均
12.0	12.4	12.6	12.3	12.2	13.4	12.6	12.8	12.6	12.4	12.53

五、装量/mg

1	2	3	4	5	6	7	8	9	10	平均
221.5	221.8	220.2	220.2	221.9	220.6	217.6	220.5	222.0	218.2	220.45

六、每千克胶囊数量/粒	40 011

7. 甜橙胶囊包装

瓶装：500 g/瓶；

箱装：共 4 瓶，空隙用珍珠棉塞满；

保护措施：防晃动、防震、防压、防潮，保温。

8. 甜橙胶囊放样数据统计

香精使用量：2500 g；

成品数量：2.28 kg；

成品率：91.2%。

胶囊粒径、克重、装量、外观和破碎压力均满足标准要求。

第二节　薄荷味烟用胶囊的制备

一、薄荷的主要挥发性成分

通常所说的薄荷指的是亚洲薄荷，原产于我国，主要产地为江苏、安徽、浙江、河南、台湾等地，印度、日本、越南、巴西、泰国、澳大利亚等国也有栽培。我国民间一直有把鲜薄荷作为蔬菜食用的习惯，主要用于调味。

薄荷及其产品具有独特的香味、辛辣味和凉感，其用作香料的产品有薄荷油、薄荷素油、薄荷脑等，主要用于牙膏、口腔卫生用品、食品、烟草、酒、饮料、化妆品、洗涤用品等香精。薄荷产品在医药上用途也很广泛，具有驱风、防腐、消炎、镇痛、止痒、健胃等功效。

薄荷的主要香成分是薄荷脑，其含量随产地和收割时间不同而有较大差异，在薄荷油中的含量一般为 45%～80%，其次为薄荷酮（10%）和乙酸薄荷酯。其他香味成分有：α-蒎烯、β-蒎烯、莰烯、桧烯、月桂烯、α-松油烯等。

薄荷香精的主香剂是薄荷油和薄荷脑，其他常用的香料有薄荷酮、β-蒎烯、4-甲基联苯、3-辛醇、4-松油烯醇、百里香酚、香芹酚、紫苏醛、硫代薄荷酮、异戊酸异龙脑酯、水杨酸甲酯、大茴香脑、桉叶油、冬青油、大茴香油、百里香油、香紫苏油、柠檬油、春黄菊油、肉桂皮油等。

二、薄荷香精配方

薄荷香精配方1：

薄荷油	82.0
桉叶油	6.0
冬青油	2.2
薄荷脑	5.5

薄荷香精配方 2：

薄荷脑	12.5
薄荷油	55.0
留兰香油	30.0
桉树油	1.3

三、胶囊材料选择

香精选择：薄荷香精配方 1。

胶囊材料选用如下：

（1）壁材基质：海藻酸钠。
（2）凝固剂：氯化钙。
（3）表面活性剂：吐温 80。

四、质量控制

1. 原料及辅料要求

原料及辅料应符合 GB 2760《食品安全国家标准食品添加剂使用标准》及相应的卫生标准的要求和有关规定。

2. 外观要求

应符合表 7-17 的规定。

表 7-17　外观要求

项目	要求	
色泽	按标准样检验，色泽均匀	
气味	按标准样检验，同批次产品保持一致	
外观	气泡、破碎合格率	合格率≥99.9%
	拖尾、实心胶囊、空心胶囊、连体胶囊	不得检出

3. 物理指标

应符合表 7-18 的规定。

表 7-18　物理指标要求

项目	要求
粒径/mm	2.95±0.15（合格率≥95%）
圆度/mm	≤0.2（合格率≥95%）
耐压强度/kgf	1.2±0.5（合格率≥85%）
单粒胶囊重量/mg	12.0±1.5
单粒胶囊芯材重量/mg	11.0±1.3
单粒胶囊壁材重量/mg	7.5±0.15
1 kg 胶囊数量/粒	80 000(1±5%)

4. 安全性指标

应符合表 7-19 的规定。

表 7-19　安全性指标

项目	指标	检验方法
重金属（以 Pb 计）　≤	10.0	GB/T 5009.74
砷（以 As 计）　≤	3.0	GB/T 5009.76
菌落总数/CFU·g^{-1}　≤	1000	GB 4789.2

五、详细开发流程（仅供参考）

（一）产品设计信息

产品名称：薄荷胶囊；

香精名称：薄荷香精；

产品规格：2.8~3.1 mm；

产品颜色：蓝色；

压破强度：0.7~1.7 kg 合格率不低于 85%；

单粒胶囊装量：(12±0.5) mg；

产品需求量：3 kg。

(二)试 样

1. 料液配制

(1) 固化液的配制
纯化水:10 kg;
海藻酸钠:200 g;
吐温 80:100 g;
甘油:50 g;
黏度:406 mPa·s;
搅拌时间:120 min,保证完全溶解。

(2) 混合液的配制(表 7-20)
均质化时间 10 min。

表 7-20 混合液配方

成分	配方一	配方二
纯化水/g	40	40
氯化钙/g	1.0	1.05
羧甲基纤维素钠/g	0.3	0.3
吐温 80/g	2	2
薄荷香精/g	106	106
黏度/mPa·s	25 383	26 029

2. 滴制成型

采用 4#(直径 2.1 mm)和 5#(直径 2.0 mm)滴头滴制,滴制时间 7 min,固化时间 60 min,共 4 个样品,主要是为了确认粒径和压破强度。分别是

1#胶囊:配方一 + 4#滴头;
2#胶囊:配方一 + 5#滴头;
3#胶囊:配方二 + 4#滴头;
4#胶囊:配方二 + 5#滴头。

3. 干燥定型

将清洗干净的胶囊进行风干,干燥时间 120 min,温度控制 20~25 ℃,湿度控制 40%~60%。

4. 包　衣

包衣液：纯化水 1 kg、包衣粉 50 g、亮蓝 0.5 g、搅拌 60 min，保证完全溶解。
包衣时间：120 min。

5. 样品指标检测

（1）粒径

1#胶囊粒径检测结果见表 7-21。

表 7-21　1#胶囊粒径检测结果

	粒径/mm									
1	3.10	2.92/2.98	2.92/3.02	2.89/2.98	3.02	2.93	2.93	3.02	2.88/2.92	2.99
2	2.89	2.98	3.02	2.96/3.06	3.06	2.98	2.96	2.98	2.89/2.98	2.96
3	2.95	3.08	2.98	2.98	3.12	3.12	2.87/2.96	2.89	2.95	2.92/3.12
4	2.99	3.06	3.16	2.97	2.96/3.11	2.89/3.11	2.92	2.92	2.99	3.10
5	3.12	2.98	2.96/3.06	2.97	2.96	2.98/3.06	3.06	2.99/3.10	2.92	2.90/3.02
最小值			2.87			最大值			3.16	
粒径平均值			2.9698			粒径合格率			86%	

2#胶囊粒径检测结果见表 7-22。

表 7-22　2#胶囊粒径检测结果

	粒径/mm									
1	3.10	2.98	2.96	3.06	3.07	3.10	3.09	3.10	3.12	3.09
2	2.96	2.89	2.88	2.89/3.13	2.89	3.11	2.89/3.10	2.96	3.13	2.98
3	2.87	2.79/3.12	2.79	2.98	2.98	3.01	2.95	3.06	2.87/3.11	2.89/3.09
4	2.89/3.11	3.14	2.89	2.99	3.14	2.99	3.02	3.16	2.89/3.02	3.02
5	2.89	2.98	3.13	2.89/3.11	2.96	3.11	3.05	2.98	2.88/3.08	2.98
最小值			2.79			最大值			3.14	
粒径平均值			3.028			粒径合格率			74%	

3#胶囊粒径检测结果见表 7-23。

表 7-23 3#胶囊粒径检测结果

	粒径/mm									
1	2.98	2.89/2.98	2.98	2.96	3.03	2.91/3.10	2.98	2.95	2.94	2.90/3.10
2	2.90	2.89	2.92/3.12	2.92/3.06	3.02	2.89/2.98	3.01	2.95	2.99	2.94
3	2.99	2.89	2.99	2.93	2.95	2.89	3.00	3.00	2.95	2.91/3.05
4	2.96	2.98	3.01	2.94	2.96	2.96	3.01	2.89	2.93	2.95
5	2.87/2.96	2.93	3.01	2.99	2.90/3.02	2.98	3.02	2.96	3.01	2.96
最小值				2.87		最大值			3.12	
粒径平均值				2.9786		粒径合格率			98%	

4#胶囊粒径检测结果见表 7-24。

表 7-24 4#胶囊粒径检测结果

	粒径/mm									
1	2.90	2.95	2.92	2.91	2.90/3.02	2.98	2.98	2.97	2.96	3.02
2	2.91	2.92	2.97	2.89	3.06	2.88	2.96	2.92/3.03	2.93	2.88
3	2.90/3.05	2.92	2.95	2.98	2.96	2.87/2.97	3.00	2.97	3.05	2.99
4	2.93	3.03	2.89/2.92	2.98	2.89	2.99	3.01	3.01	3.02	2.89
5	3.01	2.96	2.92	3.02	2.94	2.96	2.93	2.95	2.89	3.02
最小值				2.87		最大值			3.05	
粒径平均值				2.963		粒径合格率			100%	

（2）压破强度

1#胶囊压破强度检测结果见表 7-25。

表 7-25 1#胶囊压破强度检测结果

	压破强度/kg									
1	1.263	1.596	0.896	1.235	1.023	1.462	1.452	1.453	1.122	0.653
2	1.456	0.562	1.013	1.023	1.423	1.423	0.456	1.233	0.579	1.235
3	1.248	1.569	1.444	1.235	1.423	1.123	0.923	1.254	1.369	1.265
4	0.789	1.256	1.489	1.010	1.230	1.148	1.258	0.879	1.365	1.021
5	1.295	1.459	1.456	1.450	0.956	1.023	1.125	0.536	1.236	0.765

续表

检测结果	<0.5	<0.7	<1.0	>1.7	>1.9	>2.0	0.6~1.8	0.7~1.7
	压破强度/kg							
	2	10	18	0	0	0	92%	90%
最小值	0.536					最大值		1.596
压力平均值	1.163 14							

2#胶囊压破强度检测结果见表 7-26。

表 7-26　2#胶囊压破强度检测结果

	压破强度/kg								
1	1.369	1.825	1.761	1.424	1.498	1.829	1.215	1.661	1.543	1.047
2	1.653	1.513	1.527	1.443	1.661	1.639	1.682	1.130	1.172	2.031
3	1.610	1.390	1.573	1.577	1.575	1.004	1.678	1.563	1.653	1.653
4	1.101	1.586	1.884	1.672	0.989	1.757	1.515	1.450	1.356	1.601
5	1.398	1.409	1.647	1.543	1.463	1.739	1.624	1.659	1.098	1.501
检测结果	<0.5	<0.7	<1.0	>1.7	>1.9	>2.0	0.6~1.8		0.7~1.7	
	0	0	2%	14%	2%	2%	92%		86%	
最小值	0.989					最大值			2.031	
压力平均值	1.517 82									

3#胶囊压破强度检测结果见表 7-27。

表 7-27　3#胶囊压破强度检测结果

	压破强度/kg								
1	1.569	1.693	1.652	1.458	1.248	1.960	1.456	2.044	1.562	1.926
2	1.789	1.569	1.527	1.658	1.458	2.013	1.468	1.495	1.258	1.701
3	1.960	1.562	1.920	1.952	0.982	1.721	1.458	1.936	1.268	1.563
4	1.456	1.913	1.492	1.568	1.025	1.486	1.247	1.652	1.465	1.423
5	1.562	1.682	1.456	1.458	1.258	1.456	1.452	1.458	1.459	2.168
检测结果	<0.5	<0.7	<1.0	>1.7	>1.9	>2.0	0.6~1.8		0.7~1.7	
	0	0	2%	24%	20%	6%	80%		74%	
最小值	0.982					最大值			2.168	
压力平均值	1.579 24									

4#胶囊压破强度检测结果见表 7-28。

表 7-28　4#胶囊压破强度检测结果

	压破强度/kg									
1	1.690	1.228	1.539	1.371	1.598	1.260	1.690	1.686	1.665	1.706
2	1.508	1.522	1.085	1.618	1.038	1.373	1.622	1.381	1.124	1.552
3	1.848	1.122	1.297	1.236	0.921	1.582	1.682	1.629	1.486	1.616
4	1.397	1.477	1.358	1.150	1.296	1.283	1.484	1.381	1.328	1.467
5	1.454	1.494	1.704	1.058	1.744	1.424	1.463	1.143	1.635	1.510
检测结果	<0.5	<0.7	<1.0	>1.7	>1.9	>2.0	0.6~1.8		0.7~1.7	
	0	0	2%	8%	0	0	98%		92%	
最小值	0.921					最大值		1.848		
压力平均值	1.438 48									

6. 工艺确认

通过试样样品检测，4#胶囊样品指标满足薄荷胶囊指标要求；1#胶囊样品粒径偏大，压破强度小于 0.7 占比较大；2#胶囊样品粒径偏大，超出标准要求，压破强度大于 1.7 的占比较大；3#胶囊样品压破强度偏大，0.7~1.7 kg 合格率低于 85%。按照 4# 胶囊样品的滴制工艺进行薄荷胶囊放样。最终放样工艺为：

固化液配方：纯化水 1 kg、海藻酸钠 200 g、吐温 80 2 g。

混合液配方：纯化水 40 g、氯化钙 1.05 g、羧甲基纤维素钠 0.3 g、吐温 80 2 g、薄荷香精 106 g。

滴制：5#滴头，滴制时间 7 min/次，固化时间 60 min。

干燥：时间 120 min 左右，温度 20~25 ℃，湿度 40%~60%。

包衣：纯化水 1 kg、包衣粉 50 g、亮蓝 0.5 g、包衣时间 120 min。

（三）放　样

按照试样确认的工艺进行放样。

1. 料液配制

（1）固化液的配制

纯化水：100 kg；

海藻酸钠：2 kg；

吐温 80：1 kg；

甘油：500 g；

黏度：402 mPa·s；

搅拌时间：120 min，保证完全溶解。

（2）混合液的配制（表 7-29）

均质化时间 10 min。

表 7-29　混合液配方

成分	配方
纯化水/g	1520
氯化钙/g	39.9
羧甲基纤维素钠/g	11.4
吐温 80/g	76
薄荷香精/g	4028
黏度/mPa·s	26 023

2. 滴制成型

采用 5# 滴头，滴制时间 7 min，固化时间 60 min，固化完成后，进行清洗，风干。温度 20～25 ℃，湿度 40%～60%。

3. 包　衣

包衣液：纯化水 1 kg、包衣粉 50 g、亮蓝 0.5 g，搅拌 60 min，完全溶解。

包衣时间：120 min。

4. 薄荷胶囊过程检测（表 7-30）

表 7-30　产品检测记录

样品名称：薄荷胶囊							
耐压强度/kg						取样条件	21.7 ℃　44.4%
						检测条件	20.6 ℃　46.9%
1	1.003	0.999	1.461	1.184	0.942	颜色、感官	
2	1.029	0.954	1.385	1.184	1.355		
3	1.275	1.423	1.544	1.472	0.912	压力值统计	

续表

样品名称：薄荷胶囊							
耐压强度/kg					取样条件	21.7 ℃	44.4%
					检测条件	20.6 ℃	46.9%
4	1.620	1.574	1.476	1.252	1.480	<0.5 0%	<0.6 0%
5	1.190	1.453	1.370	1.309	0.927	<0.7 0%	<1.0 10%
6	1.150	1.377	1.510	1.601	1.362	>1.7 0%	
7	1.442	1.430	1.343	1.252	1.495	>1.9 0%	>2.2 0%
8	1.483	1.411	1.495	1.041	1.305	0.7~1.7 100%	
9	1.143	1.162	1.597	1.109	1.339	0.7~1.9 100%	0.7~2.2 100%
10	1.563	1.339	1.264	1.487	1.555	压力均值 1.321	
粒径/mm					克重/mg（10粒一组）		
1	2.94	2.98	2.94/3.07	3.00	2.98/3.10	1	127.7
2	3.02	2.99	2.98	2.92/3.03	3.00	2	254.5
3	3.01	2.97/3.08	2.99	2.95	2.98	3	379.6
4	3.01	3.02	3.02	2.97/3.09	2.96/3.07	4	540.2
5	2.93	2.89/2.99	3.01	3.01	3.04	5	629.7
6	2.93	3.01	2.98/3.07	2.99/3.10	3.01	平均克重	125.94
7	2.99	3.03	2.99/3.10	2.94/3.05	2.87/2.97	单粒克重	12.594
8	2.98	3.00	3.01	3.00	2.96	粒径合格率	100%
9	2.95/3.05	2.97/3.06	2.98	2.95	3.02		
10	2.97/3.07	2.95	3.00	2.98	2.87/2.92		

5. 薄荷胶囊筛选

机选、人工筛选和复选，将不合格品剔除。不合格品包括：破碎，连体，异形丸、漏油丸、气泡丸、内容物带杂质等。

6. 薄荷胶囊全检（表 7-31）

表 7-31　滴丸成品检测记录

样品名称：薄荷胶囊		生产批号：		生产日期：			取样时间：		
取样条件：温度：24.5 ℃		湿度：54.6%			检验条件：温度：24.4 ℃			湿度：49.8%	
抽样生产量：3.633 kg			样品粒径标准：2.8～3.1 mm				样品压力标准：0.7～1.7 kg		
一、耐压强度/kg　　Max：1.629　　　　Min：0.751　　　　　　压力平均值：1.351									
1	1.304	1.349	1.300	1.448	1.451	1.429	1.561	1.542	1.421	1.488
2	1.194	1.410	0.952	1.179	1.576	1.379	1.470	1.497	1.285	1.387
3	1.232	1.432	1.448	1.353	1.118	1.432	1.379	1.372	1.421	1.112
4	1.357	1.432	1.258	1.523	1.217	1.130	1.546	0.910	1.501	1.330
5	1.253	1.315	1.470	1.576	1.512	1.629	1.232	1.523	1.406	1.130
6	1.353	1.584	1.258	1.618	1.451	0.799	1.217	1.523	1.417	1.383
7	0.751	1.224	1.467	1.164	1.432	1.073	0.914	1.588	1.531	1.308
8	1.532	1.398	1.493	1.209	1.221	1.274	1.448	1.546	0.903	1.512
9	1.270	1.437	1.414	1.149	1.270	1.319	1.572	1.582	1.425	1.516
10	1.501	1.467	1.342	1.171	1.122	1.572	1.349	1.395	1.325	1.489
检验结果	<0.5	<0.7	<1.0	>1.5	>1.7	>1.9	>2.0	0.5～1.7	0.7～1.7	0.7～1.9
	0%	0%	6%	23%	0%	0%	0%	100%	100%	100%
二、粒径/mm										
1	2.95	2.99	2.97	2.93/3.04	2.96	2.94/3.07	2.98	2.99	3.00	2.92/3.03
2	2.90/3.02	2.97	2.87/2.98	2.95	2.93	2.95	2.94/3.05	2.97	3.01	3.06
3	2.92/3.05	2.96	2.96	2.94/3.05	2.94	2.95/3.06	2.99	2.97/3.08	2.98	2.98
4	2.97	2.97	2.96/3.05	2.96	2.94	2.86/2.97	2.85/2.95	2.94/3.06	3.07	2.97
5	2.94	2.88/2.92	2.93/3.04	2.94/30.6	2.91/3.02	2.97	2.96	2.87/2.97	3.07	2.97
6	2.93	2.97	2.97	3.01	2.95	2.98	2.92/3.02	2.94	2.96/3.08	2.98
7	2.98	2.97	2.93	2.92	2.98	2.99	2.97/3.08	2.96/3.05	2.99	2.97
8	2.95	2.98	2.93	2.94/3.05	2.93/3.04	2.98	2.97	2.97	2.94	2.95
9	2.92/3.05	2.88/2.98	2.92/3.03	2.94	2.95	2.97	2.98	2.98	2.93/3.06	3.01
10	2.88/3.00	2.99	2.94	2.89/2.99	2.98	3.02	2.94/3.06	2.90/3.09	2.98	3.09
检验结果：		Max：3.09		Min：2.85			合格率：100%		（2.8～3.1）	

续表

三、克重/mg（10粒一组）										
1	2	3	4	5	6	7	8	9	10	平均
125.3	125.6	124.9	125.8	125.0	125.0	125.7	124.6	125.7	125.4	125.3
四、胶皮重量/mg										
1	2	3	4	5	6	7	8	9	10	平均
7.4	7.3	7.7	7.7	7.5	7.5	7.6	7.3	7.6	7.5	7.51
五、装量/mg										
1	2	3	4	5	6	7	8	9	10	平均
117.9	118.3	117.2	118.1	117.5	117.5	118.1	117.3	118.1	117.9	117.79
六、每千克胶囊数量/粒				79 808						

7. 薄荷胶囊包装

瓶装：500 g/瓶；

箱装：共6瓶，空隙用珍珠棉塞满；

保护措施：防晃动、防震、防压、防潮，保温。

8. 薄荷胶囊放样数据统计

香精使用量：4.028 kg；

成品数量：3.633 kg；

成品率：90.2%。

胶囊粒径、克重、装量、外观和破碎压力均满足标准要求。

第三节　玫瑰花香烟用胶囊的制备

一、玫瑰花香的主要挥发性成分

玫瑰（Rose）为矮灌木，花单生或数朵丛生，重瓣，花色因品种不同而有差异。玫瑰品种甚多，玫瑰、月季、蔷薇在英文、法文、德文中同用 Rose 一词来表达，在西班牙文、意大利文中同用 Rosa 一词来表达，在中文中三者的称呼有所区别。香料工业中应用的主要玫瑰品种有大马士革玫瑰，亦称突厥玫瑰；百叶玫瑰，也叫五月玫瑰、白玫瑰、香水月季、法国玫瑰、墨红月季、皱叶玫瑰等。我国玫瑰中比较著名的有甘肃苦水玫瑰、北京妙峰山玫瑰、山东平阴玫瑰等。

我国民间很早就将玫瑰用来制作玫瑰酒、玫瑰酱、玫瑰糕点等。香料工业中一般使用从玫瑰花中提取的玫瑰浸膏、玫瑰油等，常用来调配口用香精和食用香精。在食用香精中，主要用于食用玫瑰香型和果香型的杏、桃子、苹果、草莓等香精。

玫瑰的主要挥发性香成分有300多种，主要有α-蒎烯、β-蒎烯、月桂烯、柠檬烯、罗勒烯、γ-松油烯、莰烯、α-石竹烯、β-金合欢烯、丁醇、2-甲基丁醇、3-甲基丁醇、3-甲基-2-丁烯醇等。

食用玫瑰香精常用的香料有壬醇、癸醇、2-甲基-4-苯基-2-丁醇、松油醇、玫瑰醇、苯乙醇、香茅醇、香叶醇、四氢香叶醇、芳樟醇、橙花醇、苯丙醇、肉桂醇、玫瑰醚、甲酸玫瑰酯、甲酸香叶酯、甲酸香茅酯、乙酸庚酯、乙酸玫瑰酯、乙酸香叶酯、乙酸香茅酯、丙酸叶醇酯、丙酸香茅酯、玫瑰油、橙花油、香叶油、壬醛、癸醛、苯醛、柠檬醛、羟基香茅醛、甲基紫罗兰酮、α-紫罗兰酮、丁香酚、异丁香酚、苯乙酸、甲酸肉桂酯、乙酸苯乙酯、乙酸橙花酯、丙酸香叶酯、丙酸苯乙酯、苯乙酸香叶酯、乙酰基丁香酚、麦芽酚、乙基麦芽酚、γ-壬内酯、乙酸辛酯、乙酸壬酯、乙酸癸酯、乙酸苄酯、乙酸苯乙酯、丙酸苯乙酯、肉桂酸苯乙酯、香兰素、乙基香兰素等。

二、玫瑰香精配方

玫瑰香精配方1：

香叶油	10.80
苯乙醇	75.60
香茅醇	5.40
乙酸苯乙酯	5.40
丁酸香叶酯	1.24
苯乙酸苯乙酯	0.58
甲基紫罗兰酮	0.62
杨梅醛	0.11
柠檬醛	0.21
苯乙醛	0.32

评价：清香，甜香，花香，玫瑰香，香韵柔和，透发性弱。

玫瑰香精配方2：

香叶油	17.32
苯乙醇	38.50

香叶醇	23.10
乙酸香叶酯	2.14
柠檬醛	3.85
丁香酚	1.18
芳樟醇	1.86
橙花醇	11.55
苯甲醛	0.38
乙酸己酯	0.20
辛醛	0.08

评价：花香，甜香，有花草茶的气味，后味有淡淡玫瑰味，香气浓郁，透发性强。

玫瑰香精配方3：

香叶醇	39.70
苯乙醇	29.80
芳樟醇	12.34
玫瑰醇	12.46
香茅醇	4.98
壬醛	0.66
柠檬醛	0.40

评价：清新的柠檬味，肥皂的油脂味，润体乳的味道，香气弱，羟基香茅醛味重，带酸味，与配方2类似。

玫瑰香精配方4：

香叶油	2.00
玫瑰醇	1.50
香茅醇	0.50
香叶醇	0.75
苯乙醇	0.25

评价：凉茶味，药香，清香稍有甜味，花香味弱，淡淡的新鲜玫瑰味，紫罗兰酮味突出，有干涩感，仿真性高，透发性良好，优于配方5和配方6。

玫瑰香精配方5：

苯乙醇	3.0
香叶醇	38.3
α-紫罗兰酮	1.7
芳樟醇	2.0

香茅醇	26.3
乙酸香叶酯	0.8
香叶油	12.6
丁香酚	0.1
辛醛	0.2
壬醛	0.1
柠檬醛	0.1
丁酸苯乙酯	0.2
苯乙酸丁酯	0.1

评价：生青味重，有甜酸味，少许茶叶味，有杂味，刺激性气味。

玫瑰香精配方 6：

苯乙醇	28.5
紫罗兰酮	1.0
芳樟醇	6.0
香茅醇	17.5
橙花醇	38.2
壬醛	1.0
羟基香茅醛	3.2

评价：咸味，肥皂味，杂味重，羟基香茅醛味重。

三、胶囊材料选择

香精选择：玫瑰香精配方 1。

胶囊材料选用如下：

（1）壁材基质：卡拉胶。

（2）冷凝剂：液体石蜡。

（3）表面活性剂：十二烷基硫酸钠。

四、质量控制

1. 原料及辅料要求

原料及辅料应符合 GB 2760《食品安全国家标准食品添加剂使用标准》及相应的卫生标准的要求和有关规定。

2. 外观要求

应符合表 7-32 的规定。

表 7-32 外观要求

项目	要求	
色泽	按标准样检验,色泽均匀	
气味	按标准样检验,同批次产品保持一致	
外观	气泡、破碎合格率	合格率≥99.9%
	拖尾、实心胶囊、空心胶囊、连体胶囊	不得检出

3. 物理指标

应符合表 7-33 的规定。

表 7-33 物理指标要求

项目	要求
粒径/mm	2.75±0.15(合格率≥95%)
圆度/mm	≤0.2(合格率≥95%)
耐压强度/kgf	1.2±0.5(合格率≥90%)
单粒胶囊重量/mg	10.0±1.0
单粒胶囊芯材重量/mg	9.0±1.0
单粒胶囊壁材重量/mg	0.7±0.15
1 kg 胶囊数量/粒	95 000(1±5%)

4. 安全性指标

应符合表 7-34 的规定。

表 7-34 安全性指标

项目		指标	检验方法
重金属(以 Pb 计)	≤	10.0	GB/T 5009.74
砷(以 As 计)	≤	3.0	GB/T 5009.76
菌落总数/CFU·g^{-1}	≤	1000	GB 4789.2

五、详细开发流程（仅供参考）

（一）产品设计信息

产品名称：玫瑰胶囊；

香精名称：玫瑰香精；

产品规格：2.6 ~ 2.9 mm；

产品颜色：红色；

压破强度：0.7 ~ 1.7 kg 合格率不低于 90%；

单粒胶囊装量：(9.0 ± 1.0) mg；

产品需求量：1 kg。

（二）试 样

1. 料液配制

（1）壁材胶液的配制

纯化水：10 kg；

卡拉胶：150 g；

十二烷基硫酸钠：100 g；

胭脂红：5 g；

温度：70 ℃；

黏度：108 mPa·s；

化胶时间：120 min，保证完全溶解。

2. 滴制成型

采用直径 2.5 mm 的外套和 18#针头组装的滴头滴制，为了确认粒径和压破强度，调试 4 个样品，分别是

1#胶囊：芯材重量 12 mg，胶皮重量 40 ~ 45 mg；

2#胶囊：芯材重量 12 mg，胶皮重量 36 ~ 39 mg；

3#胶囊：芯材重量 11 mg，胶皮重量 40 ~ 45 mg；

4#胶囊：芯材重量 11 mg，胶皮重量 36 ~ 39 mg。

3. 干燥定型

将清洗干净的胶囊进行风干,干燥时间 150 min,温度控制 20~25 ℃,湿度控制 40%~60%。

4. 样品指标检测

(1) 粒径

1#胶囊粒径检测结果见表 7-35。

表 7-35　1#胶囊粒径检测结果

	粒径/mm									
1	2.79	2.89	2.85	2.72/2.92	2.86	2.91	2.76	2.82	2.83	2.71/2.80
2	2.78/2.91	2.91	2.89	2.62/2.83	2.87	2.88	2.91	2.77	2.70/2.81	2.86
3	2.87	2.90	2.92	2.88	2.88	2.77/2.80	2.83/2.88	2.76/2.82	2.73/2.80	2.86
4	2.89	2.86	2.65/2.80	2.92	2.72/2.82	2.79/2.86	2.69/2.88	2.80	2.73/2.84	2.78
5	2.88	2.76/2.86	2.90	2.78	2.74/2.80	2.88	2.75	2.93	2.77	2.80
最小值			2.65			最大值			2.93	
粒径平均值			2.8504			粒径合格率			86%	

2#胶囊粒径检测结果见表 7-36。

表 7-36　2#胶囊粒径检测结果

	粒径/mm									
1	2.91	2.76/2.82	2.73/2.79	2.77/2.79	2.77	2.78	2.78	2.80	2.91	2.70/2.81
2	2.77	2.77/2.89	2.76	2.78	2.77/2.82	2.79	2.77	2.81	2.77	2.72/2.86
3	2.94	2.76/2.91	2.70/2.79	2.79	2.75/2.82	2.76/2.2.93	2.72/2.91	2.73/2.79	2.70/2.76	2.78
4	2.78	2.78	2.78	2.69/2.76	2.78	2.73/2.92	2.76	2.72/2.86	2.77	2.78
5	2.70/2.79	2.77/2.92	2.77/2.79	2.78	2.79	2.78	2.68/2.88	2.69/2.90	2.78	2.92
最小值			2.68			最大值			2.94	
粒径平均值			2.818			粒径合格率			82%	

3#胶囊粒径检测结果见表7-37。

表7-37 3#胶囊粒径检测结果

	粒径/mm									
1	2.79	2.67/2.80	2.75	2.82	2.79	2.78/2.88	2.83	2.72/2.82	2.76	2.74
2	2.78	2.78	2.77	2.76/2.85	2.82	2.75	2.76	2.70	2.70/2.77	2.79
3	2.82	2.83	2.75/2.88	2.75	2.80	2.80	2.82	2.74	2.75	2.77
4	2.73/2.86	2.76	2.78	2.69	2.74/2.82	2.85	2.78	2.76	2.79	2.82
5	2.81	2.75	2.76	2.80	2.75	2.76	2.76	2.82	2.78	2.80
最小值			2.69			最大值			2.88	
粒径平均值			2.7882			粒径合格率			100%	

4#胶囊粒径检测结果见表7-38。

表7-38 4#胶囊粒径检测结果

	粒径/mm									
1	2.76	2.76/2.80	2.76	2.71	2.71/2.80	2.91	2.80	2.70/2.77	2.76/2.82	2.78
2	2.77	2.80	2.77	2.70/2.79	2.76	2.77	2.77/2.81	2.82	2.75	2.77
3	2.79	2.82	2.78	2.82	2.76	2.69/2.75	2.76	2.76	2.76	2.86
4	2.83	2.70/2.79	2.80	2.79	2.79	2.77	2.68/2.89	2.82	2.76	2.78
5	2.80	2.75	2.80	2.72/2.82	2.80	2.79	2.82	2.85	2.77	2.80/2.88
最小值			2.68			最大值			2.91	
粒径平均值			2.7936			粒径合格率			98%	

（2）压破强度

1#胶囊压破强度检测结果见表7-39。

表7-39 1#胶囊压破强度检测结果

	压破强度/kg									
1	1.552	1.462	1.363	1.515	1.560	1.212	1.269	1.303	1.197	1.609
2	1.594	1.541	1.178	0.718	1.515	1.439	1.231	1.424	1.590	1.473

续表

	压破强度/kg									
3	1.624	1.458	1.477	1.503	1.406	1.560	1.556	1.613	1.639	1.057
4	1.042	1.185	1.435	1.602	1.405	1.390	1.163	1.689	1.643	1.371
5	1.450	1.492	1.314	1.246	1.310	1.405	1.499	1.359	1.053	1.144
检测结果	<0.5	<0.7	<1.0	>1.7	>1.9	>2.0	0.7~1.7		0.7~1.9	
	0	0	2%	0	0	0	100%		100%	
最小值			0.718				最大值		1.689	
压力平均值					1.386					

2#胶囊压破强度检测结果见表7-40。

表7-40 2#胶囊压破强度检测结果

	压破强度/kg									
1	1.241	1.184	1.456	1.220	1.105	1.103	1.447	1.035	1.490	1.569
2	1.058	1.192	1.024	1.005	1.054	1.029	1.303	1.298	1.075	1.124
3	1.167	1.186	1.138	1.093	1.071	1.234	1.352	0.770	1.142	1.412
4	0.983	0.956	1.120	1.155	1.456	1.230	1.230	1.243	1.158	1.283
5	1.509	1.182	0.970	1.241	1.042	1.032	1.167	1.288	1.196	1.187
检测结果	<0.5	<0.7	<1.0	>1.7	>1.9	>2.0	0.7~1.7		0.7~1.9	
	0	0	8%	0	0	0	100%		100%	
最小值			0.770				最大值		1.569	
压力平均值					1.1841					

3#胶囊压破强度检测结果见表7-41。

表7-41 3#胶囊压破强度检测结果

	压破强度/kg									
1	1.437	1.585	1.513	1.464	1.494	1.502	1.539	1.203	1.415	1.293
2	1.479	1.388	1.638	1.388	1.259	1.214	1.449	1.403	1.233	1.464

续表

压破强度/kg										
3	1.297	1.502	1.706	1.721	1.222	1.475	1.373	1.256	1.676	1.449
4	1.494	1.558	1.471	1.218	1.422	1.766	1.528	1.165	1.320	1.577
5	1.422	1.604	1.434	1.051	1.555	1.468	1.411	1.653	1.539	1.456
检测结果	<0.5	<0.7	<1.0	>1.7	>1.9	>2.0	0.7~1.7		0.7~1.9	
	0	0	0	6%	0	0	94%		100%	
最小值	1.051						最大值		1.766	
压力平均值	1.442 98									

4#胶囊压破强度检测结果见表7-42。

表7-42 4#胶囊压破强度检测结果

压破强度/kg										
1	1.069	1.120	0.992	1.107	1.345	1.219	1.062	1.160	1.069	1.332
2	1.177	1.185	1.024	1.262	0.838	1.147	1.005	1.386	1.277	1.276
3	0.947	1.461	1.134	1.017	1.181	1.226	1.009	1.126	1.279	1.073
4	1.096	1.181	1.353	1.054	1.052	0.964	0.979	1.222	1.138	1.175
5	1.034	1.177	1.109	1.113	1.361	1.222	1.220	1.125	1.540	1.414
检测结果	<0.5	<0.7	<1.0	>1.7	>1.9	>2.0	0.7~1.7		0.7~1.9	
	0	0	8%	0	0	0	100%		100%	
最小值	0.838						最大值		1.540	
压力平均值	1.142 82									

5. 工艺确认

通过试样样品检测，3#胶囊样品指标满足玫瑰胶囊指标要求；1#胶囊样品粒径偏大，超出标准要求；2#胶囊样品粒径偏大，超出标准要求，压破强度偏小；4#胶囊样品压破强度偏小。按照3#胶囊样品的滴制工艺进行玫瑰胶囊放样。最终放样工艺为：

壁材胶液配方：纯化水10 kg、卡拉胶150 g、十二烷基硫酸钠100 g、胭脂红5 g。

滴制：采用直径 2.5 mm 的外套和 18# 针头组装的滴头，芯材重量 11 mg，胶皮重量 40 ~ 45 mg。

干燥：时间 150 min 左右，温度 20 ~ 25 ℃，湿度 40% ~ 60%。

(三) 放　样

按照试样确认的工艺进行放样。

1. 料液配制

壁材胶液的配制：

纯化水：20 kg；

卡拉胶：300 g；

十二烷基硫酸钠：200 g；

胭脂红：10 g；

温度：70 ℃；

黏度：102 mPa·s；

化胶时间：120 min，保证完全溶解。

2. 滴制成型

采用直径 2.5 mm 的外套和 18# 针头组装的滴头，芯材重量 11 mg，胶皮重量 40 ~ 45 mg。

3. 玫瑰胶囊过程检测（表 7-43）

表 7-43　产品检测记录

样品名称：玫瑰胶囊						
耐压强度/kg					取样条件	23.1 ℃　43.4%
^	^	^	^	^	检测条件	22.0 ℃　47.1%
1	1.144	1.080	1.243	1.098	1.369	颜色、感官
2	1.485	1.125	1.315	1.501	1.455	^
3	1.254	1.542	1.458	1.423	1.452	压力值统计
4	1.243	1.511	1.496	1.456	1.436	<0.5　0%　　<0.6　0%
5	1.591	1.514	1.281	1.498	1.503	<0.7　0%　　<1.0　2%
6	1.186	1.231	1.466	1.298	1.218	>1.7　0%

续表

			样品名称：玫瑰胶囊				
7	1.171	1.243	1.458	1.069	1.254	>1.9 0%	>2.2 0%
8	1.439	1.402	1.367	0.978	1.365	0.7~1.7 100%	
9	1.205	1.470	1.238	1.536	1.245	0.7~1.9 100%	0.7~2.2 100%
10	1.538	1.280	1.239	1.463	1.609	压力均值 1.348 82	
			粒径/mm			克重/mg（10粒一组）	
1	2.76	2.79/2.69	2.79	2.86/2.74	2.82	1	102.9
2	2.77	2.81/2.74	2.82/2.70	2.77	2.79	2	205.9
3	2.86/2.73	2.82/2.73	2.79	2.77	2.82/2.74	3	308.9
4	2.77	2.80	2.78	2.80/2.73	2.82/2.74	4	411.4
5	2.76	2.81/2.72	2.83/2.76	2.80	2.83/2.75	5	509.2
6	2.81	2.81/2.73	2.78	2.79/2.71	2.78	平均克重	101.84
7	2.79	2.79	2.80/2.73	2.81	2.80/2.73	单粒克重	101.84
8	2.84/2.74	2.81	2.80/2.72	2.80	2.82	粒径合格率	100%
9	2.79	2.80	2.77	2.85/2.78	2.77		
10	2.80	2.84/2.77	2.78/2.69	2.85	2.78/2.68		

4. 玫瑰胶囊筛选

机选、人工筛选和复选，将不合格品剔除。不合格品包括：破碎，连体，异形丸、漏油丸、气泡丸、内容物带杂质等。

5. 玫瑰胶囊全检（表7-44）

表7-44 滴丸成品检测记录

样品名称：玫瑰胶囊		生产批号：		生产日期：		取样时间：			
取样条件：温度：24.5 ℃			湿度：54.6%		检验条件：温度：24.4 ℃			湿度：49.8%	
抽样生产量：1.23 kg			样品粒径标准：2.6~2.9 mm			样品压力标准：0.7~1.7 kg			
一、耐压强度/kg		Max：1.747			Min：0.922		压力平均值：1.360		
1	1.229	1.308	1.399	1.232	1.369	1.323	1.475	1.505	1.494	1.278
2	1.531	1.164	1.316	1.524	1.289	1.289	1.467	1.467	1.248	1.251

续表

3	1.380	1.478	1.505	1.603	1.255	1.425	1.391	1.456	1.425	1.062
4	1.195	1.437	1.081	1.342	1.361	1.221	1.342	1.441	1.278	1.369
5	1.467	1.172	1.255	1.456	1.425	1.630	1.191	1.376	1.350	1.255
6	1.104	1.289	1.565	1.422	1.448	1.361	1.486	1.490	1.459	1.422
7	1.535	1.350	1.459	1.395	0.922	1.429	1.369	1.157	1.172	1.130
8	1.202	1.693	1.338	1.433	1.516	1.301	1.157	1.259	1.444	1.565
9	1.293	1.376	1.384	1.535	1.183	1.369	1.520	1.444	1.278	1.055
10	1.441	1.747	1.437	1.157	1.119	1.399	1.611	1.501	1.248	1.270
检验结果	<0.5	<0.7	<1.0	>1.5	>1.7	>1.9	>2.0	0.5~1.7	0.7~1.7	0.7~1.9
	0%	0%	1%	15%	1%	0%	0%	99%	99%	100%

二、粒径/mm

1	2.86	2.78	2.77/2.88	2.77/2.66	2.87	2.76/2.87	2.85	2.75	2.88	2.89
2	2.76/2.89	2.77	2.75/2.85	2.88	2.77/2.86	2.80/2.92	2.85	2.84	2.80	2.88
3	2.89	2.85	2.82	2.86	2.72/2.85	2.76/2.86	2.88	2.85	2.75/2.88	2.84
4	2.89	2.88	2.77	2.82	2.77/2.88	2.87	2.85	2.78/2.87	2.88	2.76/2.91
5	2.75/2.85	2.75/2.88	2.85	2.78/2.90	2.85	2.77/2.92	2.85	2.84	2.73	2.84
6	2.73/2.87	2.72/2.89	2.87	2.76/2.88	2.83	2.82	2.76/2.85	2.82	2.80	2.87
7	2.89	2.86	2.76/2.87	2.86	2.76/2.89	2.84	2.85	2.81	2.85	2.87
8	2.85	2.72/2.86	2.89	2.82	2.77	2.86	2.77/2.90	2.85	2.75/2.88	2.86
9	2.74/2.89	2.88	2.72	2.75/2.85	2.77	2.75/2.85	2.85	2.83	2.86	2.83
10	2.87	2.75/2.85	2.86	2.85	2.77/2.88	2.73/2.87	2.77/2.88	2.85	2.86	2.88

检验结果: Max: 2.92 Min: 2.66 合格率: 97% (2.6~2.9)

三、克重/mg（10粒一组）

1	2	3	4	5	6	7	8	9	10	平均
103.3	103.7	103.6	103.5	103.7	103.3	103.6	104.3	104.0	101.8	103.48

四、胶皮重量/mg

1	2	3	4	5	6	7	8	9	10	平均
6.9	7.4	7.1	7.3	7.6	7.2	7.3	7.6	7.4	7.1	7.29

五、装量/mg

1	2	3	4	5	6	7	8	9	10	平均
96.4	96.3	96.5	96.2	96.1	96.1	96.3	96.7	96.6	94.7	96.19

六、每千克胶囊数量/粒　　96 637

6. 玫瑰胶囊包装

瓶装：500 g/瓶；

箱装：共 2 瓶，空隙用珍珠棉塞满；

保护措施：防晃动、防震、防压、防潮，保温。

7. 玫瑰胶囊放样数据统计

香精使用量：1500 g；

成品数量：1.27 kg；

成品率：84.6%。

胶囊粒径、克重、装量、外观和破碎压力均满足标准要求。

参考文献

[1] 孙宝国，陈海涛. 食用调香术[M]. 北京：化学工业出版社，2015：115-119，266-268，290-293.

[2] 欧阳文. 实用烟用香精香料手册[M]. 昆明：云南科技出版社，1992：201-223.

第八章

烟用胶囊的发展新趋势

第一节 从传统烟草向新型烟草制品拓展

随着全球控烟减害政策趋严,结合人们对健康和生活品质的诉求,烟草产业开始了创新性的变革,烟草市场出现了多样化的竞争格局。以菲莫国际(PMI)、英美烟草(BAT)等为代表的跨国烟草公司,逐渐将战略重点转移到新型烟草领域[1]。根据2017年世界烟草发展报告,近些年新型烟草制品呈现快速增长势头,预计到2020年销售额将超越烟丝、雪茄,成为仅次于卷烟的第二大类烟草制品。

一、新型烟草制品分类

新型烟草制品(Next generation products)是相对于传统烟草制品而言,含有烟草或能产生烟雾、味道,可以带来抽吸的快感,满足生理上的需求,但又不属于传统燃烧型卷烟的产品。主要包括加热卷烟、无烟气烟草制品、电子烟等。其中无烟气烟草制品中的烟草直接食用,不产生烟雾;电子烟则通过设备加热溶液物质,产生烟雾;而加热不燃烧卷烟,以加热而非燃烧的形式,使得烟草制品产生烟雾。电子烟通常包含雾化器、功能设备、烟油(烟弹-含液体挥发物)等,香精香料与尼古丁、PG/VG以烟油的形式添加。加热不燃烧产品(Heat not burning,HNB),又称低温烟,是一种结合了烟具及烟草型烟弹的新型烟草产品,它是以"加热不燃烧"为思路设计的"低温卷烟",利用特制加热装置(烟具)将经过处理的烟丝(特制烟弹)加热到一定温度(300~350 ℃),以散发出供人吸食的烟气。因其是将烟草通过外部热源加热,而不是通过点燃的方式,因此不会产生焦油、CO、重金属等有害物质,具有对吸烟者危害性小、对环境的危害性小、安全性高,同时又具备传统烟草制品某些特性的特点,因而受到新型吸烟者及年轻一代消费者的追捧。

二、加热不燃烧产品

2014年,菲莫国际率先在日本推出加热不燃烧产品IQOS(图8-1),其独特的吸食口感和使用体验,引领了新型烟草消费的新潮流。随后英美烟草、帝国烟草等国际烟草巨头也相继跟进相关技术,日本烟草公司也凭借本土优势发力市场,加热不燃烧产品的市场规模连年攀升。截至目前,加热不燃烧烟草制品已占日本烟草市场超过30%的份额,这也让日本已经成为全球最大的加热不燃烧烟草制品市场。

图8-1 菲莫国际推出的第一代加热不燃烧卷烟

2020年7月7日,IQOS正式通过FDA的改良风险烟草产品(Modified risk tobacco products,MRTP)审核,即可作为减害烟草制品在美宣传、销售。截止到2020年二季度末,全球用户达1540万,其中1120万人已实现从吸食传统卷烟到新型烟草制品的完全转化。2021年3月25日,菲莫国际发布2020年年报,其中加热不燃烧产品表现亮眼。年报显示,菲莫国际全球 IQOS 加热不燃烧(HNB)产品总用户达到1760万,其中1270万人已实现从吸食传统卷烟到新型烟草制品的完全转化。IQOS烟弹的出货为761.11亿支,已占到菲莫国际全年总出货量(含传统卷烟在内)的10.8%。同时,菲莫国际表示,至2025年,其无烟产品(新型烟草)将占其总营收的一半以上。菲莫国际对新型烟草的依赖度正快速增长,同时带动全球烟草市场的快速变革。

国际上生产制造加热不燃烧卷烟的企业除菲莫外,还有英美烟草、日本烟草、雷诺、韩国KT&G公司等烟草巨头均有相关产品上市。由于烟草制品管制,目前国内尚禁止销售加热不燃烧烟草制品。国内云南、四川、广东、湖北、安徽等省级中烟公司也都在积极致力于加热不燃烧产品研发,此外还包括一些民营企业也一并入局。但因政策因素,国内企业研发的加热不燃烧卷烟产品主要是出口海外,所以在购物网站搜索"加热不燃烧"时,主要涉及烟具类非专卖产品(图8-2)。

第八章 烟用胶囊的发展新趋势

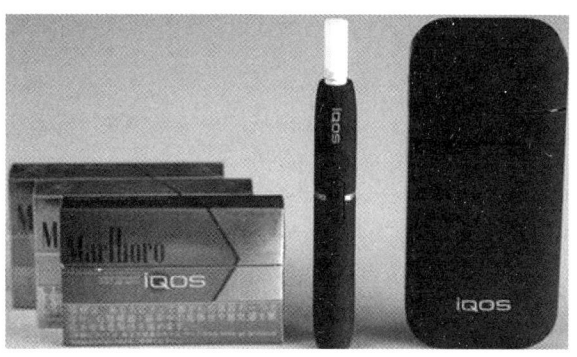

图 8-2 加热不燃烧卷烟代表性烟具和烟弹产品

加热不燃烧卷烟由烟具和烟支（也称烟弹，HTUs）组成。烟具主要包括机身、加热仓、电子控制系统、电池仓四部分，作为一种电子加热设备，功能是通过提供热源给烟弹加热，实现烟弹中烟草的烟气释放，因此烟具和烟弹缺一不可，必须配套使用。国外的加热不燃烧烟具，主要以菲莫国际的 IQOS、英美烟草的 glo、日本烟草的 Ploom、雷诺的 Revo、韩国 KT&G 的 lil 为主。国内各大中烟公司同样积极研发成套的系列产品，如湖北中烟 MOK、云南中烟 MC、四川中烟宽窄、广东中烟 MU+、ING 等。因政策因素，国内的民营企业则主要针对相关的烟具设备进行开发，如 iBacco、Pluscig、elio、Kecig 等（表 8-1）。

表 8-1 国际/国内烟草巨头推出的加热不燃烧烟草制品

加热不燃烧产品	所属公司	产品特点
iQOSdevices（烟支 HEETS）	菲莫国际	采用中心加热方式加热，温度在 300 ℃ 左右，以此产生烟气进行抽吸，分体式设计
Glo（烟支 Dunhill、Kent Neostiks）	英美烟草	采用周向加热的方式，如果发热杯加热烟草，产生烟气，一体式设计
Ploom（烟支 Mevius、Winston）	日本烟草	使用烟草胶囊，形状类似香烟，颗粒型烟草微胶囊
Lil（烟支 Fiit）	韩国烟草人参公社	烟弹 Fiit，与 IQOS 类似，但体积更小
宽窄功夫系列	四川中烟	韩国上市，烟弹规划了魏、蜀、吴三大产品阵营，各有颜色和味道
MC 系列	云南中烟	韩国上市，Ashima Lulu 和 MC 烟弹
MOK 系列	湖北中烟	韩国、菲律宾上市，COO 烟弹，全味、薄荷和爆珠三种口感
MU+、ING 系列	广东中烟	老挝首发，两款加热器具，中式陈皮及薄荷口味烟支

烟弹烟支是加热不燃烧烟草制品吸食的核心，主要包括烟草材料段、中空丝束段、降温段（通常为聚乳酸树脂类）、实心丝束段四个部分。其中，烟草材料主要由再造烟叶卷制而成，国内属于专卖品。与传统卷烟不同，烟弹烟支不能直接点火燃吸，只能以不燃烧的方式，在 300～350 ℃ 的高温加热烟芯，释放烟气。加热不燃烧卷烟的加热装置同样只能适配相应的加热烟草制品，不能配以传统卷烟吸食。

IQOS 烟支常规的规格尺寸为 $\varPhi 7.3\ \text{mm}\times 45\ \text{mm}$，为四元复合结构：包括烟草材料段、中空丝束段、降温段、实心丝束段（图 8-3）。其中，烟草材料为稠浆法再造烟叶，通过成形工艺将"烟草段+中空段+降温段+实心丝束段"进行复合。如果添加爆珠，可将其置于实心丝束段，为了适于加工和吸食安全性，带有爆珠的烟弹长度通常会增加 2～5 mm。

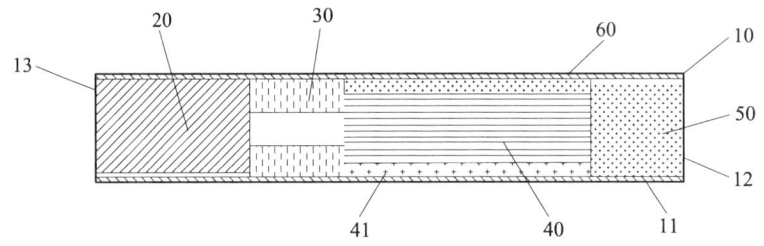

10—气凝胶生物品；11—条棒；12—嘴端；13—远侧端；20—气凝胶生成基材；30—中空的醋酸纤维素管；40—气凝胶冷却元件；41—过滤纸；50—过滤嘴；60—卷烟纸。

图 8-3　烟弹烟支结构剖视示意图[2]

为满足消费者不同口味的偏好需求，菲莫国际对旗下的加热不燃烧卷烟烟弹进行多元化口味设计，分别推出薄荷，淡薄荷、原味、浓原味、蓝莓、坚果、琥珀浓原味等系列产品，以满足加热不燃烧卷烟消费受众倾向于香气饱满、还原度高、香味自然、层次感分明的感官体验。与此同时，国内中烟工业企业也相继推出不同口味的烟弹。云南中烟 MC 系列推出的浓薄荷、淡薄荷、原味、提拉米苏等口味特征的配套烟弹；四川中烟结合中国传统文化，以三国时期的"魏、蜀、吴"为概念，设计开发不同包装和对应口味特点的系列烟弹；湖北中烟在 MOK 烟具系列的基础上，开发了全味、薄荷爆珠三种口感的 COO 烟弹；广东中烟则设计了中式陈皮和薄荷口味的烟弹烟支；江苏中烟以优加为加热不燃烧卷烟品牌，推出了柑橘味、原味和薄荷味三款烟弹产品。国内的民营企业，因政策限制，主要销售非烟草制品形式的烟弹。在产品结构上也与烟草型的烟弹烟支有所不同，其发烟部分通常为植物材料，过滤嘴部分为海绵结构。

烟用胶囊具有储香/持香周期长、香韵表达效果好、释放方式灵活选择等特点，因此结合加热不燃烧卷烟的烟支结构设计，产品研发人员可以以实心丝束段为载体，实现烟用胶囊在新型烟草制品领域的拓展应用。作为丰富烟草烟气香型香韵、改善抽吸舒适性的关键手段，烟用胶囊的添加不仅能满足加热不燃烧卷烟产品体验的新颖性和多样性，还可以在某种程度上起到一定的降温作用。由于 IQOS 在国内外均有着较高的知名度，针对 IQOS 所设计的烟弹口味较多。日版万宝路算是 IQOS 烟弹中，比较主流的一个版本，口味上，接受度比较高的包括浓原味、淡原味、浓薄荷、淡薄荷、坚果味、蓝莓味等。除此以外，市面上还流通着包括橙子味、青柠味、摩卡味等特殊口味的烟弹（表 8-2）。

表 8-2 不同口味特征的加热不燃烧烟草制品及胶囊的应用

品牌	烟弹及口味	口味特征
Marlboro 万宝路日版（无爆珠）	【浓原味】REGULAR	较强的口感冲击力、较为接近真实的烟草口感
	【淡原味】BALANCED REGULAR	柔和的烟草香气、平滑宜人
	【浓薄荷】MENTHOL	较强的薄荷凉感
	【淡薄荷】MINT	轻微薄荷味、较为柔和
	【蓝莓】PURPLE MENTHOL	浓厚浆果香气，凉感基底
	【坚果】SMOOTH REGULAR	通透、纯净爽快
	【青柠味】YELLOW MENTHOL	柑橘柠檬香、清新爽口
	【橙子味】Blend 05	橘子清香、烟气顺滑
	【摩卡】Blend 26	浓郁的咖啡味
韩国 FIIT（爆珠版）	FIIT（青梅）爆珠	凉味基底、口感类似万青柠
	FIIT（柠檬）爆珠	凉味基底、柠檬香味
	FIIT（酸奶）爆珠	浓郁的酸奶香味、淡薄荷基底
	FIIT（哈密瓜）爆珠	热带水果混合味、活泼的果甜香味
	FIIT（西柚）爆珠	偏橙子和西柚混合的水果香味，薄荷凉感适中
韩国 FIIT（无爆珠）	FIIT（银杏）原味	奶油杏仁香，浓香型甜香香韵
HEETS（无爆珠）	欧版 heets 原味	接近真实烟草味，略带香草香韵
	欧版 heets 薄荷	口感清凉舒适，较为清澈
	欧版 heets 琥珀	浓郁醇厚，适合一定烟龄的人
	欧版 heets 葡萄	带有葡萄果味，凉味基底、柔和
	韩版 HEETS 香槟	口感香醇、击喉感适中
	韩版 HEETS 抹茶薄荷	凉度中等，抹茶香韵，清新感
	欧版 HEETS 朗姆酒味	浓原味，带有酒香巧克力的香味，整体醇厚浓郁，击喉感较强
	欧版 HEETS 琥珀	接近香烟味道，浓烈不干涩、不刺激，较为香醇

图 8-4 带有爆珠的烟弹烟支产品

通过创新结构设计，将爆珠加香技术引入加热不燃烧卷烟中，使消费者在抽吸时可以通过挤破爆珠享受丰富的香气（图 8-4）。FIIT 柠檬爆珠烟弹，针对韩国品牌 LIL 设计开发，同样适配 IQOS 烟具。带有爆珠的烟弹，过滤嘴部分比 iQOS 的专用烟弹长了 3~4 mm，烟丝部分一致。该柠檬爆珠捏破后，柠檬香韵浓郁，有一种夏日的清爽凉感。FIIT 酸奶爆珠烟弹，爆珠咬碎后，具有浓郁的酸奶香味。FIIT 哈密瓜爆珠烟弹，活泼的味道，类似哈密瓜芒果等热带水果的混合味，口感类似于柠檬爆珠款，水果味经流经的烟气加热后香韵更为强烈，同时自带薄荷的香味特征，香甜的果香味道非常让人喜欢，在吸食口感上属于较好的一款。FIIT 西柚爆珠烟弹，带有橙子的嗅香特征，入口薄荷凉感适中，带有明显的橙子甜香味，类似于芬达饮料的感觉。添加了爆珠的烟弹在吸食口感上，总体上比直接在烟丝中加香，所体验到的香气香味更为浓烈。

HNB 加热温度在 300~350 ℃，相对而言烘烤香更足，对其感官评价要更注重整体感受，需综合性地从香气的丰富性、满足感去评价。其感官评价指标主要包括烟雾量、香气香味、劲头、谐调、刺激性和口感方面。因此针对加热不燃烧卷烟烟弹中的爆珠，现阶段的设计以果香、奶香居多，一方面可能是考量果香型香精香料挥发性都比较强，不适于在烟弹烟丝中添加；另一方面果香、奶香与加热不燃烧卷烟的整体感官较为谐调，且更容易被加热不燃烧卷烟的消费群体接受。目前，国内新型烟草制品在烟弹中添加爆珠，尚没有相关产品问世，可能是国内加热不燃烧卷烟起步较晚，市场规模相对较小。并且爆珠在烟弹中添加，对烟支结构的设计和生产加工提出了更高的技术要求。但相信随着各大中烟公司在加热不燃烧卷烟的持续研发和投入，在烟弹口味的设计和选择上也会更加多元化。

第二节　储水胶囊在烟用领域的发展需求

一、目前烟用胶囊产品的局限性

目前市场上的爆珠产品多局限于脂类芯材，很多适宜于中式卷烟的水溶性功能物质无法适用于现有爆珠体系。储水胶囊是爆珠产品开发的一个全新领域，能极大地拓宽现有爆珠体系对烟用香精的应用范围，增加烟草吸食润感、降低烟气温度，提高抽吸舒适性，因此在传统卷烟及新型烟草制品领域，具有较大的价值需求空间。

以传统卷烟为例，卷烟保润包括两方面：感官保润，如生津、圆润等；物理保润即水分，物理保润是感官保润的基础之一。烟支水分变化主要来源于烟丝，物理保润通常以在烟丝中添加保润剂为主。主流烟气中水分含量对卷烟的感官品质有着重要影响，能有效改善烟气的润感及舒适感等。行业内针对主流烟气水分含量对感官品质的研究表明：主流烟气水分含量提升至 3.50~4.0 mg/支，能有效地提高卷烟的舒适性，同时对烟气品质的其他表现影响较小[3]。然而在现有卷烟加工工艺中，卷烟叶组水分含量一般需控制在 12.5% 左右，此时水活度为 0.60，可以起到抑制微生物生长、防霉的效果。烟丝水分过高，烟气柔和细腻，但沉闷、香气下降；烟丝水分过低，烟香浓度高，透发性好，但刺激大、粗糙感强。滤棒丝束中水分含量标准为 7%~8%，主流烟气中产生的水分经由稀释与截留后，烟气水分一般在 1~2 mg/支，这在一方面保证了卷烟产品感官品质的一致与稳定，但同时造成烟气的润感不足，特别是对喉部的刺激感增大。在湿度较低、干燥的地域，如云南、陕西等中西部地区，开包后卷烟产品中的水分挥发较快，容易造成卷烟抽吸品质的较大波动。因此，这些地域形成的滤棒末端沾水抽吸和使用过滤水烟壶等习惯，都是消费者主动调节烟气水分的一种特有表现。目前，烟草行业科研人员开发应用的多项保润技术一定程度上取得了增香保润功效，但整体上尚未达到烟气水分提升至 3.50~4.0 mg 的理想标准。如何在开包后继续维持或调节卷烟产品中的水分含量，从而保证产品抽吸品质的一致性与感官舒适感，是"增香保润"研究的重要组成部分，也是中式卷烟产品品质提升和增强国际市场核心竞争力的关键。

现在市面上的烟用胶囊，芯材多为长链油溶性溶剂和极性较小的致香物质，而胶囊壁材主要是海藻酸钠和明胶类等亲水性成分，不适用于储存极性较大的物质。壁材原料的亲水性，会使内容物中极性物质向胶囊的胶壳中迁移，这些胶壳材料也会与含醛基、羟基的化合物发生化学反应，从而影响胶囊制剂的稳定性。水和乙醇均为强极性溶剂，分子间有较强的氢键，与壁材之间会互相以 H 键结合的方式发生溶胀，壁材结构的微孔隙也会使水分子通过毛细扩散作用渗透到壁材中。所以，凡能为生成氢键提供氢或接受氢的溶质分子，均与水和乙醇"结构相似"。如 ROH（醇）、RCOOH（羧酸）、R_2CO（酮）、$RCONH_2$（酰胺）等。当然上述物质中 R 基团的结构与大小对在水和乙醇中的溶解度也有影响，这就是所谓的"相似相溶"原理。因此，基于现有的囊材和制备技术，所应用的香原料仅溶于非极性/极性较小的溶剂，从而限制了胶囊的应用范围，也限制了水溶性、醇溶性香精香料在胶囊加香中的应用。

二、烟用储水胶囊的开发

随胶囊卷烟多元化发展，为进一步丰富胶囊产品，提升胶囊在卷烟中的保润、降焦、降温等功能，开展包载纯水及水溶性香精的水性胶囊研究，对丰富中式卷烟内涵，提升中式卷烟产品竞争力具有重要现实意义。但同时，水和乙醇因为较小的相对分子质量和分子尺寸，以及较高的饱和蒸汽压和挥发性，就使得储液胶囊（微容器）在材料选择和封闭方式上具有极大的难度（图 8-5）。因此，开发能包裹水及极性香精的烟用储液微容器，是烟用调香体系和新型烟用材料领域极具现实意义的研究方向。

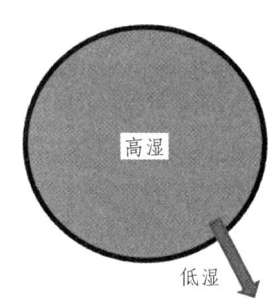

图 8-5 储液装置微环境——对材料的要求，100%环境湿度下的极低透水率

烟用储水胶囊的开发是行业技术研发的重点与难点，以储水为例，其要实现的功能目标是要在水分差异的环境中隔绝水相（图 8-6），再通过释放设计在卷烟滤棒中释放容器中的水分或水容物。

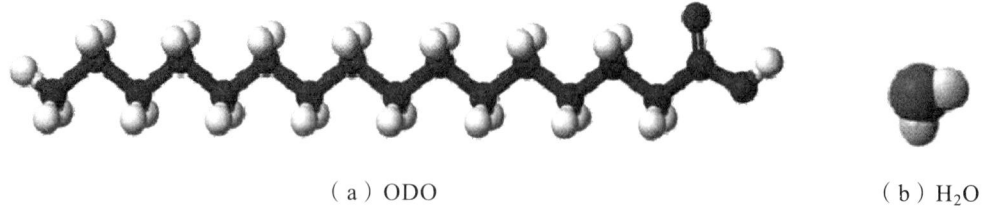

（a）ODO　　　　　　　　　　　　　（b）H_2O

图 8-6 辛癸酸甘油酯（ODO）与水分子结构示意图

由于水的性质非常奇特，水分子渗透性远超其他气体，并且在很多理化指标方面都与其他的液体有所不同。水与元素周期表中邻近氧的某些元素的氢化物，例如 CH_4、NH_3、HF、H_2S、H_2Se 和 H_2Te 等相比，除了黏度外，均有显著差异。水的熔点、沸点比这些氢化物要高得多，介电常数、表面张力、热容和相变热等物理常数也都异常高，

但密度相对较低。此外，水结冰时体积增大，表现出异常的膨胀特性。水的热导值大于其他液态物质，冰的热导值略大于非金属固体。标准大气压下（101.3 kPa），液态水的物理化学性质如表8-3所示。

表8-3 水的物理常数

理化性质	物理常数值（20 ℃）	备注
分子大小/nm	0.4	分子极小
相对分子质量	18.01	
沸点/°C（101.3 kPa）	100.00	
密度/g·cm^{-3}	0.998	
黏度/Pa·s	1.002×10^{-3}	
偶极矩（D）	1.85	极性较大
界面张力（相对于空气）	72.75×10^{-3}	毛细作用
饱和蒸汽压/kPa	2.339	容易挥发
热容量/J·g^{-1}·K^{-1}	4.181	
热传导（液体）/W·m^{-1}·K^{-1}	0.598	
热扩散系数/m^2·S^{-1}	1.4×10^{-7}	
介电常数	80.20	

水的动力学行为也与其他液体有较大的偏差，通常在一定温度下，扩散系数 D 随着压力的增加而增加（图8-7），然而液态水的扩散吸收却呈现不同现象，其在压力升至200 MPa后，扩散系数呈现降低的趋势[4]。

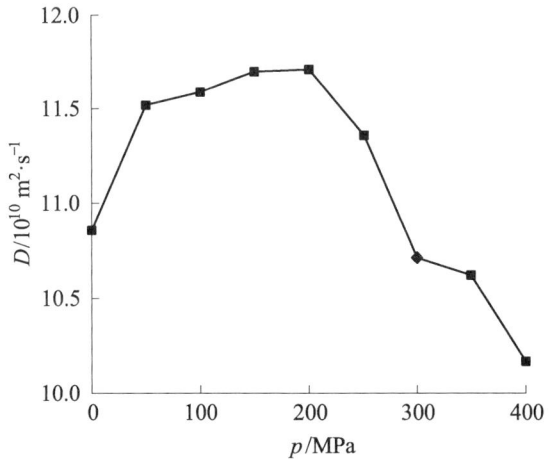

图8-7 水的热容扩散系数 D 随压力变化（273 K）

物质迁移通常取决于材料内部扩散通道、内容物分散介质以及芯材功能成分本身的性质,因此影响软胶囊内容物与囊壳间物质迁移的因素有许多。Gebre-Mariam T 等[5]研究表明构成胶囊囊壳的胶体种类和黏度对物质的扩散无明显影响。对于任意一种物质,若形成扩散途径的材料是与其相溶的,则扩散加速,反之则扩散被有效地抑制。内容物中的溶质也可从分散介质向囊壳迁移,迁移程度取决于溶质在介质中的溶解度,以及在介质和囊壳间的分配系数。

水的分子结构、饱和蒸气压、极性等理化特征,都决定了水分子能轻易打开分子内和分子间的氢键,从而在膜内部快速地扩散,所以通常对保润、保湿包装的要求更高。

包装材料的阻隔性能是指膜材阻止小分子,如 H_2O、O_2、N_2、CO_2 以及有机气体透过的性能。其常规检测指标为高分子材料透氧率和透湿率,一般以气体/水透过量(率)或气体/水透过系数来衡量(表 8-4)。传统的包装材料,包括蜡、玻璃、陶瓷、纸、金属及塑料等。但近年来,随着高分子材料的发展,塑料基于其强度高、质轻、透明、易加工等优点,在包装材料中占有越来越重要的位置,但在透气性、透湿性、物理化学稳定性及耐热性方面,还有待进一步改善。

表 8-4 常见气体分子在不同膜材的渗透行为

膜材	H_2O	CO_2	O_2	N_2
PVC	3.4×10^4	680	170	34
PET	5.1×10^6	3400	680	136
尼龙-6	3.4×10^7	200	1000	340
纤维素	3.4×10^8	1.36×10^5	2×10^4	6800
聚乙烯	3.4×10^5	6.8×10^4	2×10^4	6800
聚苯乙烯	3.4×10^7	2.7×10^5	3.4×10^4	—

所有的聚合物膜材都有渗透性,影响材料阻隔性的因素除了环境温湿度外,还和材料本身结构性质有关,包括高分子的立体结构、结晶度、链取向、亲水性、表面性能、添加剂、膜材厚度、多层结构等。市场上的塑料包装制品,为提高膜材的阻隔性能,通常采用膜片复合的形式。如以串联方式复合的多层包装,其总阻隔性等于每一层之和[式(8-1)],主要应用于糖果、巧克力、卷烟等。还有一种属于以并联

方式连接的单层包装，但其总阻隔性低于所组成的各部分的性能[式（8-2）]，如一些药片，正面用铝箔，反面用塑料。在高阻隔包材领域，还有一种充气袋型的产品，由聚乙烯 PE + 尼龙 PA 组成，厚度一般为 55~70 μm，共挤出 7~9 层。

串联包装：

$$R = R_1 + R_2 + R_3 + \cdots \tag{8-1}$$

并联包装：

$$\frac{1}{R} = \frac{1}{R_1} + \frac{1}{R_2} + \frac{1}{R_3} + \cdots \tag{8-2}$$

基于水分子的理化特征对储液微容器壁材的阻隔性能提出了较高的技术要求，在材料筛选开发时需要综合考虑材料本身的分子极性、结晶型、排列定向性、亲/疏水性、可加工性等。除此之外，卷烟滤棒对储液微容器的小尺寸精密加工、应力挤破、一定周期的储液稳定性等提出的特殊要求，也使储液微容器在材料选择、结构设计和封装方式上具有更大的挑战。但随着材料制备新技术和新工艺的不断井喷，烟用储液/水微容器在技术上的真正实现，有了崭新的可能。

三、储水胶囊的发展

1. 对材料的要求

在材料筛选开发上，考虑到对水及水容物等液体的存储封装，对壁材材料的基本技术要求包括：① 材料本身分子极性，根据相似相溶原理，壁材应为非极性材料；② 材料的结晶性和分子定向性，决定了材料微观结构的孔隙/空隙，与材料的阻隔性能正相关，能够阻止、减缓水分子的扩散；③ 材料分子亲/疏水性，避免与极性水分子键合，出现溶胀现象导致材料自身分子间距增加。

水蒸气阻隔性强的材料，一般包括塑料、金属、蜡质、树脂等。在食品、医药和化妆品领域，通常采用纸-塑料（包括聚乙烯-PE、聚丙烯-PP、聚对苯二甲酸乙二醇酯-PET、聚偏二氯乙烯-PVDC 等）或纸-金属（主要是铝）复合的形式，一方面是从环保、降低成本角度的考虑；另一方面赋予产品高效阻隔性能的同时，对内容物起到有效隔绝光线、氧气及外界污染的作用。以液体包装为例，其包材中的 PE 等材料，虽然厚度不高，但是必须 7 层以上复合后，才能达到稳定储水的国家标准。医药包装，以输液容器为例，历经玻璃瓶、PVC 软袋、PP/PE 硬塑料瓶、非 PVC 复合膜软袋及

PP立式软袋的发展过程，其包装材质需符合欧美药典、日本药典标准，即具有很低的透水性、透气性及迁移性，适用于绝大多数药物的包装。其中，非PVC复合膜软袋材质主要是PP/PE/PP或PP/PP/PP复合结构。PET作为矿泉水瓶常用的材质，在非纤领域特别是在聚酯瓶类包装领域（用于软饮料、碳酸饮料、啤酒等包装）有着非常广阔的应用前景，具有重量轻、强度高、透明性和阻气性好、无毒无味等优点，但前提是需显著提高PET的性能。20世纪90年代初期，在聚合物上涂覆金属氧化或氮化物，以提高材质的阻隔性，开始逐渐在高阻隔包装领域扮演重要角色，然而这些薄膜的机械和延展性均较差，影响了它们的推广使用。陈光良等[6]利用射频等离子体化学气相沉积法在12 μm厚的PET上制备了碳氢薄膜，当碳氢膜厚度为900 nm时，水蒸气的阻隔性能可提高7倍，由原始PET的66.0 g/(m^2·d)降低至8.12 g/(m^2·d)。材质阻隔性能的提升，主要源于所沉积制备的膜层连续致密、无微裂纹和针孔，呈现非常均匀的显微结构。

在储酒包装领域，日本三菱化学控股公司属下的三菱树脂开发了一种"高屏障PET"的新型包装材料，能够解决玻璃啤酒瓶存在的弊端，并代替其使用。其在PET瓶内侧形成极薄的~20 nm层厚的碳素膜，该碳素膜具有类似于钻石的、有规则的结晶排列，因此具有高度屏障的功能。2010年8月，Mercian出售的葡萄酒瓶开始采用该PET材料。为了防止瓶内酒氧化，德国KHS公司推出了一种独特的硅薄膜氧气阻隔包衣——Plasmax，该材料能有效延长瓶内酒的保质期，并且这种隔氧薄膜很容易被回收。该PET瓶采用了KHS Plasmax®Silicon Oxide (SiOx)的涂层技术，以提升PET瓶的使用和外观性能。Plasmax-硅薄膜氧气阻隔包衣，是一款超薄的（<100 nm）、对氧敏感的包装产品，具有耐开裂、耐磨损、不易分层的特性。英国最大的零售商之一Marks&Spencer（M&S）从2010年起就已将所有小（迷你）容量的酒类产品全部替换为PET材料，采用PET塑料瓶用于装酒，相比传统的玻璃瓶，具有很多优点，比如：轻质、抗碎和耐用等。还有一些企业将高H化的非结晶碳涂布到PET啤酒瓶壁，其阻氧性能可提高10倍，阻CO_2性能提高7倍，产品货架期长达一年，并可全部回收利用。目前该特种包装材质已被FDA批准，但现阶段只有少数公司掌握PET酒瓶的制备技术。塑料酒瓶未来的发展方向：一是对PET瓶进行涂层；二是在PET中加入纳米材料进行填充改性。

在各类常见的疏水性材质中，除塑料外，蜡质也是较为优良的疏水性物质，可与有机聚合物相媲美，见表8-5。蜡质主要成分是高级脂肪酸酯和长碳链烷烃，但油脂类物质成的机械强度较差，也易出现高温下宏观膜结构遭到破坏的问题。

表 8-5 常见蜡质和包装塑料的水蒸气透过率

		温度/°C	相对湿度梯度/%	水蒸气透过率 /10^{-12} g·m^{-1}·s^{-1}·Pa^{-1}
	油脂类			
常见蜡质和包装塑料的水蒸气透过率	石蜡	25	0~100	0.2
	小烛树蜡	25	0~100	0.18
	棕榈蜡	25	0~100	0.33
	蜂蜡	25	0~100	0.58
	软脂酸	23	12~56	6.5
	硬脂酸	23	12~56	2.2
	包装塑料类			
	聚苯乙烯	25	0~100	4.8
	聚氯乙烯	25	0~100	0.68
	聚酯	38	0~90	1.2~1.5
	聚丙烯	38	0~90	0.49
	低密度聚乙烯	38	0~90	0.7~0.97
	高密度聚乙烯	38	0~90	0.24

聚合物材料具有成型容易、批量生产成本低、易获得高深宽比的微结构，微通道表面一般不需或仅需较少修饰，且大多具有生物或化学样品相容性的优势。材料的亲疏水性通常与其表面能有关，基本上表面能越低，疏水性越强。与金属或陶瓷材料相比，聚合物表面能相对较低，大部分的聚合物介于铁氟龙（疏水性）与水（亲水性）之间（图 8-8）。聚合物表面从微观来看，是一系列不规则的表面所组成，但由于聚合物材料一般不含活性基团，具备结晶度高、表面能低、化学惰性等原因，使之存在难以润湿和黏合等特征。一般而言，但凡材料表面具有羟基和羧基，都会导致其亲水性，因此储水材料本身应均为疏水性基团，如醚类、酯类、F 化物、烯烃类等。因此，基于卷烟应用的特殊性，类似于 PE、PP、PC、PET、PVC、PA 等食品和药品包装领域常用的聚合物类材料是较好的储液微容器壁材原料，在实际生产应用时，还可根据需求对其进一步复合改性[7-8]。

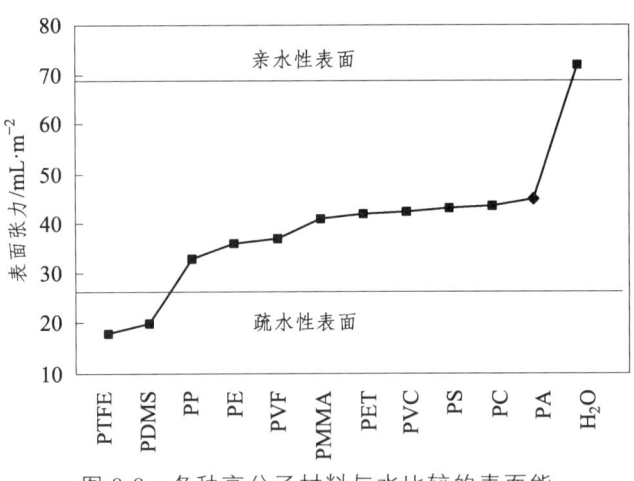

图 8-8　各种高分子材料与水比较的表面能

在储水材料筛选开发方面，还需要考虑两个关键的因素：由于所有的材料都有孔隙，水分子表面张力导致的毛细现象；内部水相饱和蒸气压导致的水分子扩散，都对壁材材料的宏观规整度以及微观致密性提出了更高的要求。在选择材料时，因水分子能轻易打开分子内和分子间氢键，除了排除单体具有杂原子的聚合物类型，还需考虑聚合物本身的结晶性。理论上其透水率除了与材料本身的组成、极性有关外，还与材料微结构排列是否紧密，是否存在无定形结构产生的微通道，这些易导致水分子缓慢逸出的因素有关。在微观结构上，材料内部结构的孔隙/空隙越少，对小分子物质的阻隔性能就越好。以水分子为例，材料内部缺乏快速扩散的通道，会大大地降低水蒸气的透过速率。因此，若要制备高水蒸气阻隔效率的微容器壁材，材料本身须具有一定的结晶性，同时对水具有较低的溶解系数和扩散系数。可选自能够产生形变的高分子材料，如聚乙烯、聚氯乙烯、聚苯乙烯、聚酯、聚酰胺等。

现有烟用胶囊壁材本身具有亲水性、结构也缺乏致密性，无法有效阻止水分子的扩散与渗透，不能直接用于包裹水或水溶液。有相关报道，采用非水溶性聚合单体引发交联、发生聚合反应制备得到包水及水溶物微胶囊的方式，涉及的聚合物材料主要为聚苯乙烯、聚酯类等，反应的有机溶剂为二氯乙烷，引发剂为偶氮类及有机过氧类。该制备手段，对于卷烟这种吸食品来说，存在一定的安全性隐患。杨涛等采用合成聚烯烃来改性疏水性的蜡或虫胶，制得一种熔融温度在 100 ℃ 左右的疏水性膜材料，再将含有水溶性香精香料和防腐剂的溶液作为芯材，通过锐孔装置将水性溶液滴加到熔化态的改性蜡中，在表面张力作用下将液滴包裹起来，置于硅油中冷却成型，得到包水胶囊[9]。该申请人的另一个专利 CN104726199A[10]与其制备原理基本一致，只是增加了一些后处理方法，增强壳的强度，同时可以包覆粉状香料。

2. 对加工的要求

在确定基本的容器材质后,需要寻求合适的加工工艺以满足产品的成型加工和批量生产要求。在塑料制品加工领域,对于成型结构复杂的产品,一般采用注塑成型的方式,先是通过产品结构设计开发相应的模具,再将树脂注射入模具、成型后脱模处理。对于软质塑料,通常考虑高压/热压拉伸,按照产品设计要求拉成3D的储液微容器,但目前拉伸成型工艺对样品的尺寸有一定的限制要求。模压成型也是热固性塑料和热塑性增强塑料成型的主要方法,其将树脂原料在已经加热到指定温度的模具中加压,使物料充满模腔,成型为与模具形状一致的制品。对于相对分子质量大、流动性差和熔融温度高的,不适于注射成型或挤出成型的热塑性塑料,可采用模压成型的方式。

烟用储液微容器属于一项新型的技术研发产品,常规胶囊制备技术无法移植到该微型储液装置。通过对国内外同类型产品的专利进行调研,目前只有日本烟草株式会社开发的一款 Mevius H_2O 异形六棱柱容器,在卷烟产品中实现了应用,见图8-9。专利权保护内容涵盖胶囊体的外观几何形状、内部结构、材质、挤破及释放方式等。

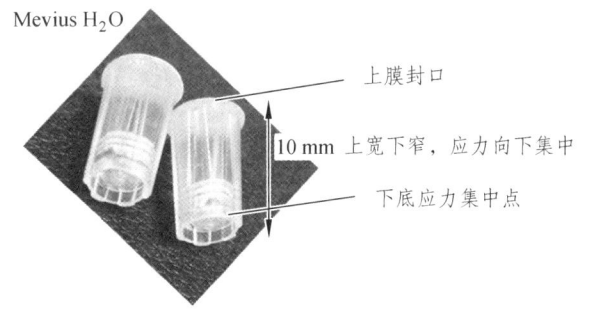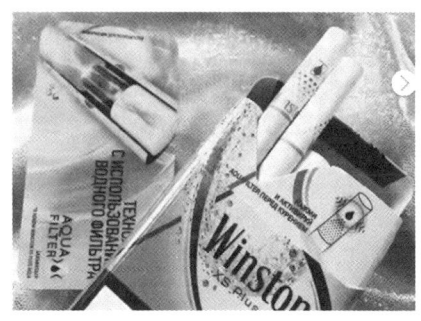

图8-9　日本烟草产业株式会社开发储液装置及卷烟——CN 104379006A[13]

储水微容器小尺寸装置的封装,大批量生产及工业成品率都是加工成型的难点。常规烟支直径在 7.6 mm 左右、滤棒长度 25~30 mm,微容器的形状和尺寸设计,除了满足基本功能,还要便于在卷烟滤棒中放置,同时考虑烟支的整体吸阻、压降和过滤效率。因此,烟用储液微容器开发的核心技术在于:对现有知识产权规避的产品结构设计;小尺寸维度下的灌装及封装,储液装置太小/太轻对灌装过程克服溶液表面张力及精准定量提出了较大的挑战;封装技术方面,还需解决小分子、易挥发性成分的稳定储存周期与应力挤破之间的对立；产能保障及成品率，储液胶囊的工业化量产对自动化生产线、工艺设备的精密性控制要求等，都给储液微容器的研发带来较大的技术难度[11-12]。

非球型储液装置在国内现有的滤棒成型加工条件下，尚无法实现在卷烟中的工业化生产需求。结合塑料成型工艺，球形及类球形的结构设计最为方便合理，但在挤破时可能存在应力分散的问题，因此在结构上要有弱线区域或者应力集中点设计，这对释放方式的加工精度要求比较高。目前，在其他应用领域已有类似结构设计相关专利：一种用于扩散包含在由柔韧的延展性材料制成的封皮所限定的密封保存区中的流体产品剂量的装置[14]。封皮局部设置有形成预开口的厚度减小的区域，使得施加在保存区上的崩塌压力导致封皮猛然打开，释放包含在保存区中的产品，进而引导产品沿预定方向释放。该柔韧的延展性材料可以是塑料，所开发装置适用于递送准确单位剂量的药物、化妆品、香水等产品，厚度减小的区域可以具有允许产品被喷出的垂直线。WO 2007/1455235[15]公开了一种小袋，其可以通过施加压缩力以在包装上的弱线处形成开口而打开。该专利教导了已知各种结构对控制破裂和分配过程有帮助，并且通常至少一个网，由相对刚性或半刚性材料制成，其具有被切口或切口图案弱化的区域或其他薄弱区。弱线可以通过在材料上生成切口以产生与包装材料的相邻部分相比在弱线处更薄的材料部分而产生。第 53080534 号美国专利[16]，在软明胶胶囊壳体上滚有花状表面以增强对胶囊的抓握和操作。与胶囊一体形成的可移除的突片用以密封胶囊，在使用时可通过扭断突片，挤压胶囊释放内容物。

四、国内外的研究现状

1. 日本烟草株式会社开发产品

日本烟草株式会社自 20 世纪 80 年代起，开始针对烟用储水微容器装置进行技术研发及相关知识产权布局。最早在 1989 年申报的美国专利中设计塑料材质的烟用过滤嘴，如图 8-10 所示，Patent Number: 4865056[17]。2013 年又分别在中国布局了两件发明专利"收纳有液体的胶囊及具备该胶囊的吸烟物品""封入液体的胶囊及具备该胶囊的吸烟物品"[13,18]，后者涉及市面上出现的唯一产品。自日本烟草国际公司 20 世纪 90 年代关于储水硬质柱体容器研发至今，仅 Mevius H_2O 实现了储水技术在卷烟中的产品应用，但其储水实施技术的优缺点同样显著。

第八章 烟用胶囊的发展新趋势

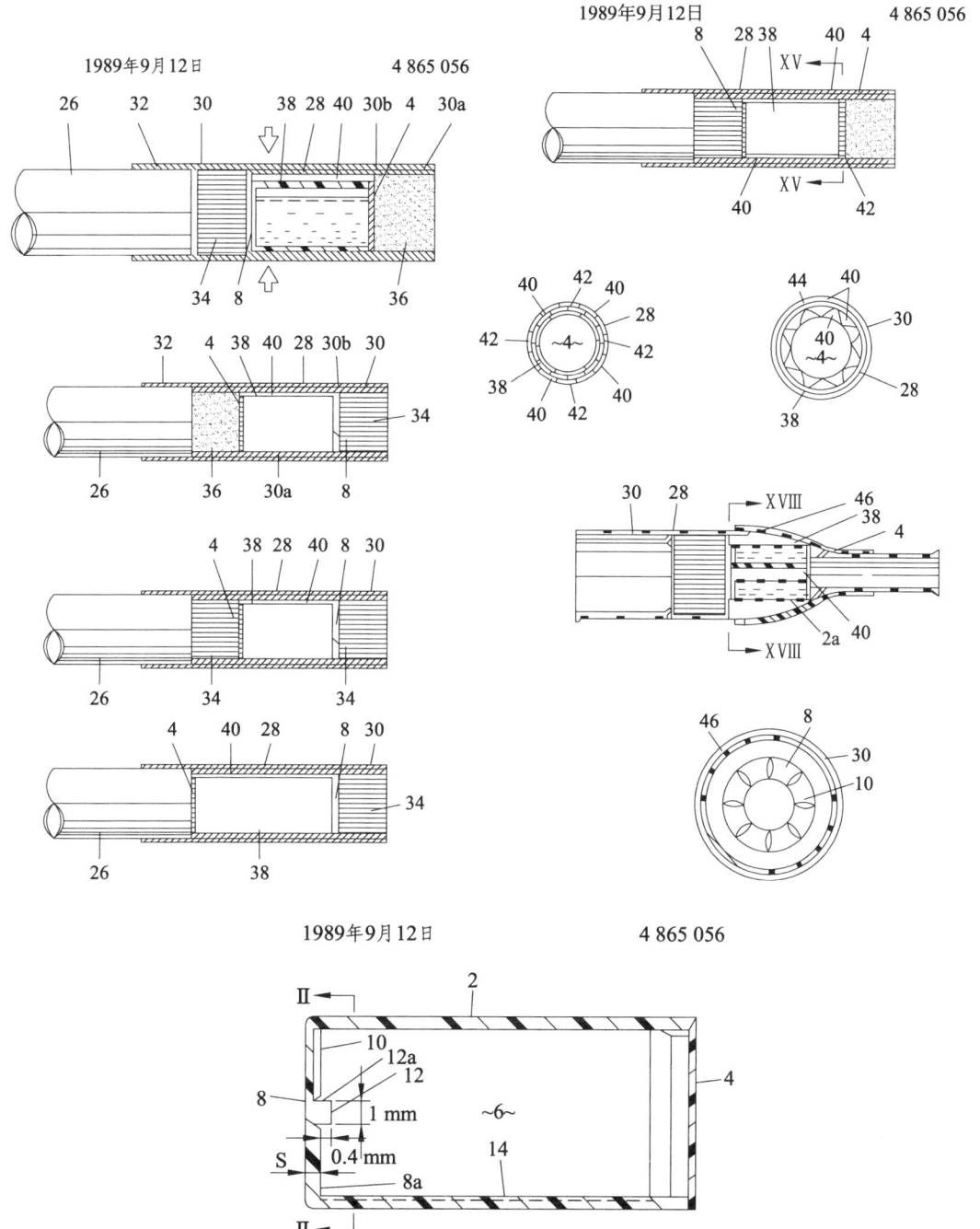

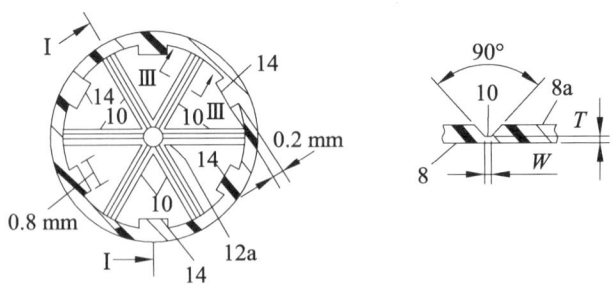

图 8-10 美国专利——一种易碎的塑料胶囊以及用于卷烟的水性过滤装置

通过对其专利及产品结构分析，整体设计较为复杂，在开发过程涉及小尺寸加工容器的不同壁厚、应力集中点设计，这对模具及加工机械设备的精细程度具有很高的要求。在使用时，通过施加外力 F 使容器内压上升，所上升的内压基于所设计的结构施加在特定的线状部位，该线状部位在厚度减少的中央区断裂，使胶囊内的液体从断裂处喷出，如图 8-11、图 8-12 所示。

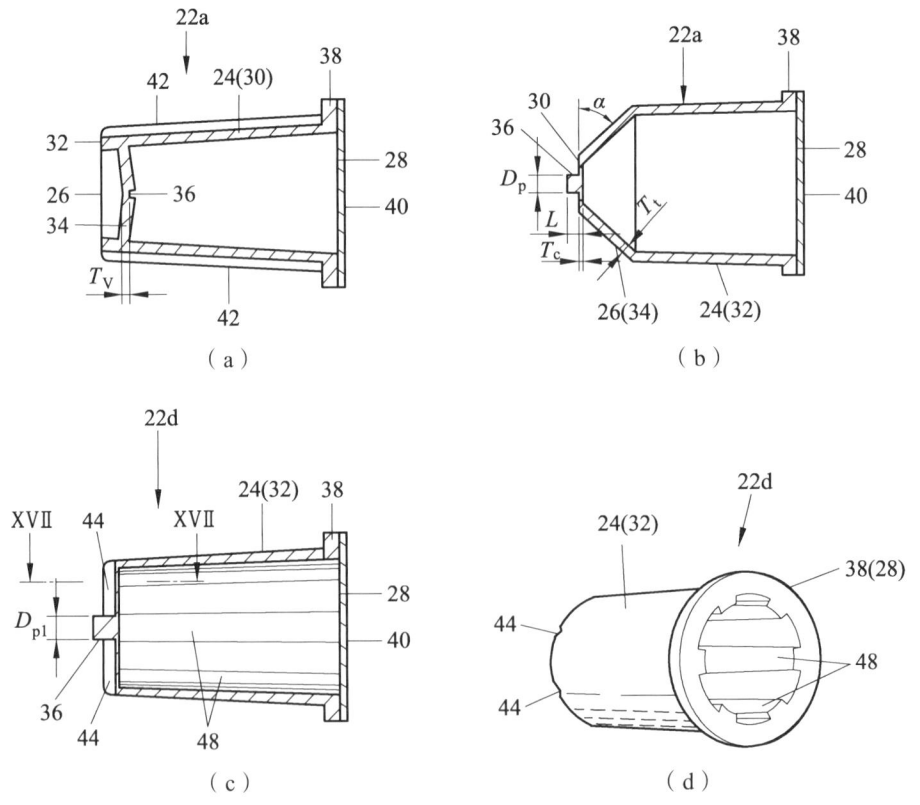

第八章 烟用胶囊的发展新趋势

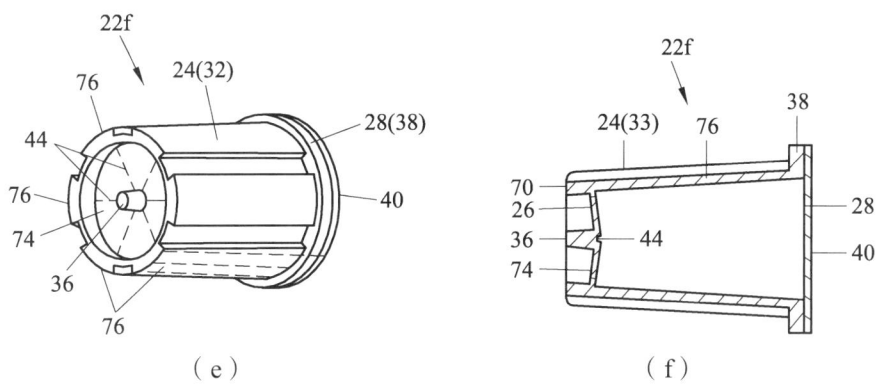

22a~22f—胶囊；24(30~33)—胶囊主体；26—端壁；28—开口端；30—周壁；32、70—外周部；34、74—中央部；36、44—V字槽；38—凸缘；40—密封部件；42、48、76—肋部；44—半球状部；36—突起。

图 8-11 储液装置的立体图

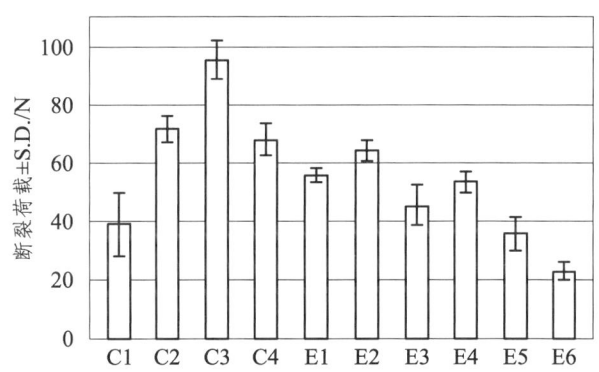

图 8-12 比较例 C1~C4 及实施例 E1~E6 不同结构胶囊的断裂荷载曲线

　　该公司对储水容器的权利保护，主要围绕：① 胶囊体-能够弹性变形的大致圆筒状、封闭前端的端壁及使基端裂开的开口端；② 薄壁区域-形成于所述胶囊体的端壁，且比所述端壁及周壁的厚度薄；③ 突起-从所述薄壁区域向所述胶囊体外一体突出，有助于断裂荷载的降低；④ 封闭壁-设置在所述胶囊体的开口端，并且封闭所述开口端。中空的脆弱突起，薄壁区域最先在指定部位断裂；该延长部或肋部使胶囊体周壁的刚性增加，由此，在对胶囊体的周壁施加外力时，能够使端壁变为椭圆形，这样端壁的变形能够使位于突起根部的薄壁区域的指定部位大幅度拉伸，使该指定部位最先断裂。

　　除此之外，2014 年该公司还公开了"搭载有封入了液体的胶囊的过滤嘴及具备该过滤嘴的吸烟用品"[19]，采用聚乙烯、聚丙烯、聚氯乙烯、低密度聚苯乙烯、聚对苯二甲酸乙二醇酯、聚乙烯醇及聚酰胺等食品用塑料材料通过注塑成型，向胶囊中注入蒸馏水（体积比 90%）、水容物等，再用热熔黏结剂将聚酰胺/低密度聚乙烯等制成层叠膜将开口端热封，制得含有蒸馏水的胶囊（图 8-13）。其胶囊体的形状可设计为筒形状、圆柱状、棱柱状等。通过对挤破应力的测定，该发明对胶囊体的挤破方向有一定的要求，当施加外力垂直于前/后端壁时，使用者能够较为容易地将胶囊破坏。

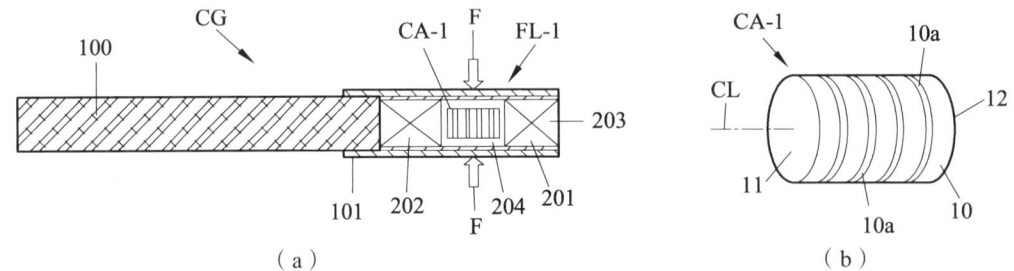

CA-1—胶囊；CG—香烟；F—作用外力；FL-1—过滤嘴；CL—周向垂直轴线；100—香烟本体；101—水松纸；201—外皮；202—第一过滤嘴部；203—第二过滤嘴部；204—收纳空间；10—侧壁；10a—环线状主薄壁区域；11、12—端壁。

图 8-13 搭载有胶囊的过滤嘴用于作为吸烟用品的香烟及胶囊

2. 国内开发的相关产品

国内烟草企业，相关技术人员通过包裹含水凝胶或微胶囊来实施，宋旭艳等[20-23]开发了一系列卷烟用包水型胶囊，如"一种用于卷烟的新型包水型胶囊"，其内核是由胶体材料和水、水溶性物质组成的水凝胶颗粒，在水凝胶颗粒之外包裹蜡质防水阻水材料层。此外，还涉及复合层、三层及四层烟用水胶囊制备的相关研究，其材质主要由海藻酸钠层及助剂、蜡质层复合组成，引入蜡质材料的主要目的是防止液态水的渗透。该类技术均侧重于以海藻酸钠成型，通过层间引入疏水性较强的蜡质来提高液态水的阻隔性能，然而胶囊壁材整体上存在机械性能不够及微观结构缺乏致密性的特征，无法真正有效阻止水分子的扩散与渗透。

程量[24]等公开了一种烟用复合膜储水或水溶液小袋的制备方法，以含水反应物质的涂层对双层聚乙烯高分子膜进行涂布黏合，制备得到高分子复合膜，通过卷制成柱状或利用模具加工，对加压下的计量水或水溶液进行压合封装，经压合及分切部位的中间层充分吸收内部渗透水及外界水分固化，制得尺寸 3.0 mm×（3.0~5.0 mm）×5.0 mm 的烟用复合膜储水小袋，挤破压力在 5~12 kPa。但这些研究报道均未有相关产品问世。

谢国勇等[25]公开了一种一步成型法制备的核-壳结构的包水胶囊，以亲水溶液作为芯材、溶解有高分子聚合物的疏水性有机溶剂作为壁材溶液，经静电纺丝同轴针头滴加至凝固液中，搅拌后固液分离、洗涤干燥制得。其中所述的包水胶囊的壁材为不同相对分子质量的聚乳酸，有机溶剂为二氯甲烷，凝固液为聚乙烯醇溶液。所开发的包水胶囊粒径为 0.5~5 mm。

邵兴伟等[26]开发了一种烟用胶囊疏水膜材料，选择疏水性成膜材料聚氟硅烷、乙基纤维素、直链淀粉、聚醚砜等，同时使用相应的水、乙醇、乙酸乙酯、二氯甲烷等作为成膜材料的溶剂。将成膜材料在溶解釜中加热溶解得到澄清溶液，使用刮刀涂布机成膜后，通过测其与水的接触角，即得烟用胶囊疏水膜材料。

黄乐平等[27]开发了一种化学镀封装胶囊的制备方法，所开发的储水胶囊包括芯材、包覆芯材的第一囊壁层、防水层以及外层的化学镀层。所述的芯材为卷烟领域常规的液体包封材料，如水、香味添加剂等；第一囊壁层为常规胶囊使用的天然高分子材料，如海藻酸盐、阿拉伯胶等，防水层为氰基丙烯酸酯类物质，起到增加胶囊力学性能和防水性能的作用。最外层的化学镀层为化学镀镍层，以达到提高胶囊的防渗透性能的目的。该报道所开发的胶囊样品，其保水率在 10 000 min 时仍可达 50% 以上，比常规的聚合物包封胶囊的防渗透性能和稳定性能更好。

于浩等[28]公开了一种水胶囊及其制备方法，芯材为水溶性香精、氯化钙和黄原胶的混合水溶液，壁材为海藻酸钠和石蜡的混合物，疏水改性材料为脂肪胺。该胶囊体系的设计，通过在胶囊壁材中引入石蜡，同时采用脂肪胺对成型后的胶囊表面进行离子吸附，形成固态疏水层，从而实现包裹水性溶液，进一步延长水胶囊贮存周期的目的。

雷连龙等[29-31]分别开发了防渗漏水胶囊及不同胶皮层包裹水溶性物质的胶囊，其核心技术特征，在于通过在胶囊壁材中引入 0.1～0.5 mm 厚度的光敏树脂层，通过直接在成型后的圆球体表面喷洒壁材溶液或将胶皮层溶液与芯材溶液采用同轴滴丸的制备方法，在光照射条件下固化成型，得到包裹水溶性物质的胶囊。为了提高储水周期，通过设计开发不同层数的包裹壁材，其中包裹水溶性物质的第一胶皮层为 0.1～0.3 mm 的蜡层，密度为 0.9～1.0 g/cm^3，第二胶皮层是密度为 1.0～1.3 g/cm^3 的光固化树脂层，溶液芯的密度为 0.9～1.3 g/cm^3。

韦建玉等[32]报道了一种外壳设置防水蜡质层的烟用胶囊，包括外包薄膜、覆盖于外包薄膜外表面的防水蜡质层以及由外包薄膜包裹的芯液。所述的外包薄膜材料主要为明胶、魔芋胶及分散于胶材中的纳米颗粒，防水蜡质层主要为动物蜡、植物蜡与矿物蜡。通过在外包薄膜外表面设置防水蜡质层，以避免烟用胶囊在潮湿环境中吸水变韧，使外包薄膜在潮湿环境中依然能够保持较高的脆性。其中，所引入的纳米颗粒对外包薄膜中的聚合物网络起到一定的分隔作用，使外包薄膜容易捏破，提升消费者的体验舒适度。

黎洪利等[33]公开了一种烟用包水胶囊的制备方法与卷烟滤嘴。首先，采用热塑性塑料或树脂等非水溶性材料，加工出由多个空心圆球串联且内部相通的管体，之后采用加压法或抽吸法向管体内通入目标溶液，进行预冷冻后变成固体，防止切口因意外挤压导致溶液渗出。管体切割后得到多个圆球，封闭圆球表面切口，得到胶囊。为提高产品合格率，采用了高温切刀、光固化涂层及蜡质涂层的手段，提高包水胶囊的品质稳定性。

程飞等[34]公开了一种水胶囊的制备方法和装置，将疏水性壁材溶于溶剂油中得到疏水性壁材-溶剂油溶液，将该溶液包覆水溶性香精制备成预制液柱，流入循环凝固浴中，随凝固浴循环适当时间固化、滤出干燥后制得。其中，凝固浴中的凝固液与溶剂油互溶但不能溶解疏水性壁材，凝固浴起萃取溶剂油、使疏水性壁材包裹水溶性香精收缩成丸的作用。与此同时，该专利还据此制备工艺，开发了一种水胶囊的制备装置，涉及的疏水性壁材主要包括聚烯烃、乙丙胶类，凝固液主要为丙酮、异氟尔酮、乙酸乙酯、松节油、石蜡油等。所开发的水胶囊直径在 3.4~3.6 mm、球形度 0.92~0.95、壁厚 0.8~1.0 mm、抗压强度范围 14~17 N，但未涉及储液性能的相关数据。

陈宏等[35]提出了一种可包裹水溶香精的非动物性烟用胶囊壁材及制备方法。所述胶囊复合壁材包含两层，内层为特种热熔胶材料，外层为传统胶囊常用的天然高分子。但是热熔胶熔融黏度较大，滴丸机滴制效率低，工业生产胶囊周期长。

何沛等[36]公布了一系列可包水的烟用胶囊及其制备方法，主要通过将具有较好热熔性的高分子薄膜（PE、PP、PS、PVC及PET）加工制成圆柱、球形的储水微容器，采用热封口的方式封闭薄膜，适时添加一点胶液，以较好地封住薄膜口。

冯守爱等[37]公开了一种基于毫流控技术的水溶性芯材胶囊的制备方法，利用三维共聚焦通道制备水包油包水（W/O/W）乳化液液滴，液滴内相为水溶性芯材溶液，中间相为未固化的壁材前体，如丙烯酸酯类、有机硅低聚物、光固化聚丁二烯低聚物、有机-无机杂化树脂等，外相为含表面活性剂的水溶液。在制备过程，利用光固化的方式实现壁材的固化和胶囊的包封，所开发的水溶性芯材胶囊的尺寸在 1.5~3.0 mm，壁厚 0.17~0.39 mm。

总体而言，目前针对水溶性胶囊的开发制备，壁材主要涉及蜡质材料、光固化树脂类以及常规的高分子聚合物类；制备加工工艺通常采用依据芯材、壁材溶液体系的不同密度，结合表面张力作用的滴制法，或者先预制成球体后，再进行喷涂、固化的技术手段。但这些研究均未见到产品问世，相关专利报道中大多也未有储水性能的相关数据支持。

五、储水胶囊开发的技术探究

1. 烟用储液装置的技术功能指标

根据相关技术资料调研及储液胶囊产品的开发诉求，确定储液微容器开发涉及的关键技术主要围绕"提出储液微容器技术功能指标、同类专利规避产品结构设计、储液微容器产品材料筛选及研发、生产设备研发和工业化量产实现"系统开展研究工作。考虑到现有的烟用滤棒成型设备、卷烟烟支结构,从功能、外观、尺寸、容量、储液类型、保存期限、破坏压力、良品率、质量评价到产品应用过程,对所开发的储液装置进行基本技术功能指标限定(表 8-6)。此外,还包括微容器产品是否有挤压爆破声、释放方式及流出比例、是否影响烟支吸阻等进行指标规定。在规避现有专利的前提下,结合滤棒成型工艺,以及密封和挤破应力的限定,确定类球形的产品结构形式,见图 8-14。

 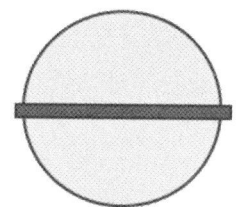

(a)上视示意图　　　　(b)侧视示意图

图 8-14　储液微容器设计结构示意图

表 8-6　开发储液装置的基本技术功能指标

	参数说明
功能	在一定周期内稳定储存目标溶液,且在应用时挤破释放
外观	与第三方相关专利、知识产权规避,包括但不限于所列专利
尺寸	类球型,直径:(5.0±0.2) mm
容量	充填容量约 50~60 μL;液体流出量>80%
储液类型	水及水溶物
保存期限	2 年内储液容量不低于~84%,以最初充填的储液容量作为基准;
破坏压力	最佳范围 10~17 N,最高不超过 24.5 N(2.5 kgf),最低不能在加工制造、运输等环节破损
良品率	在满足上述各项技术指标的前提下,良品率达 98%以上
质量评价	无泄露/渗出、破坏压力适宜、内容物无明显感官变化、原辅料及材质应符合安全、存储周期稳定保障等
产品应用	在卷烟产品应用过程,配合调整烟支吸阻,一般常规烟支不应超过 1200 Pa;常规烟支直径~7.61 mm;接装纸+成型纸厚度~0.12 mm

通过材料的筛选优化和机械设计的要求,经反复试验,确定采取高阻隔基材作为容器外皮,并使用热塑成型方法制作水性胶囊,即可实现专利规避又能降低生产成本

并具备量产可行性。储液微容器产品具体设计如下：直径：约 5 mm；表面积：78.5735 mm^2；膜厚初步预估：成型前 0.05 mm，成型后 0.025 mm；内容积：60.104 510 32 μL；压合处突出边缘宽度：0.1 ~ 0.2 mm。储液容器的形态设计，后续需反复修订、定制样品和全方位测试，设计方案规避了第三方专利等知识产权壁垒，以符合工业化生产机械设计需求，便于后期烟用滤棒的生产，满足挤破应用要求。

2. 储水微容器的材料选择

借鉴医药、食品包装领域包材 PET、PA、PP、PE、PVC 等，设计开发符合产品韧性、脆性、密封性等技术要求的全新材质。围绕尺寸精度及偏差、结构及残余应力、收缩变形程度、内/外表面质量、良品率及生产效率，适合自动化批量生产等，满足小尺寸加工工艺的要求。

所有的包装材料，除了玻璃外都有透水、透气性，因此，用作开发储水装置，其所包裹的水性内容物最终都会有一定的损失。材料的筛选开发，要以满足产品技术功能指标为基本要求，包括与所储存的功能成分具有反应惰性、极低的透水/透气率、疏水性、良好的宏观规整与微观致密性，同时符合食品安全标准。使用高阻隔性材料是提高容器阻隔性最直接的方法，但鉴于高阻隔性材料的成本较高，实际应用中多是通过共混、表面涂布、多层复合、拉伸取向等方法增强普通材料的阻隔性。PET 瓶供应商通常使用三种方法来提高塑料容器的阻隔性：在多层瓶壁内添加阻隔层；通过共混或使用添加剂改进 PET 瓶性能；使用表面涂层法，如等离子体涂覆技术、钻石型碳涂层（DLC）、无定形碳涂层、阻隔性硅胶涂层以及各种其他涂层技术。无论采用哪种方法，最大的挑战即如何以最低的成本获得最佳的阻隔性能。

一般常见的高阻隔膜材，包括：

（1）聚偏二氯乙烯（PVDC）：是一种无毒无味、安全可靠的高阻隔性材料，除具备聚合物材料的一般性能外，还具有耐油性、耐腐蚀性以及优异的防潮，可与食品直接接触的性能。其结构的高结晶性、高密度以及疏水基的存在，使其透氧率和透水气率极低。聚三氟氯乙烯（PCTFE）具备优异的阻隔气体的能力，且透光性良好，适宜于作为生产光学膜，其成膜后的水蒸气透过性在所有透明塑料中最低，透湿量约为 WVTR 0.42 g/(m^2·d)，但其化学稳定性较聚四氟乙烯（PTFE）差。值得注意的是，常温下 PCTFE 对大部分活泼的化学品呈惰性，但在特定温度下，会被少数几种溶剂溶解或溶胀，特别是氯化过的溶剂。PCTFE 虽可用熔融加工，但由于熔体黏度高、有降解趋势，导致加工品的性能变坏，故加工困难，不适合用作胶囊的加工特性。

（2）乙烯-乙烯醇共聚物（EVOH）：分子链上含羟基，在潮湿环境下会与 H$_2$O 形成氢键，使分子间作用力发生变化，分子链堆积更紧密，对材料本身起到增塑作用，但使其阻隔性能下降很快。

（3）聚酰胺（PA）：阻气性好，但对水蒸汽的阻隔性较差，吸水性强。

（4）聚丙烯（PP）：由于结构规整而高度结晶化，故为半结晶型材料，熔点为167 ℃，软化温度140 ℃。本身具有耐热性好、质量轻、强度及硬度较大，力学及防潮性能好的特点。常见的CPP和OPP薄膜，两者的原料都是PP。CPP是挤出流延法生产的未经拉伸的薄膜，主要用于做复合膜的基材，具有透明度高、光泽度好、阻湿性能及挺度优异，易于热封合的特点。与其他常用的阻隔性薄膜相比，CPP薄膜成本低、挺度及水、气阻隔性能更好，可作为复合材料基膜，也可做金属化处理。OPP是指拉伸过的薄膜，拉伸可以是纵横双向拉伸，制得双向拉伸聚丙烯薄膜（BOPP）。也可以是纵向单向拉伸，即聚丙烯单向拉伸膜（MOPP）。经过拉伸后，PP聚集态结构中的取向和结晶发生变化，薄膜的分子排列更加规则，因此薄膜的各项力学性能和透明性更好，但其阻隔性相比于PP材料来说有所下降。

（5）聚乙烯（PE）：聚乙烯材料通常包括三大类，即线性低密度聚乙烯（LLDPE）、低密度聚乙烯（LDPE）、高密度聚乙烯（HDPE）。LLDPE短支链与LDPE短支链数量相当，但没有长支链，LDPE中存在大量短支链和长支链，HDPE只有少量的短支链。支链越多，密度、结晶度、熔点、屈服点、拉伸模量等均降低，材料的阻隔性能下降。X射线衍射（XRD）表征，HDPE的结晶度最高达80%~95%，高于LDPE的55%~65%和LLDPE。高密度聚乙烯结晶度较高，常做成半透明的原料颗粒，适合热塑性成型加工的各种成型工艺，包括诸如注塑、挤塑、吹塑、旋转成型、涂覆、发泡工艺、热成型、热封焊、热焊接等。

（6）聚酯类（PET、PEN）：PEN结构与PET相似，由于化学结构对称，分子链平面性较好、堆砌紧密，容易结晶取向，这些特点使其具有优异的阻隔性能。不同的是PET主链中含有苯环，而PEN主链中为萘环。由于萘环比苯环具有更大的共轭效应，分子链刚性更高，结构更呈平面性，因而PEN具有比PET更优异的综合性能。PEN的气体和水分阻隔性能均比较优异，但因较强的化学稳定性，熔点为268 ℃，因此对加工工艺的要求较高，热处理温度范围通常为150~270 ℃。PET是高度结晶的聚合物，表面平滑有光泽，也是热塑性聚酯中最主要的品种，俗称涤纶树脂。PET分为纤维级和非纤维级聚酯切片，非纤维级聚酯有瓶类、薄膜等用途，其中包装是聚酯最大的非纤应用领域。一般通过增强、填充、共混等方式改进其加工性和物理性能，以提高树脂的刚性、耐热性、耐药性、电气绝缘性能和耐候性。PET气体阻隔性较差，高温高湿条件下易水解，且H_2O分子能够攻击酯键，采用复合膜材结合多种材料的组成，能够表现出优异的性能。

（7）PA：聚酰胺俗称尼龙，是一类高强韧性塑料薄膜，具有较高的拉伸强度、伸长率和撕裂强度，可与低密度聚乙烯、聚丙烯、铝箔等覆合。常用作食品用包装材料，可在 120～130 ℃下蒸汽消毒，但存在透湿量较高的缺点。

（8）TPS：苯乙烯类热塑性弹性体，常作为增韧剂与膜材复合使用。

（9）TPU：聚氨基甲酸酯，属于热塑性聚合物，其分子链中含有—NH—CO—O，因结构中含有大量的极性基团，是介于橡胶和塑料之间的高分子合成材料，对水分子的阻隔性能相对较差。

（10）真空镀铝塑料膜，通常在基膜 CPP、BOPP、PET 等表面进行真空镀铝，形成一定厚度的致密铝层，从而提高膜材的气密阻隔性，同时具有防潮、防油、强度高等特点。经印刷、复合后，常用于茶叶、化妆品、食品包装领域。

在前期的材料筛选过程，为了获得加工试验参数、积累试验操作经验，以常用的膜材进行储水微容器的加工工序验证，部分试验结果见表 8-7、图 8-15、图 8-16。

表 8-7 储水微容器材料筛选过程，部分

序号	材质（厚度/μm）	失败工序	材质是否可用
1	CPP (65)	压合、爆破	否
2	CPP + BOPP (80)	压合	否
3	CPP + PET (80)	压合	否
4	BOPP (50)	成型、压合	否
5	OPP/LLDPE (55)	压合	否
6	TPS (200)	成型、爆破	否
7	Al_2O_3(12) + CPP(60)	裁切、爆破，透水率 0.288 g/($m^2 \cdot$ d)	否
8	PET/LLDPE (120)	成型、爆破，透水率 1.516 g/($m^2 \cdot$ d)	否
9	TPU 5862 (200)	透湿，透水率 31.094 g/($m^2 \cdot$ d)	否
10	TPU JA905 (200)	爆破	否
11	TPU 2950 (200)	压合，透水率 26.53 g/($m^2 \cdot$ d)	否
12	TPU 改质 (200)	爆破	否
13	Al_2O_3 + CPP (70)	透水率 0.288 g/($m^2 \cdot$ d)	否
14	PVC(250) + PVDC(40)	爆破，透水率 0.65 g/($m^2 \cdot$ d)	否
15	PVC(300) + PVDC(60)	爆破，透水率 0.5 g/($m^2 \cdot$ d)	否

续表

序号	材质（厚度/μm）	失败工序	材质是否可用
16	PVC(250) + PVDC(80)	爆破，透水率 0.4 g/(m²·d)	否
17	PVDC (10)	成型	否
18	PET(12)/VMPET(12)/PE(15)/CPP(20)	透水率 0.5 g/(m²·d)	否
19	PET/VMPET/PE/HOTMELT 特殊 PE	透水率 0.5 g/(m²·d)	否
20	PET(12)/PE(15)/Al(6)/PE(15)/CPP(20)	透水率 0.2 g/(m²·d)	否
21	PET(12)/PE(15)/Al(6)/SURLYN(30)	透水率 0.2 g/(m²·d)	否
22	PET(12)/AL(9)/RCPP(70)	透水率 0.01 g/(m²·d)	否
23	PET(12) + PVDC(1)	成型，透水率 3.908 g/(m²·d)	否
24	PA(15) + PVDC(1)	成型，透水率 5.391 g/(m²·d)	否
25	PET-AlO$_x$-020(Al$_2$O$_3$ + PET)(50)	透湿，透水率 2.062 g/(m²·d)	否
26	PET-AlO$_x$-TZ(Al$_2$O$_3$ + PET)(50)	透湿，透水率 0.785 g/(m²·d)	否
27	三氧化二铝/CPP60(CPP + Al$_2$O$_3$)(72)	透湿，透水率 1.068 g/(m²·d)	否
28	PET-AlO$_x$-020(PET + Al$_2$O$_3$)(12)	透湿，透水率 3.053 g/(m²·d)	否
29	PET-AlO$_x$-TZ(PET + Al$_2$O$_3$)(12)	透湿，透水率 1.142 g/(m²·d)	否
30	PET(35) + HC(3)	透水率 0.003 g/(m²·d)	—
31	PET(50) + HC(2)	透水率 0.004~0.017 g/(m²·d)	—
32	PET(50) + HC2(2)	透水率 0.0049~0.082 g/(m²·d)	—
33	PET(35) + HC3(3)	透水率 0.001~0.010 g/(m²·d)	—

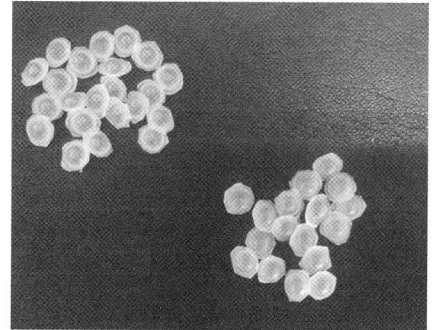

图 8-15 储液微容器阶段性产品

图 8-16　储液微容器试制成品（尺寸圆环处 ~ 5.2 mm，短轴 ~ 4.8 mm）

根据初步选定的膜材和试制胶囊的过程积累，对制作成型的储液容器进行了性能测试和评估。经对 5 mm 储液微容器测试和推算，材料膜片和成品的透湿率在符合工艺要求和产品需求的前提下，换算成透湿量测试单位后，制程膜片透湿量需低于 0.1 g/(m²·d)，成品透湿量低于 0.15 g/(m²·d)。其中，表 8-8 中所述 A 面积比，相当于 1 m² 的膜材可以做出表面积为 78.5375 mm² 的珠子的数量，用于储水微容器与膜材之间透湿量的换算。

表 8-8　直径为 5 mm 储液容器膜材及成品透湿量

寿命预估/年	样品透湿量/g·pkg^{-1}·(24 h)$^{-1}$	A 面积比	膜材透湿量/g·m^{-2}·(24 h)$^{-1}$	储水天数	
				以完全失水计	以储水保留率 85%计
1	0.000 06	12 732.770 97	0.8	956.621 205 2	153.059 392 8
2	0.000 05	12 732.770 97	0.7	1093.281 377	174.925 020 4
3	0.000 05	12 732.770 97	0.6	1275.494 94	204.079 190 4
4	0.000 04	12 732.770 97	0.5	1530.593 928	244.895 028 5
5	0.000 03	12 732.770 97	0.4	1913.242 41	306.118 785 7
6	0.000 02	12 732.770 97	0.3	2550.989 881	408.158 380 9
7	0.000 02	12 732.770 97	0.2	3826.484 821	612.237 571 3
8	0.000 01	12 732.770 97	0.15	5101.979 761	816.316 761 8
9	0.000 01	12 732.770 97	0.1	7652.969 642	1224.475 143
10	0.000 00	12 732.770 97	0.05	15 305.939 28	2448.950 285

材料合成及选择方面,依据市场价格计算,进行成膜/改质/复合等手段才能满足制品特性及量产应用要求。目前,市场上透湿量低于 5 g/(m²·d)的材料为高端特殊材料,报价达到 280¥/m,成本是现有油性胶囊的几十倍之多。因此,采用多层复合的方式作为降低材料透湿量和生产成本的研发方向。

$$\frac{1}{P_t} = \frac{1}{P_1} + \frac{1}{P_2} + \cdots + \frac{1}{P_n} \cdots \tag{8-3}$$

式中　P_t——复合结构总的透湿量;
　　　P_1——第一层结构的透湿量;
　　　P_2——第二层结构的透湿量;
　　　P_n——多层结构中,第 n 层结构的透湿量。

3. 储水微容器的开发制程

储液装置量产设备的规划、设计、制作等,都需要配合材料的变化,修改完善每个工段的工序工法,并依材料特性选择适合的设备工法。整体开发工作,从方案制定、分段设计(搭配材料测试)、产品结构设计开发,到选定方案、手工验证、分段位半自动工段制作以及各工位精准配合,都是全新的软硬件开发过程。所设计的基本工序规划如图 8-17、表 8-9 所示。

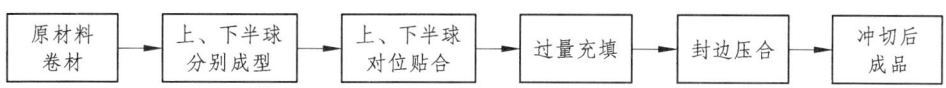

图 8-17　初期的基本工序规划路线图

表 8-9　部分制程开发分解及工序/工法设计

膜片成型方式	充填方式	压合方式	球体成型方式
渐续式真空成型	负压充填	超声波压合	片状冲切成型
连续式真空成型	针孔式微量充填	高周波压合	滚刀成型
渐续式热压成型	两段式充填(半球封膜)	热板压合	压合切断
连续式热压成型	溢流过量充填(新设计)	瞬热式热压合	
瞬热式热压成型			

5 mm 储液微容器的开发制程,首先根据确定的基本工序进行测试模具、治具等的开发,依次对手动制程参数、容器材料及材料特性开展测试及反馈调整,同时收集工序及设备能力系列参数。确定制作工段:原膜卷材等离子处理,上/下半圆球体成型,

界面材料喷涂（预留工站），上/下半圆球体对位/涌流式液体填充，上/下半圆球体黏合，球体裁切，光学检查等。

膜材成型拉伸及变形量参数确认，热成型后材料结构发生变化，需进行黏合特性及黏合手段测试；材料成型后应力点测试，可通过硬化处理，优化爆破强度。以成品特性调整材料特性及加工参数，市面上胶囊壁材有软质与硬质之分，尺寸通常在 2.6～4.6 mm，软质胶囊抗压 100～200 g，无爆破声，硬质胶囊抗压在 1000～1500 g，有爆破声。热封过程是利用外界条件（电加热、高频加热、电磁感应加热、超声波等），使塑料薄膜的封口部分变成熔融的流动状态，并借助热封时外界的压力，使两薄膜彼此融合为一体，冷却后保持一定的强度。一般来说，好的封合效果取决于它是否具有良好的热封强度以及完好无损的外观。最后，对所开发的储液微容器采用负压泄漏检测，评价其成品率。开展高温加速试验，对其储液稳定性进行初评，如图 8-18 和表 8-10，为不同的 3 组试验样品在 80 ℃ 高温下水分的加速逸失试验。因此，薄膜包装容器的热封强度和封口完整性是薄膜包装生产控制产品质量的重要因素。目前热封层的材料多为聚乙烯和聚丙烯，影响热封性的相关因素包括：① 热传导度（涂层厚度）；② 熔化潜热（结晶化度）；③ 表面状态（氧化度、添加剂、有无杂物）等。

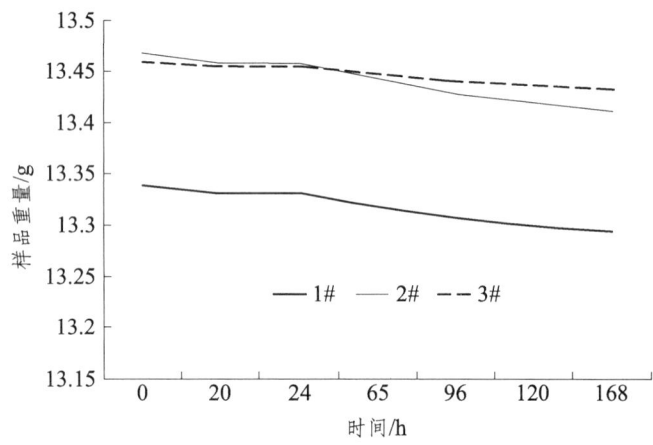

图 8-18　试制样品在 80 ℃ 加速条件下的质量变化

表 8-10　胶囊高温加速试验失重情况跟踪记录表

序号	时间/h	样品重量/g		
		1#	2#	3#
1	0	13.3386	13.4683	13.4598
2	20	13.3318	13.4591	13.4555

续表

序号	时间/h	样品重量/g		
		1#	2#	3#
3	24	13.3311	13.4578	13.4552
4	65	13.3183	13.4431	13.4476
5	96	13.3082	13.4286	13.4409
6	120	13.3009	13.4216	13.4369
7	168	13.2923	13.4126	13.4331

备注：样品重量=胶囊重量+容器重量

4. 开发试制样品的性能表征

以材料成型、压合、裁切、爆破制程测试和透水率为依据，经过40余种高分子材质筛选、测试判定，确定 PET/CPP/Al_2O_3 为现阶段储液微容器的基本材质。成型后挤破应力的测定，采用常规烟用胶囊的检测方法，依据烟草行业标准 YQ-CLT 3—2020《卷烟胶囊压破强度的测定恒速加压法》对所开发储液微容器进行形变压缩量、挤破应力及强度等性能指标的检测（图 8-19）。对所试制的不同批次的 5 mm 储液微容器进行检测，每组选取 30 个样品，随机放置。

图 8-19　胶囊应力挤破及强度测试仪

所开发试制样品挤破应力的范围为 12.7~28.7 N，平均值 20.9 N，压缩形变量为 1.77~2.75 mm，平均值 2.25 mm，其压破强度和形变量与常规卷烟爆珠相比，尚存在较大的波动。表明塑料材质制成的圆球体，其应力集中点及挤破压力的控制均面临较大挑战。

包装容器阻隔性能最常关注的是氧气透过率和水蒸气透过率，透氧、透湿的相关国标，主要包括GB/T 30412—2013《塑料薄膜和薄片水蒸气透过率的测定 湿度传感器法》、GB/T 21529—2008《塑料薄膜和薄片水蒸气透过率的测定 电解传感器法》，GB/T 28765—2012《包装材料塑料薄膜、片材和容器的有机气体透过率试验方法》以及GB/T 28765—2012《包装材料塑料薄膜和薄片氧气透过性试验 库仑计检测法》。依据GB/T 21529—2008，采用水蒸气透过率分析仪测量胶囊样品的透湿量，对现有检测装置进行改造优化，检测日本储水产品的透水率结果：水蒸气透过率0.00040 g/(pkg·24 h)，根据其容器内部的储液量~130 mg，测算容器内水分子完全逸失的周期约为4500 d，但随着时间延长，容器壁材的聚合物可能发生了老化，水蒸气透过率在一年后发生了数量级的增加，见表8-11。由于现有仪器检测器件的限制，试验为非标准试验，没有严格按照GB/T21529—2008进行。实际操作中，无需考虑外部环境，在环氧树脂密封的玻璃瓶内吹入干燥氮气（0%RH），储液容器试样内部相当于是100%RH，试样内外是100%的湿度差，置于密封玻璃瓶的储液容器试样内水分子渗透逸出，被干燥的氮气携带至电解传感器进行检测分析。同样的，将所试制的成品置于检测装置，进行样品的透湿性分析。目前样品的挤破应力在性能指标设计范围内，透湿性能仍需进一步优化，其中，开发确定的膜片基材制成的微容器样品定义为T0，依据不同的封口方式及涂层类型，开展储水胶囊的透湿量优化试验，部分检测结果如表8-12所示。

表8-11 所试制胶囊样品的强度及形变指标

样品编号	1	2	3	4	5	6	7	8	9	10
强度/N	16.4	17.3	15.6	28.7	23.3	27.8	18.1	21.5	16.3	21.8
形变压缩量/mm	1.86	2.27	1.84	2.41	2.22	2.57	2.27	2.19	2.06	2.37
样品编号	11	12	13	14	15	16	17	18	19	20
强度/N	22.7	22.3	19.1	14.2	19.3	24.3	13.4	23.6	18.6	26.3
形变压缩量/mm	2.22	2.36	2.75	1.77	2.18	2.34	1.81	2.21	2.11	2.47
样品编号	21	22	23	24	25	26	27	28	29	30
强度/N	25.1	12.7	22.1	21.6	25.2	27.7	19.2	12.7	10.6	10.7
形变压缩量/mm	2.30	2.34	2.15	2.28	2.47	2.45	2.36	1.77	1.39	1.46

表 8-12 储液微容器透湿量

名称	透湿量 /g·pkg^{-1}·(24 h)$^{-1}$	平均透湿量 /g·pkg^{-1}·(24 h)$^{-1}$	涂层及厚度/μm	封装方式
日本样品-1	—	$2.86×10^{-5}$	—	热密封
日本样品-2（1年后）	—	$1.83×10^{-4}$		
T0（1）	$2.82×10^{-4}$	$2.95×10^{-4}$	NA	变热封口
T0（2）	$3.08×10^{-4}$			
T1（1）	$2.88×10^{-4}$	$2.98×10^{-4}$	E011/3-5（加热）	涂层→变热封口
T1（2）	$3.13×10^{-4}$			
T2（1）	$2.65×10^{-4}$	$2.625×10^{-4}$	BG01/3-5（加热）	涂层→变热封口
T2（2）	$2.60×10^{-4}$			
T3（1）	$3.75×10^{-4}$	$3.45×10^{-4}$	D28/3-5（加热）	涂层→变热封口
T3（2）	$3.15×10^{-4}$			
T1-1（1）	$2.97×10^{-4}$	$3.145×10^{-4}$	E011/3-5（UV）	变热封口→涂层
T1-1（2）	$3.32×10^{-4}$			
T2-1（1）	$2.51×10^{-4}$	$2.53×10^{-4}$	BG01/3-5（UV）	变热封口→涂层
T2-1（2）	$2.55×10^{-4}$			
T3-1（1）	$2.96×10^{-4}$	$2.685×10^{-4}$	D28/3-5（UV）	变热封口→涂层
T3-1（2）	$2.41×10^{-4}$			
T1-1-a（1）	$3.04×10^{-4}$	$3.04×10^{-4}$	E011/3-5（UV）	变热封口→涂层
T1-1-a（2）	$3.04×10^{-4}$			
T2-1-a（1）	$3.04×10^{-4}$	$3.08×10^{-4}$	BG01/3-5（UV）	变热封口→涂层
T2-1-a（2）	$3.12×10^{-4}$			
T3-1-a（1）	$3.15×10^{-4}$	$3.12×10^{-4}$	D28/3-5（UV）	变热封口→涂层
T3-1-a（2）	$3.08×10^{-4}$			

5. 提高阻隔性能的涂层技术

为了提高薄膜的阻隔性能，可根据实际需要选择不同的改性加工技术：

（1）多层复合：将两种或两种以上的阻隔性不同的薄膜复合到一起，通过延长渗透路径，提高膜材的阻隔性能。与本征型高阻隔材料相比，薄膜较厚、容易出现气泡或开裂褶皱等影响阻隔性能的问题，对设备要求相对复杂，成本较高。

（2）表面涂覆：拉伸模具采用物理气相沉积（PVD）、化学气相沉积（CVD）、原子层沉积（ALD）、分子层沉积（MLD）、层层自组装（LBL）等在聚合物表面沉积金属氧化物或氮化物等材料，从而形成致密且阻隔性优异的涂层。但存在过程费时、设备昂贵和工艺复杂等问题，且在加工过程有可能产生针孔、裂纹等缺陷。

（3）表面改性：对聚合物的表面进行化学处理、表面接枝改性以及等离子体表面处理，这类技术达不到长期稳定的效果，一旦表面受到破坏，阻隔性能会受到严重影响。

（4）双向拉伸：可使聚合物薄膜在纵横两个方向上进行取向，使分子链排列的有序度提高，堆砌更紧密，从而使小分子难以通过，进而改善阻隔性能，这种方法使本征型高阻隔聚合物薄膜的制备工艺复杂化，且阻隔性能也难以得到显著提高。

（5）纳米复合材料：在薄膜中引入不可渗透且具有大的长径比的片状纳米粒子制成纳米复合材料，片状纳米粒子的加入不仅可以降低体系中聚合物基体的体积分数，以降低渗透分子的溶解度，而且还能够延长渗透分子的渗透路径，降低扩散速率，从而使阻隔性能得到改进。

（6）AlO_x涂层聚合物：高透明度、高阻隔性且污染程度低。耐刮、抗磨损，可直接微波加热。防潮、防氧优于其他塑料透明材质，阻隔性能近似铝箔。表 8-13 是以 AlO_x 涂层为例，与聚合物复合后，膜材的阻隔性能变化。

表 8-13 以 AlO_x 涂层为例，阻隔性能指标改善

薄膜	膜厚/μm	水蒸气透过率/$g \cdot m^{-2} \cdot (24 h)^{-1}$	渗透性/$\mu m \cdot g \cdot m^{-2} \cdot d^{-1}$
OPP	90	1.43	129
OPP/AlO_x	90 + 0.145	0.38	0.075（涂覆）
PEN	125	1.46	183
PEN/AlO_x	125 + 0.148	0.054，0.076	0.0083（涂覆）

备注：水蒸气透过率（WVTR）指单位时间内薄膜的水蒸气透过量。

伴随着新型烟草制品的兴起，为丰富烟弹口味的多元化设计，烟用胶囊也逐渐应用在加热卷烟的烟弹烟支中。与传统卷烟的应用方式类似，烟用胶囊主要应用于烟弹烟支的过滤嘴部分的丝束中，口味特征以与加热卷烟的整体感官较为谐调的果香和奶香型烟用爆珠为主。

为提高中式卷烟的感官舒适性，降低烟气的刺激性和燥热感，通过开发储水爆珠，提高烟气水分，是近年来科研工作者攻关的重点方向。由于水分子自身独特的理化特征，开发在卷烟滤棒中应用的储水微容器，对容器壁材、结构设计、加工工序均需要

进行全新的设计。材料选择方面，倾向于能够在医药、食品领域应用的高阻隔性的疏水树脂材料。结构设计，在规避国内外专利的同时，综合考虑在卷烟中的应用和功能作用。加工方面，既要在小尺寸下密封、一定周期稳定储水，还要能够在使用者抽吸卷烟时，较为容易地被挤破。目前，国内外烟草企业针对储水胶囊的相关专利已有一定的布局，但距离大规模生产上市尚存在一定的距离。

参考文献

[1] 陈超英. 变革与挑战：新型烟草制品发展展望[J]. 中国烟草学报，2017，23（03）：14-18.

[2] 聚贝 G，梅耶尔 C，桑纳 D，等. 具有气溶胶冷却元件的气溶胶生成物品：CN 104203015A[P]. 2014.

[3] 杨凯，张朝平，余苓，等. 卷烟烟气水分对感官舒适度的影响[J]. 烟草科技，2009（07）：9-11.

[4] PRIELMEIER F X, LANG E W, SPEEDY R J, et al. The pressure dependence of self diffusion in supercooled light and heavy water[J]. Berichte der Bunsengesellschaft für physikalische Chemie, 1988, 92(10): 1111-1117.

[5] GEBRE-MARIAM T, ARMSTRONG N A, BRAIN K R, et al. The effect of gelatin grade and concentration on the migration of solutes into and through glycerogelatin gels[J]. Journal of Pharmacy & Pharmacology, 2011, 41(8): 524-527.

[6] 陈光良，葛袁静，张越飞，等. 高阻隔碳氢膜的制备及性能研究[J]. 物理学报，2005（02）：818-823.

[7] 陆锦霞，玄泽亮，李全布，等. 软包装所用薄膜材料阻隔性研究及应用[J]. 塑料包装，2017，27（01）：32-34.

[8] 唐翔. 复合软包装材料的性能研究[D]. 南京：南京林业大学，2006.

[9] 杨涛，洪学晖，王磊，等. 一种含水胶囊及其制备方法：CN 104726199B[P]. 2017.

[10] 杨涛，洪学晖，王磊，等. 一种含水胶囊及其制备方法：CN 104726199A[P]. 2017.

[11] GIBOZ J, COPPONNEX T, MÉLÉ P. Microinjection molding of thermoplastic polymers: a review[J]. Journal of Micromechanics & Microengineering, 2007, 7(6): R96.

[12] GOLDMAN J E, LESAGE J, GRUBEN D E, et al. Multiple stream filling system: US 8479784[P]. 2013.

[13] 藤田亮治，中合弘树，加藤胜男. 收纳有液体的胶囊及具备该胶囊的吸烟物品：CN 104379006A[P]. 2013.

[14] MARTEL S C, CATHALA F H, BOCHENEK V F, et al. Device for diffusing one or severial fluid product doses, and device for applying a temporary adhesive tattoo using same: US 6315480 B1[P]. 1998.

[15] DAVIES H. Sachets and materials used in manufacture of sachets: US 20070289891 A1[P]. 2007.

[16] SCHURIG G A, MORTON F S S, STROUD N S. Soft gelatin medicament capsules with gripping construction: US 5380534 A[P]. 1995.

[17] TAMAOKI A, TANAKA S, KONDO M, et al. Easily breakable plastic capsule and a water filter for a cigarette using the same: US 4865056/EP 276021B1[P]. 1989.

[18] 藤田亮治，中合弘树，加藤胜男. 封入液体的胶囊及具备该胶囊的吸烟物品：CN 104780793A[P]. 2015.

[19] 藤田亮治，中合弘树. 搭载有封入了液体的胶囊的过滤嘴及具备该过滤嘴的吸烟用品：CN 104936469B[P]. 2015.

[20] 宋旭艳，刘华臣，龚跃法，等. 一种用于卷烟的新型包水型胶囊：CN 202427428U[P]. 2011.

[21] 宋旭艳，龚跃法，陈义坤. 三层烟用水胶囊及其制备方法：CN 103815541A[P]. 2014.

[22] 宋旭艳，龚跃法，陈义坤. 四层烟用水胶囊及其制备方法：CN 103815542A[P]. 2014.

[23] 宋旭艳，龚跃法，陈义坤，等. 复合盐为壁材的烟用水胶囊及其制备方法：CN 104479870A[P]. 2014.

[24] 程量，詹建波，李赓，等. 一种烟用复合膜储水或水溶液小袋的制备方法：CN 105035451B[P]. 2017.

[25] 谢国勇，樊娜，袁鼎浩，等. 一种包水胶囊及其一步成型制备方法和在卷烟中的应用：CN 110150742A[P]. 2019.

[26] 邵兴伟，张敦铁，张磊，等. 一种烟用爆珠疏水膜材料及其制备方法：CN 109535489A[P]. 2019.

[27] 黄乐平, 赵瑾朝, 穆晓庆, 等. 一种化学镀封装爆珠及其制备方法和应用: CN 111758999A[P]. 2020.

[28] 于浩, 王志勇, 王琦琦, 等. 一种水爆珠及其制备方法: CN 110973699A[P]. 2020.

[29] 雷连龙, 杨涛, 周瑾, 等. 一种具有双胶皮层的水爆珠及其制备方法: CN 110419774A[P]. 2019.

[30] 杨紫刚, 杨涛, 蔡持, 等. 一种水相油相双响爆珠及其制备方法: CN 112273714A[P]. 2021.

[31] 杨紫刚, 杨涛, 周瑾, 等. 一种烟用水溶性物质爆珠及其制备方法: CN 112273712A[P]. 2021.

[32] 韦建玉, 张纪利, 张学伟, 等. 一种外表设置防水蜡质层的烟用爆珠及其制备方法: CN 109846083A[P]. 2019.

[33] 黎洪利, 朱立军. 一种烟用包水胶囊的制备方法与卷烟滤嘴: CN 109793275A[P]. 2019.

[34] 程飞, 朱谱新, 张凯瑞, 等. 一种水爆珠的制备方法和装置: CN 109480331B[P]. 2019.

[35] 陈宏, 崔冰, 刘兴勇, 等. 一种可包裹水溶香精的非动物性烟用爆珠壁材及制备方法: CN 107713008A[P]. 2018.

[36] 何沛, 刘志华, 刘春波, 等. 一种可包水的烟用爆珠及其制备方法: CN 109259306A[P]. 2019.

[37] 一种基于毫流控技术的水溶性芯材爆珠的制备方法: CN 108378417A[P]. 2018.